教材+教案+授课资源+考试系统+题库+教学辅助案例
一站式IT系列就业应用教程

网页设计与制作

HTML5+CSS3+JavaScript

黑马程序员 编著

中国铁道出版社有限公司
CHINA RAILWAY PUBLISHING HOUSE CO., LTD.

内 容 简 介

本书以实用的案例、通俗易懂的语言详细介绍了使用 HTML5、CSS3 及 JavaScript 进行网页制作的各方面内容和技巧。

全书共 13 章，结合 HTML5、CSS3 和 JavaScript 的基础知识及应用，提供了 100 多个课堂案例和 1 个综合项目。其中，第 1、2 章主要讲解网页制作的基础知识，包括网页、网站的概念以及网站制作工具的使用技巧；第 3～10 章主要讲解 HTML5/CSS3、盒子模型、列表与超链接、表单、元素的浮动与定位等静态网页搭建技巧；第 11 章讲解使用 JavaScript 为网页添加动态效果；第 12 章讲解网站测试和发布的相关知识；第 13 章为一个综合项目，带领读者按照项目流程开发了一个包含首页、个人中心页、注册页以及视频播放页的大型网站。

本书适合作为高等院校相关专业网页设计与制作课程的教材，是一本适合网页制作、美工设计、网站开发、网页编程等行业人员阅读与参考的优秀读物。

图书在版编目（CIP）数据

网页设计与制作: HTML5+CSS3+JavaScript/黑马程序员
编著.— 北京: 中国铁道出版社，2018.11（2024.1 重印）
国家软件与集成电路公共服务平台信息技术紧缺人才
培养工程指定教材
ISBN 978-7-113-25084-3

Ⅰ.①网… Ⅱ.①黑… Ⅲ.①超文本标记语言-程序设计-高等
学校-教材②网页制作工具-高等学校-教材③JAVA 语言-程序
设计-高等学校-教材　Ⅳ.①TP312.8②TP393.092.2

中国版本图书馆 CIP 数据核字(2018)第 247792 号

书　　名：网页设计与制作（HTML5+CSS3+JavaScript）		
作　　者：黑马程序员		
策　　划：秦绪好		编辑部电话：(010) 51873135
责任编辑：翟玉峰　徐盼欣		
封面设计：徐文海		
封面制作：刘　颖		
责任校对：张玉华		
责任印制：樊启鹏		

出版发行：中国铁道出版社有限公司（100054，北京市西城区右安门西街 8 号）
网　　址：http://www.tdpress.com/51eds/
印　　刷：三河市宏盛印务有限公司
版　　次：2018 年 11 月第 1 版　　2024 年 1 月第 11 次印刷
开　　本：787 mm×1 092 mm　1/16　印张：20.25　字数：453 千
印　　数：80 001～88 000 册
书　　号：ISBN 978-7-113-25084-3
定　　价：52.00 元

序

本书的创作公司——江苏传智播客教育科技股份有限公司（简称"传智教育"）作为我国第一个实现A股IPO上市的教育企业，是一家培养高精尖数字化专业人才的公司，主要培养人工智能、大数据、智能制造、软件开发、区块链、数据分析、网络营销、新媒体等领域的人才。传智教育自成立以来贯彻国家科技发展战略，讲授的内容涵盖了各种前沿技术，已向我国高科技企业输送数十万名技术人员，为企业数字化转型、升级提供了强有力的人才支撑。

传智教育的教师团队由一批来自互联网企业或研究机构，且拥有10年以上开发经验的IT从业人员组成，他们负责研究、开发教学模式和课程内容。传智教育具有完善的课程研发体系，一直走在整个行业的前列，在行业内树立了良好的口碑。传智教育在教育领域有两个子品牌：黑马程序员和院校邦。

一、黑马程序员—高端IT教育品牌

黑马程序员的学员多为大学毕业后想从事IT行业，但各方面的条件还达不到岗位要求的年轻人。黑马程序员的学员筛选制度非常严格，包括了严格的品德测试、技术测试、自学能力测试、性格测试、压力测试等。严格的筛选制度确保了学员质量，可在一定程度上降低企业的用人风险。

自黑马程序员成立以来，教学研发团队一直致力于打造精品课程资源，不断在产、学、研三个层面创新自己的执教理念与教学方针，并集中黑马程序员的优势力量，有针对性地出版了计算机系列教材百余种，制作教学视频数百套，发表各类技术文章数千篇。

二、院校邦—院校服务品牌

院校邦以"协万千院校育人、助天下英才圆梦"为核心理念，立足于中国职业教育改革，为高校提供健全的校企合作解决方案，通过原创教材、高校教辅平台、师资培训、院校公开课、实习实训、协同育人、专业共建、"传智杯"大赛等，形成了系统的高校合作模式。院校邦旨在帮助高校深化教学改革，实现高校人才培养与企业发展的合作共赢。

1．为学生提供的配套服务

（1）请同学们登录"传智高校学习平台"，免费获取海量学习资源。该平台可以帮助同学们解决各类学习问题。

（2）针对学习过程中存在的压力过大等问题，院校邦为同学们量身打造了IT学习小助手——邦小苑，可为同学们提供教材配套学习资源。同学们快来关注"邦小苑"微信公众号。

2．为教师提供的配套服务

（1）院校邦为其所有教材精心设计了"教案+授课资源+考试系统+题库+教学辅助案例"的系列教学资源。教师可登录"传智高校教辅平台"免费使用。

（2）针对教学过程中存在的授课压力过大等问题，教师可添加"码大牛"QQ（2770814393），或者添加"码大牛"微信（18910502673），获取最新的教学辅助资源。

黑马程序员

前 言

党的二十大报告指出："青年强，则国家强。当代中国青年生逢其时，施展才干的舞台无比广阔，实现前景的梦想无比光明"。国家为当代青年的发展提供了广阔的空间和助力。如何培养当代青年，已成为各大院校殊为关心的问题。在人才培养过程中，尤其是工科类、艺术类人才的培养，大多侧重技术灌输，缺少思想道德建设。面对每天不绝于眼耳的各类媒体输出。在提高当代青年技术能力的同时，加强思想政治教育，树立良好的文化价值观已成为亟待解决的问题。针对上述问题，本书设立两条学习线路——技能学习线路和思政学习线路。

1. 技能学习线路：掌握HTML5、CSS3和JavaScript

在这个以互联网产业为基础的时代，网站的建设已经成为很多企业重视的问题。一个设计精良的网站不仅代表了企业的品牌形象、还能够推广宣传企业，为企业发掘潜在的客户。HTML5、CSS3、JavaScript作为网站建设技术的三要素，也成为网站设计人员的必备技术。

2. 思政学习线路：立德树人，树立良好的文化价值观

本书选取中华优秀传统文化、具有奉献精神的中国科学家等作为案例，引导学生践行社会主义核心价值观，坚定文化自信，培养一批有思想、有能力的当代青年。

为什么学习本书

目前关于网站制作技术类的书籍较多，但大多偏向于某一块的知识，例如界面设计、HTML5、JavaScript等，使得网站建设人员缺乏对完整项目实现过程的深入了解。如何制作网站？我们学习的这些技术应用在网页制作的哪个环节？许多初学者学完之后，依然会有这样的疑问。因此，系统全面地学习网站制作的相关知识，是当下网页设计人员亟待解决的问题。

本书以实用的课堂案例、通俗易懂的语言详细介绍了使用HTML5、CSS3及JavaScript进行网页制作的各方面内容和技巧。同时以一个综合项目对前面的知识进行总结回顾，力求让不同层次的读者，全面系统快速地掌握网站建设的基础知识，具备搭建静态页面的能力。

如何使用本书

本书涵盖了静态网站搭建中需要重点掌握的技术，主要针对零基础或具备一定网站建设能力的人群。教材以既定的编写体例（理论+案例）规划所学知识点，以网站制作的基本流程为主线，详细讲解了静态页面搭建的相关技巧，力求让不同层次的网页设计师快速掌握网站制作技巧。

本书分为13章，结合HTML5、CSS3和JavaScript的基础知识及应用，提供了100多个课堂案例和1个综合实训项目，在帮助读者消化吸收知识的同时快速掌握网页设计技巧。各章讲解内容介绍如下。

- 第 1 章：介绍了网站的基础知识，包括网页、网站的概念、网页设计流程以及网页设计规范等内容；
- 第 2 章：介绍了 Dreamweaver 工具的基本操作，包括界面介绍、软件初始化设置、站点和模板的建立等内容；
- 第 3、4 章：介绍了 HTML 和 CSS 基础知识，包括常用 HTML 基础标记、HTML5 新增标记、CSS 基础样式等 CSS3 新增选择器内容；
- 第 5~8 章：介绍了静态网页搭建的应用技巧，包括盒子模型、列表、表格、表单、浮动和定位布局网页等内容；
- 第 9 章：介绍了音频、视频、动画在网页中的应用技巧，包括音视频嵌入网页、过渡、变形、动画等内容；
- 第 10 章：介绍了网页制作中一些常用的 CSS 高阶技巧，包括 CSS 精灵技术、滑动门技术、margin 负值压线技术；
- 第 11 章：介绍了 JavaScript 基础知识，包括 JavaScript 语法、数据类型、函数、对象、事件等内容；
- 第 12 章：介绍了网页测试和发布的相关知识，包括网站测试、域名和空间申请、网站上传等内容；
- 第 13 章：是一个综合项目，包括网站规划、界面设计、静态页面搭建、网页动效实现等一系列完整的网站建设过程，是贯穿全书的综合项目。

本书以网站设计制作流程为主线，语言通俗易懂，内容丰富，知识涵盖面广，非常适合网站开发的初学者、网站建设人员以及大学选修课或自学网页设计的学生阅读。

本书附有源代码、习题、教学课件等资源，而且为了帮助初学者更好地学习本书讲解的内容，还提供了在线答疑，希望得到更多读者的关注。

致谢

本书的编写和整理工作由传智播客教育科技股份有限公司完成，主要参与人员有高美云、王哲、孟方思等，全体人员在编写过程中付出了很多辛勤的汗水，在此一并表示衷心的感谢。

意见反馈

尽管我们尽了最大的努力，但教材中仍难免会有疏漏与不妥之处，欢迎各界专家和读者朋友们来信提出宝贵意见，我们将不胜感激。您在阅读本书时，如发现任何问题或有不认同之处可以通过电子邮件与我们取得联系。

请发送电子邮件至：itcast_book@vip.sina.com

黑马程序员

2023年7月于北京

目 录

第 1 章
网页和网站概述

学习目标

- 了解网页和网站，能够理解二者之间的联系。
- 了解不同类型网站的特点。
- 熟悉常用的浏览器，能够区分各浏览器的内核。

网页和网站伴随着互联网的发展，充斥着人们生活的每个角落。人们可以在计算机上浏览网页新闻，通过网站购物、观看视频。面对着每天不绝于眼、耳的各类网络资讯，有没有自己建设一个网站的想法呢？面对这个想法应该储备什么知识与技能呢？从本章开始将逐步深入地讲解网页、网站的相关知识和技能。

▌ 1.1 网页和网站简介

说到网页和网站其实大家并不陌生，我们用计算机在网上浏览新闻、查询信息、查看图片等都是在浏览网页，同时我们也会登录淘宝、京东等网站购物。但是，对于网页制作的初学者来说，还是有必要了解网页和网站的相关知识。本节将对网页和网站的相关知识做具体讲解。

1.1.1 网页和网站基本概念

在生活中很多人都上过网，浏览过网页，但是并不是所有的人都知道什么是网页，什么是网站。下面将对网页和网站的概念做具体介绍。

1. 认识网页

网页是一种可以在互联网传输，能被浏览器识别显示出来的编码文件，是网站的基本构成元素。只要是经常上网的用户，都浏览过网页。例如，打开浏览器在地址栏输入百度的网址"https://www.baidu.com/"，按【Enter】键，这时浏览器界面就会跳转到百度首页，如图 1-1 所示。

图1-1　百度首页

网页的扩展名主要分为 htm 和 html。htm 和 html 二者在本质上并没有区别，都是静态网页文件的扩展名。可以通过更改记事本扩展名的方式创建一个网页。例如，将记事本的扩展名 txt 更改为 html 即可得到一个网页文件，如图 1-2 所示。

2．认识网站

网站是由多个网页组成，每个网页之间并不是杂乱无章

图1-2　更改扩展名创建网页

的，将网页有序链接在一起就组成了一个网站。例如，当用户单击某网站导航栏上的"公益"时，就会跳转到"公益"页面，如图 1-3 所示。网站和网页属于包含关系，网站所包含的每个网页分别负责不同的职能与任务。

图1-3　网站

1.1.2　网页基本构成要素

虽然网页的表现形式千变万化，但网页的基本构成要素是相同的，主要包含文字、图像、超链接和多媒体 4 个要素。下面详细介绍网页的构成要素。

1．文字

文字作为信息传达的重要载体，也是网页构成的基础要素。网页中文字主要包括标题、信息、文字链接等几种形式，如图 1-4 所示。其中字体、大小、颜色和排列对整体版面设计影响极大，应该多花心思编排设计。

2. 图像

图像具有比文字更加直观、强烈的视觉表现效果，在网页中主要承担提供信息、展示作品、装饰网页、表现风格以及跳转链接等功能。在网页中图像往往也是创意的集中体现。网页中使用的图像主要分为 GIF、JPG 和 PNG 等格式。图 1-5 所示为某网站页面中的图像。

图1-4　文字

图1-5　图像

3. 超链接

一个网站通常由多个页面构成，进入网站时首先看到的是其首页，如果想从首页跳转到其子页面，就需要在首页相应的位置设置链接。超链接是指从一个网页指向一个目标的连接关系，所指向的目标可以是另一个网页，也可以是相同网页上的不同位置，还可以是图片、电子邮件地址、文件甚至是应用程序。在网页中的超链接分为文字链接和图像链接，用户单击带有链接的文字或者图像，就可以自动链接到对应的文件，通过添加超链接的方式将松散的网页串联成为一个整体。图 1-6 所示框选标识为文字链接和图像链接。

图1-6　超链接

4．多媒体

多媒体主要包括动画、音频和视频，这些是网页构成元素中最吸引人的地方，能够使网页更时尚、更炫酷。但是，在设计网站时不应一味追求视觉效果而忽略信息的传达，任何技术和应用都是为了更好地传达信息。

1）动画

由于动态的图像比静态的图像更能吸引用户注意，因此在网页中视觉焦点位置，通常会采用动画来吸引访问者。在网页中的动画通常使用 Flash 进行制作。

2）音频

音频的格式有 WAV、MP3 和 OGG 等，不同的浏览器对于音频文件的处理方法不同，彼此间有可能不兼容。

3）视频

在网页中视频文件也很多见，常见的视频文件格式有 FLV、MP4 等。运用视频文件可以让网页变得更加丰富多彩。

1.1.3　网站页面构成

根据网站内容，可将网页类型分为首页、列表页和详情页三类，具体介绍如下。

1．首页

访问者进入网站首先看到的是首页，首页承载了一个网站中最重要的内容。作为网站的门面，首页是给予用户第一印象的核心页面，也是品牌形象呈现的窗口。网站首页应该更直观地展示企业的产品和服务，在设计时需要贴近企业文化，有鲜明的自身特色。由于行业特性的差别，网站需要根据自身行业特性选择适当的表现形式。图 1-7 所示为网站的首页。

图1-7　首页

2．列表页

列表页主要用于展示产品的相关信息。例如，图 1-8 所示的某网站列表页展示了比首页更多的产品信息，访问者还可以对产品信息进行初步的筛选。列表页应该使用户快速了解该页面产品信息并吸引用户点击，设计时要注意在有限的页面空间中合理安排页面的文字，传达的信息要全面和突出。

图1-8　列表页

3. 详情页

详情页主要是对网站公司简介、服务等方面进行宣传，作为子级页面要与首页的色彩风格一致，页面中装饰元素也要与其他页面保持一致，使得整个网站具有整体性。图1-9 所示为某网站中的一个详情页。

图1-9　详情页

1.1.4　网站类型

根据网站性质可以将网站大致划分为企业类网站、资讯门户类网站、购物类网站、个人网站 4 类，具体介绍如下。

1. 企业类网站

企业网站是互联网上数量最多的网站类型，几乎每一个企业都有专属的企业网站。图 1-10 所示为某汽车企业的网站。

企业类网站是企业自身在互联网上进行网络建设和形象宣传的平台，相当于企业的网络名片，主要作用是展现公司形象。此类网站需要将企业的新闻动态、企业案例、产品信息、文化理念、联系方式等内容传达给用户，在设计时应抓住企业自身的卖点作为切入点。

图1-10 企业类网站

2. 资讯门户类网站

资讯门户类网站是一种综合性网站。图 1-11 所示为搜狐门户网站。

图1-11 资讯门户类网站

门户类网站的特点是信息量大，并且包含很多分支信息，如娱乐、财经、体育等。由于此类网站信息量过大，在设计时通常会划分很多模块和栏目，所以版面篇幅也比较长。国内比较知名的资讯门户网站有新浪、搜狐、网易、腾讯等。资讯门户网站将无数信息整合分类，并以巨大的访问量获得商机。

3. 购物类网站

购物类网站是实现网上买卖商品的商城平台型网站，购买的对象可以是企业（B2B），也可以是消费者（B2C 或 C2C）。图 1-12 所示为典型购物网站的首页截图。

图1-12 购物类网站

购物类网站主要以实现交易为目的，为了确保采购成功，该类网站建设需要有产品管理、订购管理、订单管理、产品推荐、支付管理、收费管理、送发货管理、会员管理等基本系统功能。在设计时这类网站着重强调视觉冲击力，在配色时通常会选用暖色调营造活泼的氛围。内容上则以商品展示图片为主，文字为辅，整体的设计风格偏向时尚。

4. 个人网站

个人网站是以个人名义开发创建的，具有较强个性特点的网站。个人网站没有其他类型网站的诸多限制要求，可以是个人简历，也可以是励志文章，还可以是个人作品集合展示等。图1-13所示为设计师的个人作品网站，整体设计都体现着设计师极简的理念，吸引志同道合的朋友互相交流。

图1-13 个人网站

1.1.5 浏览器概述

浏览器是网页运行的平台。常用的浏览器有 IE 浏览器、火狐浏览器、谷歌浏览器、Safari 浏览器和欧朋浏览器等，其中 IE、火狐和谷歌是目前互联网上的三大浏览器。图 1-14 所示为三类浏览器的图标。对于一般的网站而言，只要兼容 IE 浏览器、火狐浏览器和谷歌浏览器，即可满

IE浏览器　　火狐浏览器　　谷歌浏览器

图1-14 常用浏览器

足绝大多数用户的需求。下面将对 3 种常用的浏览器进行详细讲解。

1．IE 浏览器

IE 浏览器的全称为 Internet Explorer，是微软公司推出的一款网页浏览器。IE 浏览器一般直接绑定在 Windows 操作系统中，无须下载安装。IE 有 6.0、7.0、8.0、9.0、10.0、11.0 等版本，但是由于各种原因，一些用户仍然在使用低版本的浏览器如 IE7、IE8 等，所以在制作网页时，低版本一般也是需要兼容的。

浏览器最重要或者说核心的部分是 Rendering Engine，翻译为中文是"渲染引擎"，不过一般习惯将之称为"浏览器内核"。IE 浏览器使用 Trident 作为内核，俗称"IE 内核"。国内的大多数浏览器都使用 IE 内核，例如百度浏览器、世界之窗浏览器等。

2．火狐浏览器

火狐浏览器的英文名称为 Mozilla Firefox（简称 Firefox），是一个自由并开源的网页浏览器。Firefox 使用 Gecko 内核，该内核可以在多种操作系统如 Windows、Mac 以及 Linux 上运行。

说到火狐浏览器，就不得不提到它的开发插件 Firebug（见图 1-15）。Firebug 一直是火狐浏览器中一款必不可少开发插件，主要用来调试浏览器的兼容性。它集 HTML 查看和编辑、JavaScript 控制台、网络状况监视器于一体，是开发 HTML、CSS、JavaScript 等的得力助手。

图1-15　Firebug图标

在老版本的火狐浏览器中，用户可以通过选择"工具→附加组件"命令（见图 1-16）下载 Firebug 插件，安装完成后按【F12】键可以直接调出 Firebug 界面。

图1-16　老版本浏览器安装Firebug插件

在新版本的火狐浏览器中（例如 57.0.2.6549 版本），Firebug 已经结束了其作为火狐浏览器插件的身份，被整合到火狐浏览器内置的"Web 开发者"工具中。用户可以在火狐浏览器界面菜单栏中选择"打开菜单→Web 开发者"命令，如图 1-17 所示。此时下拉菜单会切换到图 1-18

所示菜单，选择"查看器"命令，即可查看页面各个模块，如图1-19所示。

图1-17　Web开发者工具

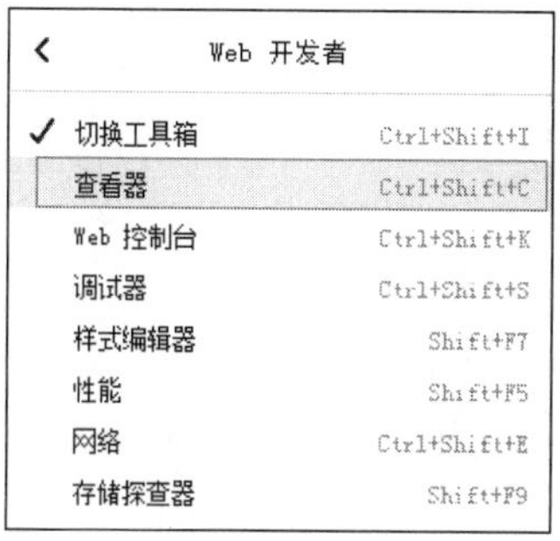

图1-18　查看器

图1-19　查看网页模块

3. 谷歌浏览器

谷歌浏览器的英文名称为 Chrome，是由 Google 公司开发的原始码网页浏览器。谷歌浏览器基于其他开放原始码软件所撰写，目标是提升浏览器的稳定性、速度和安全性，并创造出简单有效的使用界面。早期谷歌浏览器使用 WebKit 内核，但 2013 年 4 月之后，谷歌浏览器开始使用 Blink 内核。在目前的浏览器市场，谷歌浏览器依靠其卓越的性能占据着浏览器市场的半壁江山。图 1-20 所示为 2018 年 2 月～4 月国内浏览器市场份额图。

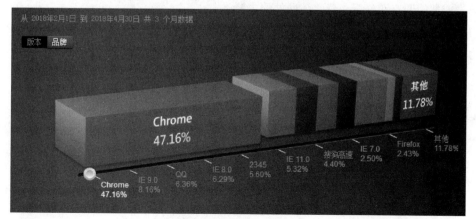

图1-20　浏览器市场份额图

多学一招：什么是浏览器内核

在 1.1.5 小节中，我们频繁地提到了浏览器内核。浏览器内核是浏览器最核心的部分，负责对网页语法的解释并渲染网页（也就是显示网页效果）。渲染引擎决定了浏览器如何显示网页的内容以及页面的格式信息。不同的浏览器内核对网页编写语法的解释也不同，因此同一网页在不同的内核的浏览器里的渲染（显示）效果也可能不同。目前常见的浏览器内核有 Trident、Gecko、WebKit、Presto、Blink 五种，具体介绍如下。

- Trident 内核：代表浏览器是 IE 浏览器，因此 Trident 内核又称 IE 内核。Trident 内核只能用于 Windows 平台，并且不是开源的。
- Gecko 内核：代表浏览器是 Firefox 浏览器。Gecko 内核是开源的，最大优势是可以跨平台。
- WebKit 内核：代表浏览器是 Safari（苹果的浏览器）以及老版本的谷歌浏览器，是开源的项目。
- Presto 内核：代表浏览器是 Opera 浏览器（中文译为"欧朋浏览器"），Presto 内核是世界公认最快的渲染速度的引擎，但是在 2013 年之后，Opera 宣布加入谷歌阵营，弃用了该内核。
- Blink 内核：由谷歌和 Opera 开发，2013 年 4 月发布，现在 Chrome 内核是 Blink。

国内的一些浏览器大多采用双内核，例如 360 浏览器、猎豹浏览器、搜狗、遨游、QQ 浏览器采用 Trident（兼容模式）+WebKit（高速模式）。

1.2 网站制作流程

制作网站就像一个工程一样，有着一定的工作流程。设计师在设计、制作网站时，只有遵循相关流程才能有条不紊地完成网站制作，让网站页面的结构更加规范合理。网站制作流程主要包括以下步骤。

1. 确定网站主题

网站主题是网站的核心部分。一个网站只有在确定主题之后，才能有针对性地选取内容。可以通过前期的调查和分析来确定该网站的主题。

（1）调查：调查的目的是了解各类网站的发展状况，总结出当前主流网站的特点、优势、竞争力，为网站的定位确定一个方向。在调查时主要考虑以下问题。

- 网站建设的目标。
- 网站面向人群。
- 企业的产品。
- 企业的服务。

（2）分析：分析是指根据调查的结果，对企业自身进行特点、优势、竞争力的分析，初步确定网站主题。在确定主题时要遵循以下原则。

- 主题要小而精，定位不宜过大过高。
- 主题要能体现企业自身的特点。

2．网站整体规划

对网站进行整体规划能够帮设计师快速理清网站结构，让网页之间的关联更加紧密。通常规划一个网站时，可以先用思维导图（推荐使用 XMind 软件）把每个页面的名称列出来，如图 1-21 所示。

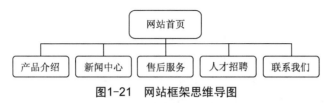

图1-21　网站框架思维导图

规划完整体的网站框架思维导图，就可以规划网站的其他内容，主要包括网站的功能、网站的结构、版面布局等，如果是一些功能需求较多的网站，还需要产品经理设计原型线框图。图 1-22 所示为某电商网站原型线框图首屏截图。

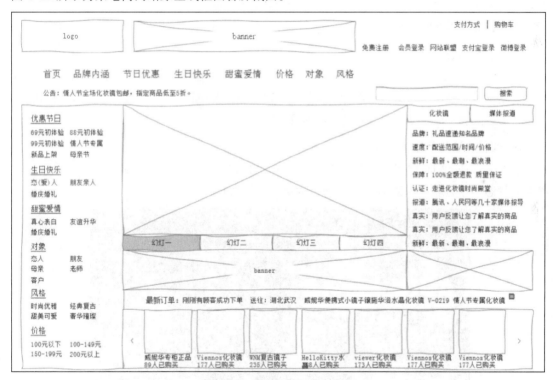

图1-22　原型线框图首屏截图

只有在设计网页之前把这些方面都考虑到了，才能够保证网站制作有条不紊地进行，避免页面或重要功能模块缺失。

3．收集素材

当网站整体规划完成之后，就可以收集网页设计需要的资料和素材。丰富的素材不仅能够让设计师们更轻松地完成网站的设计，还能极大地节约设计成本。在网页设计中，收集素材主要包括两种，一种为文本素材，一种为图片素材，具体介绍如下。

1）文本素材

设计师可以从书刊、网络上收集需要的文本，然后将这些文本加工、整理，制作成 Word 文档保存。需要注意的是，在使用搜集的文本素材时要去伪存真、去粗取精，加工成自己的素材，避免版权纠纷。

2）图片素材

只有文字内容的网站对于访问者来说是枯燥无味的，因此在网页设计中，往往会加入一些图片素材，使页面的内容更加充实，更具有可读性。设计师可以从网上的一些图片素材库获取图片（例如千图网、站酷、百度图片等）或者自己拍摄一些图片作为素材。在使用图片素材时也需要注意版权问题。

值得一提的是，在收集素材时，为了将素材类别划分清楚，一般都会将其存放在相应的文件夹中。例如，文本素材通常存放在名称为 text 的文件夹中，图片素材通常存放在名称为 images 的文件夹中，如图 1-23 所示。

图1-23　文件夹

4. 设计网页效果图

设计网页效果图就是根据设计需求，对收集的素材进行排版和美化，给用户提供一个布局合理、视觉效果突出的界面。在设计网页效果图时，设计师应该根据网站的内容确定网站的风格、色彩以及表现形式等要素，完成页面的设计部分。

5. 页面中特殊元素的设计

特殊元素是指网页中包含的非系统默认字体、动态图、视频等。这些元素在制作效果图时都会以静态图片的形式展现。图 1-24 所示为静态图片化的视频界面。

图1-24　静态图片化的视频界面

在图 1-24 所示的视频界面中，通过视频的截图和播放图标（红框标识位置）组合成静态图片表现视频画面。

6. 搭建网站静态页面

搭建静态页面是指将设计的网页效果图转换为能够在浏览器中浏览的页面。这就需要对页面设计规范有一个整体的认识并掌握一些基本的网页脚本语言，例如 HTML、CSS 等。需要注意的是，在拿到网页设计效果图后，切忌直接切图、搭建结构。应该先仔细观察效果图，对页面的配色和布局有一个整体的认识，主要包括颜色、尺寸、辅助图片等，具体介绍如下。

（1）颜色：观察网页效果图的主色调，了解页面的配色方案。

（2）尺寸：观察网页效果图的尺寸，确定页面的宽度和模块的分布。

（3）辅助图片：观察网页效果图，看哪些地方使用了素材图片，确定需要单独保留的图片。例如，重复的背景图、小图标、文本内容配图等。

对页面效果图有了基本的分析之后，就能够"切图"了。"切图"就是对效果图进行分割，将无法用代码实现的部分保存为图片。切完图之后，就可以使用 HTML、CSS 搭建静态页面。搭建静态页面就是将效果图转换为浏览器能够识别的标签语言的过程，图 1-25 所示为某食品网站的效果图，图 1-26 所示为网站效果图对应的代码。

图1-25　网站效果

```
<body> ≡≡ §8
▼<form name="form1" method="post" action="index.aspx" id="form1">
  ▶<div>…</div>
  ▶<div class="cont">…</div>
  <!--
      <div id="potatowish">
          <a class="close" href="javascript:close('potatowish');"></a>
          <a href="http://style.potatowish.com" target="_blank"><img src="images/potatowish_con.jpg" /></a>
      </div>
  -->
  <!--<div id="orioncup" >
          <a href="http://orioncup.orion.cn/" target="_blank"><img src="images/orion_cup.jpg" /></a>
      </div>-->
  <!--
      <div id="orionStatement" style="position: absolute; top: 360px; right: 10px;" >
          <img src="images/orion_statement.jpg" /></a>
      </div> -->
  ▶<div id="exp_survey">…</div>
  ▶<div id="judge">…</div>
  ▶<div id="list">…</div>
  ▶<div id="survey">…</div>
  ▶<div id="submit">…</div>
  ▶<div>…</div>
      <script type="text/javascript" src="/js/jquery-1.3.2.js"></script>
      <script type="text/javascript" src="/js/jquery.validate.js"></script>
      <script type="text/javascript" src="/js/alt.js"></script>
      <script src="/js/SNS_share.js" type="text/javascript"></script>
  <!-- 登录 -->
  ▶<div id="login" style="display: none">…</div>
  <!-- 忘记密码 -->
  ▶<div id="forget" style="display: none">…</div>
  <!-- 注册成功 -->
  ▶<div id="succeed">…</div>
  <!-- 注册 -->
  ▶<div id="reg">…</div>
```

图1-26　网页代码

7. 开发动态网站模块

静态页面建设完成后，如果网站还需要具备一些动态功能（例如：搜索功能、留言板、注册登录系统、新闻信息发布等），就需要开发动态功能模块。目前被广泛应用的动态网站技术主要有 PHP、ASP、JSP 三种。

8．上传和发布网页

网页制作完成后，最终要上传到 Web 服务器上，网页才具备访问功能。在网页上传之前首先要申请域名和购买空间（免费空间不用购买），然后使用相应的工具上传即可。上传网站的工具有很多，可以运用 FTP 软件上传（例如 Flash FXP），也可运用 Dreamweaver 自带的站点管理上传文件。

1.3　网页设计原则

网页是传播信息的载体，也是吸引访问者的主要入口。在进行网页设计时，遵循相应的设计原则，能够让网页设计师明确设计目标，准确、高效地完成设计任务。网页设计原则包括以用户为中心、视觉美观、主题明确、内容与形式统一 4 个方面，具体介绍如下。

1．以用户为中心

以用户为中心的原则实际是要求设计师站在用户的角度进行思考，主要体现在下面几点。

1）用户优先

网页设计的目的是吸引用户浏览使用，无论何时都应该以用户优先。用户需求什么，设计师就设计什么。即使网页设计得再具有美感，如果不是用户所需，也是失败的设计。

2）考虑用户带宽

设计网页时需要考虑用户的带宽。针对当前网络高度发达的时代，可以考虑在网页中添加动画、音频、视频等多媒体元素，打造内容丰富的网页效果。

2．视觉美观

视觉美观是网页设计最基本的原则。由于网页内容包罗万象，形式千变万化，往往容易使人产生视觉疲劳。这时赏心悦目、富有创意的网页往往更能够抓住访问者的眼球。设计师在设计网站页面时应该灵活运用对比与调和、对称与平衡、节奏与韵律以及留白等技巧，使空间、文字和图形之间建立联系实现页面的协调美观。例如，图 1-27 所示为某健身网站首页。

图1-27　健身网站

在图 1-27 所示页面中，将人物置于整个页面的中线位置，页面被一分为二，使页面对称平衡。同时人物的肤色和整个页面的白色形成鲜明对比，成为整个页面的第一视觉焦点，而人物的影子和烟雾又很好地融入背景中，使人物显得不那么突兀。页面中大面积的留白则增强了网站的品质感。

3．主题明确

鲜明的主题可以使网站轻松转化一些有直接需求的高质量用户。这就要求设计师在设计页面时不仅要注意页面美观，还要有主有次，在凸显艺术性的同时，通过强烈的视觉冲击力来体现主题。例如，图 1-28 所示为某数码产品网站首页部分截图。

图1-28 数码产品网站首页部分截图

在图 1-28 所示页面中，摒弃了全部辅助元素，只专注于产品的展示。同时，通过对产品的颜色修饰，增强视觉冲击力，第一时间吸引访问者注意。

4．内容与形式统一

任何设计都有一定的内容和形式。设计的内容是指主题、内容元素等，形式是指结构、设计风格等表现方式。一个优秀的网页是内容与形式统一的完美体现，也就是说网页在主题、形象、风格等方面都是统一的。例如，图 1-29 所示为某旅游网站首页。

图1-29 某旅游网站首页

在图 1-29 所示页面中，整体采用中国风的设计风格，配合古体字，采用具有中国风特色的水墨画为背景元素，通过祥云、瓷器等凸显了这一悠久的具有中国特色的旅游胜地。

1.4 网页设计规范

在设计网页时，首先要了解网页的设计规范，才能将设计标准化，使其更符合网页设计的特点。本节将从网页配色原则、网页设计尺寸大小、网页设计命名规范，以及网页设计中字体编排 4 个方面详细讲解网页设计规范。

1.4.1 配色原则

网站配色除了要考虑网页自身特点外，还要遵循相应的配色原则，避免盲目使用色彩造成网页配色过于杂乱。网页的配色原则包括确定主辅色和遵循配色方案，具体介绍如下。

1. 确定主辅色

网页中运用的色彩通常分为主题色、辅助色、点睛色三类，具体介绍如下。

1）主题色

主题色是网页中最主要的颜色，网页中占面积较大的颜色、装饰图形颜色或者主要模块使用的颜色一般都是主题色。在网页配色中，主题色是配的中心色，主要是由页面中整体栏目或中心图像所形成的中等面积的色块为主。图 1-30 所示为选用灰色作为主题色的网站。

图1-30 选用灰色作为主题色的网站

2）辅助色

一个网站页面通常都存在不止一种颜色，除了主题色之外，还有作为呼应主题色而产生的辅助色。辅助色的作用是使页面配色更完美更丰富。辅助色的视觉重要性和体积仅次于主题色，常常用于陪衬主题色，使主题色更突出。图 1-31 所示为选用浅蓝色作为辅助色的网站。

3）点睛色

图1-31　选用浅蓝色作为辅助色的网站

点睛色通常用来打破单调的网页整体效果，营造生动的网页空间氛围。在网页设计中通常以对比强烈或较为鲜艳的颜色作为点睛色。通常在网页设计中，点睛色的应用面积越小，色彩越强，点睛色的效果越突出。图 1-32 所示为选用红色作为点睛色的网站。

图1-32　选用红色作为点睛色的网站

2. 遵循配色方案

1）使用同类色

同类色是指色相一致，但是饱和度和明度却不同的颜色。尽管在网页设计时要避免采用单一的色彩，以免产生单调的感觉，但通过调整色彩的饱和度和明度也可以产生丰富的色彩变化，可使网页色彩避免单调。图 1-33 所示的网站选用了不同明度的蓝色，不仅整体性很强，而且符合科技类公司自身的特色。

图1-33　使用不同明度蓝色的网站

2）使用邻近色

邻近色是 12 色相环上间隔 30° 左右的颜色，色相彼此近似、冷暖性质一致。邻近色之间往往是你中有我、我中有你。例如朱红色与橘黄色，朱红色以红色为主，里面却涵盖着少量黄色；而橘黄色以黄色为主，里面含有少量的红色。朱红色和橘黄色在色相上分别属于红色系和橙色系，但是二者在人眼视觉上却很接近。采用邻近色设计网页可以使网页达到和谐统一，避免色彩杂乱，如图 1-34 所示。

图1-34　使用橘黄和橘红邻近色的网站

3）使用对比色

对比色是 24 色相环上间隔 120°～180° 之间的颜色。对比色包含色相对比、明度对比、饱和度对比等，例如黑色与白色、深色与浅色均为对比色。对比色可以突出重点，产生强烈的视觉效果。在设计时以一种颜色为主题色，对比色作为点睛色或辅助色，可以起到画龙点睛的作用，如图 1-35 所示。

图1-35　使用对比色的网站

1.4.2　设计尺寸规范

网页设计尺寸是指在设计界面时的宽度和高度。在设计网页时要考虑计算机屏幕的分辨率，以及浏览器的有效可视区域。当下比较流行的屏幕分辨率分为 $1024 \times 768\text{px}$、$1366 \times 768\text{px}$、$1440 \times 900\text{px}$ 和 $1920 \times 1080\text{px}$ 等，如图 1-36 所示即宽度为 1920 像素的界面。

在设计网页时，页面的宽度尽量不要超过屏幕的分辨率，否则页面将不能完全显示（响应式布局页面除外）。例如，图 1-37 所示的某网站页面，在较小的屏幕分辨率下就不能完全显示。

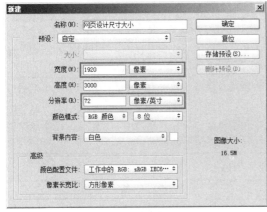

图1-36　网页设计尺寸大小

图1-37　站酷页面

网页设计尺寸一般根据宽度 1920px 的分辨率进行设计，高度可根据内容调整设置（普通企业网站 3 个屏幕高度以内最好）。在确定页面宽度后，还要考虑版心尺寸。

版心是指页面的有效使用面积，是主要元素以及内容所在的区域。在设计网页时，页面尺寸宽度一般为 1200～1920px。但是为了适配不同分辨率的显示器，一般设计版心宽度为 1000～1200px。例如，屏幕分辨率为 $1024 \times 768\text{px}$ 的浏览器，在浏览器内有效可视区域宽度为 1000px，所以最好设置版心宽度为 1000px。设计师在设计网站时尽量适配主流的屏幕分辨率。图 1-38 所示为某甜点网站页面的版心和页面宽度。

图1-38　页面尺寸和版心

1.4.3 字体规范

网页界面中，字体编排设计是一种感性的、直观的行为。设计师可根据字体字号来表达设计所要表达的情感。需要注意的是选择什么样的字体字号以整个网页界面和用户的感受为准。另外，考虑到大多数用户的计算机里的基本字体类型，因此，在正文内容最好采用基本字体，如"宋体""微软雅黑"等，数字和字母可选择 Arial 等字体。在网页界面设计中，字体字号选择和常用颜色如表 1-1 和表 1-2 所示。

表 1-1　字体字号选择

字　体	字　号	字体样式	具 体 应 用
宋体	12px	无	用于正文中和菜单栏及版权信息栏中；加粗时，用于正文显示不全时出现"查看详情"上或登录/注册上
微软雅黑		其他	
宋体	14px	无	用于正文中和菜单栏及版权信息栏中；加粗时，用于栏目标题中或导航栏中
微软雅黑		其他	
宋体	16px	无	用于正文中和菜单栏及版权信息栏中；加粗时，用于导航栏中或栏目的标题中或详情页的标题中
微软雅黑		其他	

表 1-2　常用颜色

颜 色 应 用	色　　值
标题颜色	#333333
正文颜色	#666666
辅助说明颜色	#999999

1.4.4 命名规范

作为一个完整的页面，往往包含很多部分，如 logo、导航、banner、内容主体、版权等。设计界面时，按照规范命名图层或图层组合，有利于快速查找和修改页面效果，还可大幅提高切图和后期制作的工作效率。网页设计命名常用单词如表 1-3 所示。

表 1-3　网页设计命名常用单词

名　称	单　词	名　称	单　词	名　称	单　词	名　称	单　词
页头	header	登录条	loginbar	标志	logo	侧栏	sidebar
导航	nav	子导航	subNav	广告条	Banner	菜单	menu
下拉菜单	dropMenu	工具条	toolbar	表单	form	箭头	arrow
滚动条	scroll	内容	content	标签页	tab	列表	list
小技巧	tips	栏目标题	title	链接	links	页脚	footer
下载	download	版权	copyright	合作伙伴	partner	主体	main

▎ 习题

一、判断题

1. 网页是一种可以在互联网传输，能被浏览器识别显示出来的编码文件。　　（　　）

2. 网页的表现形式千变万化，因此构成要素各不相同。　　（　　）

3. Firebug 是 Chrome 浏览器的常用插件。　　　　　　　　　　（　　）

4. 搭建静态页面是指将设计的网页效果图转换为能够在浏览器中浏览的页面。　（　　）

5. 网站是由多个网页组成的。　　　　　　　　　　　　　　　　（　　）

二、选择题

1.（多选）下列选项中，属于网页设计原则的是（　　）。

    A. 以用户为中心　　　　　　　　　　　　B. 视觉美观

    C. 主题明确　　　　　　　　　　　　　　D. 内容与形式统一

2.（多选）确定网页主题时，要遵循以下（　　）原则。

    A. 网页主题要小而精　　　　　　　　　　B. 网页主题要能体现企业自身特点

    C. 网页主体的定位要高端、大气　　　　　D. 网页主题要大而广

3.（多选）下列选项中，属于网页基本构成要素的是（　　）。

    A. 文字　　　　　　　B. 图像　　　　　　　C. 超链接　　　　　　　D. 多媒体

4.（多选）下列选项中，属于网页扩展名的是（　　）。

    A. htm　　　　　　　B. html　　　　　　　C. doc　　　　　　　D. txt

5.（多选）网页中的颜色，主要包括（　　）。

    A. 主题色　　　　　　B. 标志色　　　　　　C. 辅助色　　　　　　D. 点睛色

三、简答题

1. 简要描述网页和网站概念。

2. 简要列举网站常见类型。

第2章
使用网页制作工具

学习目标

- 了解 Dreamweaver 工具的界面。
- 掌握 Dreamweaver 工具的基本操作。
- 了解站点、模板的作用。
- 掌握站点、模板的创建方法，能够在实际工作中熟练运用。

网页制作过程中，为了开发方便，通常会选择一些较便捷的工具，如 EditPlus、notepad++、sublime、Dreamweaver 等。其中 Dreamweaver 工具依靠其可视化的网页建设模式，极大地降低了网站建设的难度，使得不同技术水平的设计师，都能搭建出美观的页面。本章将对 Dreamweaver 工具的界面和基本操作进行详细介绍。

2.1 初识Dreamweaver工具

Dreamweaver 简称 DW（中文译为"梦想编织者"），是美国 Macromedia 公司开发的集网页制作和网站管理于一身的网页编辑器，2005 年被 Adobe 公司收购。DW 是第一套针对非专业的网站建设人员的视觉化网页开发工具，利用它可以轻而易举地制作网页。图 2-1 和图 2-2 分别为软件的启动界面和工作界面。

图2-1　软件启动界面

图2-2　软件工作界面

2.2　界面介绍

本书将使用 Dreamweaver CS6 完成网站的建设。关于 Dreamweaver 这款软件，在前面的小节已经做过介绍，本节我们将对该软件的操作界面做详细介绍。双击运行桌面上的软件图标，进入软件界面。在界面布局时，建议选择"窗口→工作区布局→经典"命令，如图 2-3 所示。

图2-3　设置Dreamweaver界面布局

接下来，选择"文件→新建"命令，会出现"新建文档"对话框。在"文档类型"下拉列表框中选择"HTML5"，单击"创建"按钮，如图 2-4 所示，即可创建一个空白的 HTML5 文档，如图 2-5 所示。

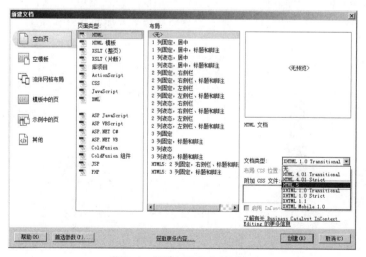

图2-4　新建HTML文档窗口

图2-5 空白的HTML5文档

需要注意的是，如果是初次安装使用 Dreamweaver 工具，创建空白 HTML 文档时可能会出现图 2-6 所示的空白界面，这时单击"代码"选项即可出现图 2-5 所示的界面效果。

图2-6 初次使用Dreamweaver新建HTML文档

图 2-7 所示为软件的操作界面，主要由 6 部分组成，包括菜单栏、插入栏、文档工具栏、文档窗口、属性面板及其他常用面板，每个部分的具体位置如图 2-7 所示。

图2-7 Dreamweaver操作界面

接下来将对图 2-7 中的每个部分进行详细讲解，具体如下。

1. 菜单栏

Dreamweaver 菜单栏由各种菜单命令构成，包括文件、编辑、查看、插入、修改、格式、命令、站点、窗口、帮助 10 个菜单项，如图 2-8 所示。

文件(F)　编辑(E)　查看(V)　插入(I)　修改(M)　格式(O)　命令(C)　站点(S)　窗口(W)　帮助(H)

图2-8　菜单栏

关于图 2-8 所示的各个菜单选项介绍如下。

- "文件"菜单：包含文件操作的标准菜单项，如"新建""打开""保存"等。"文件"菜单还包括其他选项，用于查看当前文档或对当前文档执行操作，如"在浏览器中预览""多屏预览"等。
- "编辑"菜单：包含文件编辑的标准菜单选项，如"剪切""拷贝""粘贴"等。此外"编辑"菜单还包括选择和查找选项，并且提供软件快捷键编辑器、标签库编辑器以及首选参数编辑器的访问。
- "查看"菜单：用于选择文档的视图方式（例如设计视图、代码视图等），并且可以用于显示或隐藏不同类型的页面元素和工具。
- "插入"菜单：用于将各个对象插入文档，例如插入图像、Flash 等。
- "修改"菜单：用于更改选定页面元素的属性，使用此菜单，可以编辑标签属性，更改表格和表格元素，并且为库和模板执行不同的操作。
- "格式"菜单：用于设置文本的各种格式和样式。
- "命令"菜单：提供对各种命令的访问，包括根据格式参数选择设置代码格式、优化图像、排序表格等命令。
- "站点"菜单：包括站点操作菜单项，这些菜单项可用于创建、打开和编辑站点，以及管理当前站点中的文件。
- "窗口"菜单：提供对 Dreamweaver 中的所有面板、检查器和窗口的访问。
- "帮助"菜单：提供对 Dreamweaver 帮助文档的访问，包括 Dreamweaver 使用帮助，Dreamweaver 的支持系统、扩展管理以及包括各种语言的参考材料等。

2. 插入栏

在使用 Dreamweaver 建设网站时，对于一些经常使用的标签，可以直接单击插入栏里的相关按钮，这些按钮一般都和菜单中的命令相对应。插入栏集成了多种网页元素，包括超链接、图像、表格、多媒体等，如图 2-9 所示。

常用　布局　表单　数据　Spry　jQuery Mobile　InContext Editing　文本　收藏夹

图2-9　插入栏

单击插入栏上方相应的选项，如"布局""表单"等，插入栏下方会出现不同的工具组。选择工具组中不同的按钮，可以创建不同的网页元素。

3. 文档工具栏

文档工具栏提供了各种"文档"视图窗口，如代码、拆分、设计、实时视图，还提供了各种查看选项和一些常用操作，如图 2-10 所示。

图2-10　文档工具栏

接下来介绍其中几个常用的功能按钮，具体如下。

- 代码（显示代码视图）：单击"代码"按钮，文档窗口中将只留下代码视图，收起设计视图。
- 拆分（显示代码和设计视图）：单击"拆分"按钮，文档窗口中将同时显示代码视图和设计视图，两个视图中间以一条间隔线分开，拖动间隔线可以改变两者所占屏幕的比例。
- 设计（显示设计视图）：单击"设计"按钮，文档窗口中收起代码视图只留下设计视图。
- 标题：无标题文档：此处可以修改文档的标题，也就是修改源代码头部<title>标签中的内容，默认情况下为"无标题文档"。
- （在浏览器中预览/调试）：单击可选择浏览器对网页进行预览或调试。
- （刷新）：在"代码"视图中进行更改后，单击该按钮可刷新文档的"设计"视图。

需要注意的是，在 Dreamweaver 工具中，文档工具栏是可以隐藏的，选择"查看→工具栏→文档"命令，当"文档"为勾选状态时（见图 2-11），显示文档工具栏，取消勾选状态则会隐藏文档工具栏。

图2-11　文档菜单

4. 文档窗口

文档窗口是 Dreamweaver 最常用到的区域之一，此处会显示所有打开的文档。单击文档工具栏里的"代码""拆分""设计"3 个选择按钮可变换区域的显示状态。图 2-12 所示为"拆分"状态下的结构，左方是代码区，右方是视图区。

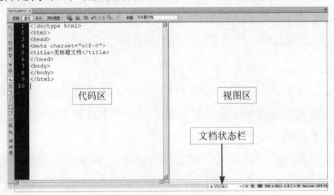

图2-12　文档窗口

5. 属性面板

属性面板主要用于设置文档窗口中所选中元素的属性。在 Dreamweaver 中允许用户在属性面板中直接对元素的属性进行修改。选中的元素不同，属性面板中内容也不一样。图2-13和图2-14分别为表格和图像的属性面板。

图2-13　表格属性面板

图2-14　图像属性面板

单击属性面板右上角的"≡"图标，可以打开选项菜单。如果不小心关闭了属性面板，可以从菜单栏选择"窗口→属性"命令重新打开，或者按【Ctrl+F3】组合键直接调出。

6. 常用面板

常用面板中集合了网站编辑与建设过程中一些常用的工具。用户可以根据需要自定义该区域的功能面板，通过这样的方式既能够很容易地使用所需面板，也不会使工作区域变得混乱。用户可以通过"窗口"菜单选择打开需要的功能面板，并且将光标置于面板名称栏上，拖动这些面板，可使它们浮动在界面上。图2-15所示即为"文件"面板浮动在代码区域上面。

图2-15　常用面板

▌ 2.3　软件初始化设置

在使用 Dreamweaver 时，为了操作更得心应手，通常都会做一些初始化设置。Dreamweaver 工具的初始化设置通常包含以下几个方面。

1. 设置工作区布局

打开 Dreamweaver 工具界面，选择"窗口→工作区布局→经典"命令。

2. 添加必备面板

设置为"经典"模式后，需要调出常用的三部分面板，分别为"插入"面板、"文件"面板、"属性"面板，这些面板均可以通过"窗口"菜单打开，如图2-16所示。

3. 设置新建文档

选择"编辑→首选参数"选项（或按【Ctrl+U】组合键），即可打开"首选参数"对话框，如图2-17所示。选中左侧分类中的"新建文档"选项，右侧就会出现对应的设置。选取目前最常用的 HTML 文档类型和编码类型（只需设置线框标识选项即可）。

图2-16　必备面板

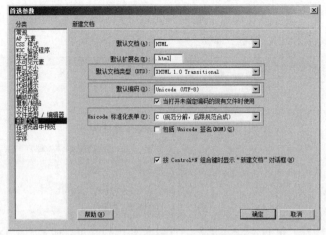

图2-17 "首选参数"对话框

设置好新建文档的首选参数后，再新建 HTML 文档时，Dreamweaver 就会按照默认设置直接生成所需要的代码。

注意：在"默认文档类型"选项中，Dreamweaver CS6 默认文档类型为 XHTML1.0，使用者可根据实际需要更改为 HTML5 文档类型。

4. 设置代码提示

Dreamweaver 拥有强大的代码提示功能，可以提高书写代码的速度。在"首选参数"对话框中可设置代码提示。选择"代码提示"选项，然后选中"结束标签"选项中的第二项，单击"确定"按钮，如图 2-18 所示，即可完成代码提示设置。

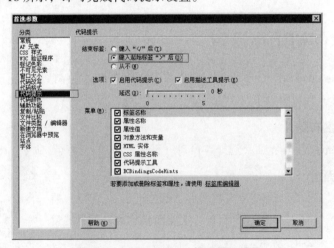

图2-18 Dreamweaver代码提示设置

5. 浏览器设置

Dreamweaver 可以关联浏览器，对编辑的网站页面进行预览。在"首选参数"对话框（见图 2-18）左侧区域选择"在浏览器中预览"选项，在右侧区域单击" ➕ "按钮，即可打开图 2-19 所示的"添加浏览器"对话框。

单击"浏览"按钮，即可打开"选择浏览器"对话框，选中需要添加的浏览器，单击"打开"按钮，Dreamweaver 会自动添加"名称"和"应用程序"，如图 2-20 所示。

图2-19 "添加浏览器"对话框　　　　　　图2-20 添加浏览器

单击图 2-20 中的"确定"按钮，完成添加，此时在"浏览器"显示区域会出现添加的浏览器，如图 2-21 所示。如果勾选"主浏览器"复选框，那么按【F12】键即可进行快速预览。

次浏览器的添加方法和主浏览器基本一致。本书建议将 Dreamweaver 主浏览器设置为"谷歌浏览器"，把火狐浏览器设置设为次浏览器。按【Ctrl+F12】组合键可使用次浏览器预览网页。

图2-21 设置主浏览器

注意：Dreamweaver "设计"视图中的显示效果只能作为参考，最终以浏览器中的显示效果为准。

2.4 Dreamweaver工具的基本操作

完成 Dreamweaver 工具界面的初始化设置之后，就可以使用 Dreamweaver 工具搭建网页。在使用 Dreamweaver 建设网站之前，首先要熟悉文档的基本操作。文档的基本操作主要包括新建文档、保存文档、打开文档、关闭文档，具体介绍如下。

1. 新建文档

在启动 Dreamweaver 工具时，软件界面会弹出一个欢迎页面，如图 2-22 所示。

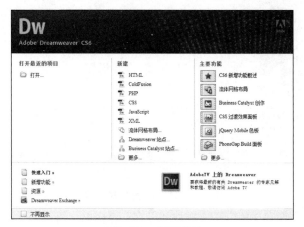

图2-22 欢迎页面

选择"新建"下面的 HTML 选项即可创建一个新的页面，也可以选择"新建"下面的"更多"选项，即可弹出"新建文档"对话框，如图 2-23 所示。可以在"新建文档"对话框中设置页面类型、布局、文档类型等，然后单击"创建"按钮，即可完成文档的创建。

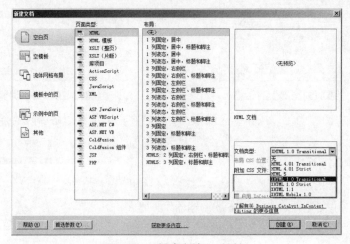

图2-23 "新建文档"对话框

值得一提的是，还可以从菜单栏中选择"文件→新建"命令（或按【Ctrl+N】组合键），打开"新建文档"对话框。

2. 保存文档

编辑或修改的网页文档，在预览之前需要先将其保存起来。保存文档的方法十分简单，选择"文件→保存"命令（或按【Ctrl+S】组合键），如果是第一次保存，会弹出"另存为"对话框，如图 2-24 所示。设置相应的文档名称和类型，单击"保存"按钮即可完成文档的保存。

图2-24 "另存为"对话框

当用户完成第一次保存文档，再次执行"保存"命令时，将不会弹出"另存为"对话框，计算机会直接保存结果，并覆盖源文件。如果用户既想保存修改的文件，又不想覆盖源文件，则可以使用"另存为"命令。选择"文件→另存为"命令（或按【Ctrl+Shift+S】组合键），会再次弹出"另存为"对话框，在该对话框中设置保存路径、文件名和保存类型，单击"确定"按钮，即可将该文件另存为一个新的文件。

注意：执行"另存为"命令时，文件名称不能和之前的文件名相同。如果名称相同，那么后面保存的文件会覆盖原来的文件。

3. 打开文档

如果想要打开计算机中已经存在的文件，可以选择"文件→打开"命令（或按【Ctrl+O】组合键），即可弹出"打开"对话框，如图 2-25 所示。

图2-25 "打开"对话框

选中需要打开的文档，单击"打开"按钮，即可打开被选中的文件。除此之外，用户还可以将选中的文档直接拖动到 Dreamweaver 主界面除文档窗口外的其他区域，快速打开文档。

4. 关闭文档

对于已经编辑保存的文档，可以使用 Dreamweaver 工具的关闭文档功能，将其关闭。通常可以使用以下几种方法关闭文档。

（1）选择"文件→关闭"命令（或按【Ctrl+W】组合键）可关闭选中的文档。

（2）单击需要关闭的文档窗口标签栏按钮" × "（见图 2-26），可关闭该文档。

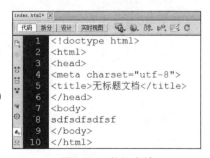

图2-26 关闭文档

2.5 创建站点

很多初学者在使用 Dreamweaver 工具搭建网页时，都会习惯性地新建一个 HTML 文档直接搭建页面，但是随着网页的增多，页面之间的结构也越发复杂，采用这样的方式很容易造成页面链接关系混乱。因此，在建设网站之前，通常会在 Dreamweaver 中建立一个站点，将复杂的页面进行梳理，从而使网站的结构变得条理化。本节将对站点的相关知识进行详细讲解。

2.5.1 认识站点

在网站建设中，站点相当于网站的目录结构，是存放不同功能的页面或模块的地方。图2-27所示就是一个站点，在该站点中包含一个 images 文件夹和一个HTML 文件。

单击文件夹图标前面的"＋"或者"－"图标，即可打开或收缩网站的结构目录。可以选择目录上的网页文件，直接双击打开。

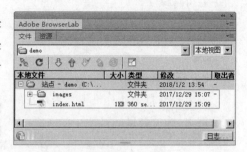

图2-27　站点

2.5.2 建立站点

建立站点相当于定义一个存放网站中零散文件的文件夹。通过建立站点可以形成清晰的网站组织结构图，便于对站内的文件和模块进行增删查改。在 Dreamweaver 工具中通过站点相关命令，能够快速创建站点，具体操作步骤如下。

1）创建网站根目录

在本地磁盘任意盘符下创建网站根目录。例如，在 D 盘新建一个文件夹作为网站根目录，将文件夹命名为 demo，如图 2-28 所示。

2）在根目录下新建文件

打开网站根目录 demo，在根目录下新建 css 文件夹和 images 文件夹，分别用于存放网站建设中的 CSS 样式文件和图像素材，如图 2-29 所示。

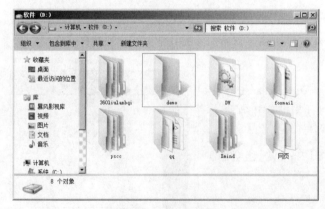

图2-28　建立根目录

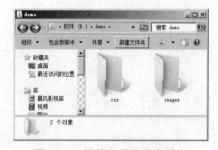

图2-29　图片和样式表文件夹

3）新建站点

打开 Dreamweaver 工具，在菜单栏中选择"站点→新建站点"命令，在弹出的对话框中输入站点名称（站点名称要和根目录名称一致）。然后，浏览并选择站点根目录的存储位置，如图 2-30 所示。

单击图 2-30 所示界面中的"保存"按钮，如果在 Dreamweaver 工具面板组中可查看到站点的信息，表示站点创建成功，如图 2-31 所示。需要注意的是，站点名称既可以使用中文，也可以使用英文。

图2-30 新建站点

图2-31 站点建立完成

2.5.3 管理站点

站点建立完成后，还需要对站点进行管理。管理站点主要包含两个部分：一部分是对站点整体的管理；另一部分是对站点内文件和文件夹的管理。具体介绍如下。

1. 管理站点整体

通过 Dreamweaver 工具的"管理站点"命令，可以对站点进行新建、删除、编辑、导入、导出等操作。选择"站点→管理站点"命令，弹出图 2-32 所示的"管理站点"对话框。

对图 2-32 中常用站点管理工具选项介绍如下。

➖：该按钮用于删除站点列表区域中已选中的站点，当单击此按钮会弹出图 2-33 所示的对话框，用于确认是否删除站点。

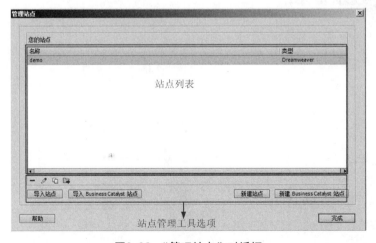

图2-32 "管理站点"对话框

图2-33 确认删除对话框

✏️：该按钮用于编辑当前选定的站点，单击此按钮会弹出新建站点时出现的对话框，可以对站点进行编辑修改。

🗐：该按钮用于复制选中的站点。

：该按钮用于导出站点。导出站点主要用于对网站进行备份。导出的站点是一份扩展名为 ste 的文件。

导入站点：该按钮用于导入扩展名为 ste 的站点文件。

2. 管理站点内的文件

管理站点内的文件主要包括创建、移动、复制、删除等一系列的操作，具体介绍如下。

1）创建文件和文件夹

在"文件"面板的站点框中右击，弹出图 2-34 所示的快捷菜单，可以选择创建文件或者文件夹。

当文件或文件夹刚被创建时，文件名称会处于可编辑状态，此时可以输入名称。选中需要更改名称的文件，将光标放置在文件夹名称上再次单击，即可对文件进行重新命名。当输入名称之后，单击输入区域之外的任何一个位置，即可完成命名。

2）移动、复制文件

同大多数文件管理一样，可以利用剪切（按【Ctrl+X】组合键）、复制（按【Ctrl+C】组合键）、粘贴（【Ctrl+V】组合键）来实现对文件的移动和复制。

3）删除文件和文件夹

对于不需要的文件或文件夹，可以直接将其删除。选中需要删除的文件或文件夹，按【Delete】快捷键，在弹出的确认删除对话框（见图 2-35）中单击"是"按钮即可删除选中的文件或文件夹。

图2-34　创建文件或文件夹

图2-35　确认删除对话框

▌ 2.6　创建模板

在浏览一些大型网站时，我们会发现虽然网站有很多页面，但是这些页面会有很多相同的板块，例如，网站的标志、公司徽标、网站导航条等。在设计网站时，如果每个页面都重新布局会非常麻烦,为此 Dreamweaver 工具提供了模板功能。利用模板功能将页面相同的版面结构制作成模板,以供其他页面引用。本节将对模板的相关知识做具体讲解。

2.6.1 认识模板

在 Dreamweaver 工具中,模板是制作网页时能够重复使用的特殊文档,用于制作网页中重复的模块。模板和一般的网页文件扩展名不同。图 2-36 所示为一个已经创建好的模板文件,其扩展名为 dwt。

图2-36 模板文件

在设计网页时,可以基于模板创建网页文档,从而使创建的文档具有模板的布局样式。制作模板和制作普通网页基本类似,区别在于模板只需要制作出网页之间相同的部分。Dreamweaver 工具中的模板通常具有以下作用。

(1)使网站的风格保持一致。使用模板创建的网页,某些模块是完全相同的,使页面保持风格一致。

(2)便于后期修改和维护。在修改共同的页面元素时,不必每个页面进行修改,只需修改应用的模板,然后更新即可。

(3)极大地提高了网站制作的效率。使用模板能够节省许多重复的工作,节约了网站的制作时间,让网站建设变得更加高效。

2.6.2 创建模板

想要使用模板,就要学会创建模板。在 Dreamweaver 工具中,创建模板的方法有两种:一种是直接创建模板;另一种是从现有文档创建模板。下面对两种创建模板的方法做具体讲解。

1. 直接创建模板

可以使用 Dreamweaver 工具在新建文档中直接创建模板,具体包含以下几个步骤。

1)选择资源面板

打开 Dreamweaver 工具,在"常用面板"模块中选择"资源"面板,单击"模板"图标,如图 2-37 所示。

2)新建模板

在空白处右击,选择"新建模板"命令,界面中会出现一个未命名的空模板文件,如图 2-38 所示。

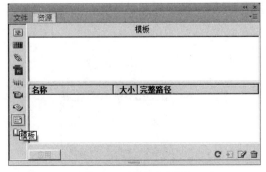

图2-37 "资源"面板

图2-38 新建模板

值得一提的是，在 Dreamweaver 中，模板一般保存在本地站点一个名为 Templates 的文件夹中。如果 Templates 文件夹在站点中不存在，则会在新建模板时，在站点中自动创建该文件夹。同时将光标悬浮在新建模板的名称上，单击即可重新编辑模板的名称。

3）打开模板

双击模板文件，即可在 Dreamweaver 中打开该文件，如图 2-39 所示。

图2-39　打开模板文件

通过图 2-39 可以看出，模板文件是由一些代码语句组成的。学习了网页代码之后，即可在该区域编辑网页模板。

2. 从现有文档创建模板

在 Dreamweaver 工具中也可以将现有文档直接创建成模板，具体包含以下几个步骤。

（1）打开 Dreamweaver 工具，新建一个文档，编辑内容。

（2）在菜单栏中选择"文件→另存为模板"命令，弹出"另存模板"对话框，如图 2-40 所示。

对图 2-40 中有一些模板的常用选项，关于这些选项的介绍如下。

- 站点：用于选择模板保存的位置，只要是导入 Dreamweaver 中的站点，都可以通过单击右侧的下拉按钮显示。
- 现存的模板：用于显示当前站点中已经存在的模板。
- 另存为：在文本框中可以对模板命名，Dreamweaver 会将该文本框中的名称作为模板的名称。

设置完相应的选项后，单击"保存"按钮，弹出 Dreamweaver 提示对话框（见图 2-41），单击"是"按钮，即可将文档转换为模板。

图2-40　"另存模板"对话框

图2-41　Dreamweaver提示对话框

注意：当模板创建完成后，不要随意移动模板位置以及模板所在文件夹的位置，以免引用模板时出现问题。

2.6.3 编辑模板

在创建模板之后，模板的布局就锁定了，如果想要在网页中对模板的内容进行修改，就需要在模板中为该内容创建可编辑区域。在 Dreamweaver 中，创建可编辑区域的具体操作步骤如下。

（1）选中想要定义为可编辑区域的代码或内容，在菜单栏中选择"插入→模板对象→可编辑区域"命令（或按【Ctrl+Alt+V】组合键），弹出图 2-42 所示的"新建可编辑区域"对话框。

（2）可以在图 2-42 所示对话框自定义区域名称（一般使用默认名称即可），单击"确定"按钮即可创建一个可编辑区域。图 2-43 所示为可编辑区域在不同视图的界面的表现形式。

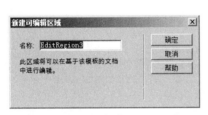

图2-42 "新建可编辑区域"对话框

图2-43 可编辑区域

在设计视图中，可编辑区域为一个方形线框，上面的选项卡是可编辑区域的名称。在代码视图中，线框标识代码中间的区域即为可编辑区域。

值得一提的是，在模板中除了可以插入"可编辑区域"外，还可以插入一些其他类型的区域，包括"可选区域""重复区域""可编辑的可选区域""重复表格"，如图 2-44 所示。由于这些类型在实际工作中并不经常使用，所以了解即可。

对于不需要的"可编辑区域"，可以将其删除。删除"可编辑区域"的方法有两种：一种是在设计视图中删除；另一种是在代码视图中删除。具体介绍如下。

- 在设计视图中删除：在模板中选择创建的"可编辑区域"，右击，在弹出的快捷菜单中选择"模板→删除模板标签"命令即可，如图 2-45 所示。

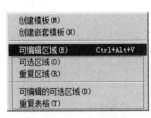

图2-44 其他区域

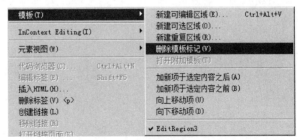

图2-45 删除模板标签

- 在代码视图中删除：在代码视图中，直接删除"可编辑区域"代码即可。

2.6.4 管理模板

管理模板是指对已经创建的模板进行引入模板、更新模板、从模板中分离等操作，具体介绍如下。

1. 引入模板

当模板创建和编辑完成之后，就可以将其引入页面中。引入模板的方法十分简单，打开需要引入模板的文档，在资源面板中单击模板文件预览图并拖动至文档内部即可。例如，图 2-46 所示即为一个引入模板后的文档。

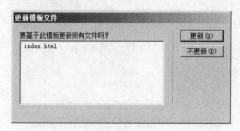

```
1  <!DOCTYPE html PUBLIC "-//W3C//DTD XHTML 1.0 Transitional//EN"
   "http://www.w3.org/TR/xhtml1/DTD/xhtml1-transitional.dtd">
2  <html xmlns="http://www.w3.org/1999/xhtml"><!-- #BeginTemplate
   "/Templates/Template.dwt" --><!-- DW6 -->
3  <head>
4  <meta http-equiv="Content-Type" content="text/html; charset=utf-8" />
5
6  <title>网站</title>
7
8  </head>
9  <body>
10 <!-- #BeginEditable "EditRegion1" -->
11 <p>我是模板文件</p>
12 <!-- #EndEditable -->
13 </body>
14 <!-- #EndTemplate -->
15 </html>
```

图2-46　引入模板后的文档

通过图 2-46 可以看出，引用模板后的网页文档由灰色和蓝色代码组成。其中，灰色代码是不可编辑区域，只能在模板文件中进行修改。而蓝色的代码为可编辑区域，可以写入不同的网页代码，可以通过可编辑区域为各个页面填充各自不同的内容。

2. 更新模板

对于引用模板创建的文档，在后续修改文档时，都可以通过更新模板的方式统一进行修改。更新模板的方法十分简单，首先打开模板文件，修改模板文档中的内容，然后选择"文件→保存"命令，会弹出"更新模板文档"对话框，如图 2-47 所示。

在图 2-47 所示的"更新模板文档"对话框中，中间的空白区域用于显示应用此模板的所有文档，当单击"更新"按钮时，会弹出"更新页面"对话框，如图 2-48 所示，该对话框主要用于记录更新状态，当显示"完成"时，单击"关闭"按钮。最后打开利用模板创建的文档，检查文档的更新效果。

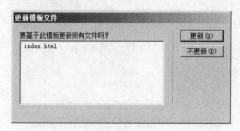

图2-47　"更新模板文件"对话框

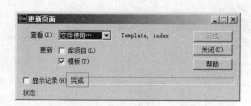

图2-48　"更新页面"对话框

3. 从模板中分离

对于已经应用模板的文件，还可以通过"从模板分离"命令，将其分离出模板。将文档分离后，整个文档都将能够进行编辑。打开应用模板的文档，执行"修改→模板→从模板中分离"命令（见图 2-49），即可将文档从模板中分离。

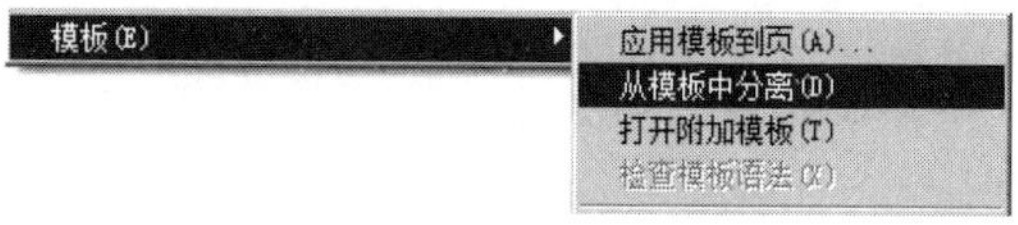

模板(E)	▶	应用模板到页(A)...
		从模板中分离(D)
		打开附加模板(T)
		检查模板语法(X)

图2-49　从模板中分离

注意：由于模板关乎整个网站页面的布局，因此创建成功后，尽量遵循只改不删的原则。

习题

一、判断题

1. 在网站建设中，Dreamweaver 的工作区布局只能设置为经典。　　　　　　（　　）

2. 在 Dreamweaver 设计视图下，会显示视图和一部分代码。　　　　　　（　　）

3. 在 Dreamweaver 工具中，文档工具栏会始终显示在界面中，无法隐藏。　　（　　）

4. Dreamweaver 既可以关联浏览器预览网页，也可以通过设计视图预览网页。　（　　）

5. Dreamweaver 只能添加两个浏览器，一个为主浏览器，另一个为次浏览器。　（　　）

二、选择题

1. （多选）下列选项中，属于文档工具栏的是（　　　　）。

　　A. 代码　　　　　　　B. 拆分　　　　　　　C. 设计　　　　　　　D. 实时视图

2. （多选）关于属性面板的打开方式，下列说法正确的是（　　　　）。

　　A. 从菜单栏选择"窗口→属性"命令打开　　B. 按【Ctrl+F3】组合键打开

　　C. 从首选参数中打开　　　　　　　　　　D. 从视图中打开

3. （单选）下列选项中，属于打开主浏览器快捷键的是（　　　　）。

　　A.【F12】　　　　　　B.【F5】　　　　　　C.【Ctrl+F12】　　　　D.【Ctrl+F5】

4. （多选）关于站点的描述，下列说法正确的是（　　　　）。

　　A. 站点相当于网站的目录结构　　　　　　B. 站点用于存放不同功能的页面或模块

　　C. 站点用于存放相同功能的页面或模块　　D. 站点名称只能是英文

5. （多选）关于模板的描述，下列说法正确的是（　　　　）。

　　A. 模板是制作网页时能够重复使用的特殊文档

　　B. 模板只需要制作网页中重复的模块

　　C. 模板的扩展名和 HTML 文件相同

　　D. 模板的扩展名和 CSS 文件相同

三、简答题

1. 简要描述 Dreamweaver 代码视图、拆分视图、设计视图的差异。

2. 对 Dreamweaver 的基本界面模块做一个简单介绍。

第3章
运用 HTML5 搭建网页结构

学习目标

- 了解 HTML5 发展历程，熟悉 HTML5 浏览器支持情况。
- 理解 HTML5 基本语法，掌握 HTML5 语法新特性。
- 掌握文本控制标签、图像标签、超链接标签，能够制作简单的网页。

近年来，HTML5 成为 IT 行业最热门的话题。HTML5 以自身为条件开发出了许多的功能，从桌面浏览器到移动应用，HTML5 从根本上改变了开发商开发 Web 应用的方式。作为网页的设计人员，也应该顺应时代潮流，掌握 HTML5 相关技术。本章将对 HTML5 的基本结构和语法、文本控制标签、图像标签以及超链接标签进行详细讲解。

▌ 3.1 HTML和HTML5

HTML5 作为 HTML 的最新版本，是 HTML 的传递和延续。从某种意义上讲，从 HTML4.0、XHTML 到 HTML5 是 HTML 超文本标记语言的更新与规范过程。因此，HTML5 并没有给开发者带来多大的冲击。本节将具体介绍 HTML 和 HTML5 的基础知识。

3.1.1 认识HTML和HTML5

HTML 英文全称为 Hyper Text Markup Language，中文译为"超文本标记语言"。超文本标记语言主要是通过不同的标签对网页中的文本、图片、声音等内容进行描述，再通过超链接将网页以及各种网页元素链接起来构成内容丰富的网站。图 3-1 所示为站酷首页的轮播图与首页轮播图代码对比。

HTML5 是 HTML 最新的修订版本，在 2014 年 10 月由万维网联盟（W3C）完成标准制定。需要注意的是，HTML5 仅仅是一套新的 HTML 标准，是对 HTML 及 XHTML 的继承与发展，其本质上并不是什么新的技术，只是在功能特性上有了极大的丰富。因此在 HTML5 中，旧版本的 HTML 标签依然适用。

图3-1 站酷首页轮播图与代码对比

3.1.2 认识标签

在 HTML 页面中，带有"< >"符号的元素称为 HTML 标签。所谓标签就是放在"< >"标签符中表示某个功能的编码命令，也称 HTML 标记或 HTML 元素，本书统一称作 HTML 标签。下面介绍一些常见的 HTML 标签类型。

1. 双标签和单标签

为了方便学习和理解，通常将 HTML 标签分为两大类，分别是"双标签"与"单标签"。对它们的具体介绍如下。

1）双标签

双标签也称"体标签"，是指由开始和结束两个标签符组成的标签。如<html>和</html>、<body>和</body>等都属于双标签。其基本语法格式如下：

```
<标签名>内容</标签名>
```

2）单标签

单标签也称"空标签"，是指用一个标签符号即可完整地描述某个功能的标签。其基本语法格式如下：

```
<标签名/>
```

 多学一招：为什么要有单标签？

HTML 标签的作用原理就是选择网页内容，从而进行描述，也就是说需要描述谁，就选择谁，所以才会有双标签的出现，用于定义标签作用的开始与结束。而单标签本身就可以描述一个功能，不需要选择，例如水平线标签<hr />，按照双标签的语法，它应该写成"<hr></hr>"，但是水平线标签不需要选择，它本身就代表一条水平线，此时写成双标签就显得有点多余，但是又不能没有结束符号。所以单标签的语法格式就是在标签名称后面加一个关闭符，即<标签名 />。

2. 注释标签

在 HTML 中还有一种特殊的标签——注释标签。如果需要在 HTML 文档中添加一些便于阅读和理解，但又不需要显示在页面中的注释文字，就需要使用注释标签。注释标签的基本语法格式如下：

```
<!-- 注释语句 -->
```

需要说明的是，注释内容不会显示在浏览器窗口中，但是作为 HTML 文档内容的一部分，可以被下载到用户的计算机上，用户查看源代码时就可以看到注释标签。

3.1.3 文档基本格式

学习任何一门语言，都需要首先掌握它的基本格式。就像写信需要符合书信的格式要求一样，HTML 标签语言也不例外，同样需要遵从一定的规范。HTML 文档基本格式主要包含<!doctype>文档类型声明、<html>根标签、<head>头部标签和<body>主体标签等，如图 3-2 所示。

```
1  <!DOCTYPE html PUBLIC "-//W3C//DTD XHTML 1.0
   Transitional//EN"         ← 文档类型声明
   "http://www.w3.org/TR/xhtml1/DTD/xhtml1-transitional.dtd">
2  <html xmlns="http://www.w3.org/1999/xhtml"> → 根标签
3  <head>  → 头部标签
4  <meta http-equiv="Content-Type" content="text/html;
   charset=utf-8" />        ← 字符编码
5  <title>无标题文档</title>
6  </head>
7
8  <body> → 主体标签
9  </body>
10 </html>
```

图3-2 HTML文档基本格式

值得一提的是，在 HTML5 版本中 HTML 文档格式有了一些的变化。HTML5 在文档类型声明与字符编码上对 HTML 文档格式做了简化，具体如图 3-3 所示。

对比图 3-2 和图 3-3 会发现，HTML 和 HTML5 的基本文档格式中均包含<!doctype>文档类型声明、<html>根标签、<head>头部标签和<body>主体标签，对它们的具体介绍如下。

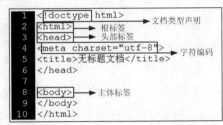

```
1  <!doctype html>          → 文档类型声明
2  <html> → 根标签
3  <head> → 头部标签
4  <meta charset="utf-8"> → 字符编码
5  <title>无标题文档</title>
6  </head>
7
8  <body> → 主体标签
9  </body>
10 </html>
```

图3-3 HTML5文档基本格式

1．<!doctype>标签

<!doctype>标签位于文档的最前面，用于向浏览器说明当前文档使用哪种 HTML 或 XHTML 标准规范。因此，只有在开头处使用<!doctype>声明，浏览器才能将该网页作为有效的 HTML 文档，并按指定的文档类型进行解析。

2．<html>标签

<html>标签位于<!doctype> 标签之后，也称根标签。根标签主要用于告知浏览器其自身是一个 HTML 文档，<html>标签标志着 HTML 文档的开始，</html>标签则标志着 HTML 文档的结束，在它们之间是文档的头部和主体内容。

3．<head>标签

<head>标签用于定义 HTML 文档的头部信息，也称头部标签，紧跟在<html>标签之后。头部标签主要用来封装其他位于文档头部的标签，例如<title>、<meta>、<link>及<style>等，用来描述文档的标题、作者，以及与其他文档的关系。

和 HTML 文档的<html>标签相比，可以发现 HTML5 文档简化了<html>标签内部指定的名字空间"http://www.w3.org/1999/xhtml"。

4. <body>标签

<body>标签用于定义 HTML 文档所要显示的内容，也称主体标签。浏览器中显示的所有文本、图像、音频和视频等信息都必须位于<body>标签内，<body>标签中的信息才能最终展示给用户看。

一个 HTML 文档只能含有一对<body>标签，且<body>标签必须在<html>标签内，位于<head>头部标签之后，与<head>标签是并列关系。

3.1.4 标签属性

使用 HTML 制作网页时，有时需要让 HTML 标签提供更多的信息，例如，希望标题文本的字体为"微软雅黑"并且居中显示，段落文本中的某些名词显示为其他颜色加以突出。仅仅依靠 HTML 标签的默认显示样式已经不能满足需求了，这时可以通过为 HTML 标签设置属性的方式来实现。HTML 标签设置属性的基本语法格式如下：

```
<标签名 属性1="属性值1" 属性2="属性值2" ...> 内容 </标签名>
```

在上面的语法中，标签可以拥有多个属性，属性必须写在开始标签中，位于标签名后面。属性之间不分先后顺序，标签名与属性、属性与属性之间均以空格分开。任何标签的属性都有默认值，省略该属性则取默认值。例如：

```
<h1 align="center">标题文本</h1>
```

其中 align 为属性名，center 为属性值，表示标题文本居中对齐，对于标题标签还可以设置文本左对齐或右对齐，对应的属性值分别为 left 和 right。如果省略 align 属性，标题文本则按默认值左对齐显示，也就是说<h1></h1>等价于<h1 align="left"></h1>。

了解标签的属性之后，接下来通过一个使用 HTML5 结构的案例演示如何使用标签的属性对网页进行修饰，如例 3-1 所示。

例 3-1 example01.html

```
1 <!doctype html>
2 <html>
3 <head>
4 <meta charset="utf-8">
5 <title>HTML标签属性</title>
6 </head>
7 <body>
8 <h2 align="center">你所知道的设计师</h2>
9 <p align="center">时间: 05月28日11时11分 来源: 秃顶的河童</p>
10<hr size="2" color="#CCCCCC" />
11<p>设计师是对设计事物的人的一种泛称。通常是在某个特定领域<strong>创造或提供创意的工作
   </strong>，是把艺术与商业结合在一起的人。</p>
12</body>
13</html>
```

在例 3-1 中，第 8 行代码将标题标签<h2>的 align 属性设置为 center，使标题文本居中对齐；第 9 行代码中同样使用 align 属性使段落文本居中对齐；第 10 行代码使用水平线标签的 size 和 color 属性设置水平线为特定的粗细和颜色。

运行例 3-1，效果如图 3-4 所示。

从例 3-1 中得出结论，在页面中使用标签时，想控制哪部分内容，就用相应的标签选择这部分内容，然后利用标签的属性进行设置。

书写 HTML 页面时，经常会在一对标签之间再定义其他标签，如例 3-1 中的第 11 行代码，在<p>标签中包含了<strong>标签。在 HTML 中，把这种标签间的包含关系称为标签的嵌套。例 3-1 中第 11 行代码的嵌套结构如下：

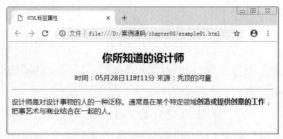

图3-4　使用标签的属性

```
<p>设计师是对设计事物的人的一种泛称。通常是在某个特定领域
<strong>创造或提供创意的工作</strong>
，是把艺术与商业结合在一起的人。</p>
```

需要注意的是，在标签的嵌套过程中，必须先结束最靠近内容的标签，再按照由内到外的顺序依次关闭标签。例如，要想使段落文本加粗倾斜，可以将加粗标签<strong>和倾斜标签<em>嵌套在段落标签<p>中，如图 3-5 所示。

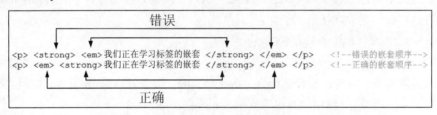

图3-5　标签的嵌套顺序

☕ 多学一招：何为键值对？

在 HTML 开始标签中，可以通过"属性="属性值""的方式为标签添加属性，其中"属性"和"属性值"就是以"键值对"的形式出现的。

所谓"键值对"简单地说即为对"属性"设置"值"。它有多种表现形式，例如 color="red"、width:200px;等，其中 color 和 width 即为"键值对"中的"键"（英文 key），red 和 200px 为"键值对"中的"值"（英文 value）。

"键值对"广泛地应用于编程中，HTML 属性的定义形式"属性="属性值""只是"键值对"中的一种。

3.1.5　HTML5文档头部相关标签

制作网页时，经常需要设置页面的基本信息，如页面的标题、作者、和其他文档的关系等。为此 HTML 提供了一系列的标签，这些标签通常都写在 head 标签内，因此称为头部相关标签。接下来将具体介绍常用的头部相关标签。

1.　设置页面标题标签<title>

<title>标签用于定义 HTML 页面的标题，即给网页取一个名字，必须位于<head>标签之内。一个 HTML 文档只能包含一对<title></title>标签，<title></title>之间的内容将显示在浏览器窗口

的标题栏中。例如，将页面标题设置为"轻松学习HTML"，具体代码如下：

```
<title>轻松学习HTML</title>
```

上述代码对应的页面标题效果如图 3-6 所示。

图3-6　设置页面标题标签<title>

2. 定义页面元信息标签<meta />

<meta />标签用于定义页面的元信息，可重复出现在<head>头部标签中，在 HTML 中是一个单标签。<meta />标签本身不包含任何内容，仅仅表示网页的相关信息。通过<meta />标签的两组属性，可以定义页面的相关参数。例如，为搜索引擎提供网页的关键字、作者姓名、内容描述，以及定义网页的刷新时间等。

下面介绍<meta />标签常用的几组设置，具体如下。

1）<meta name="名称" content="值" />

在<meta />标签中使用 name/content 属性可以为搜索引擎提供信息，其中 name 属性提供搜索内容名称，content 属性提供对应的搜索内容值。具体应用如下。

● 设置网页关键字，例如某图片网站的关键字设置：

```
<meta name="keywords" content="千图网,免费素材下载,千图网免费素材图库,矢量图,矢量
图库,图片素材,网页素材,免费素材,PS素材,网站素材,设计模板,设计素材，网页模板免费下载,千图,
素材中国,素材,免费设计,图片" />
```

其中 name 属性的值为 keywords，用于定义搜索内容名称为网页关键字，content 属性的值用于定义关键字的具体内容，多个关键字内容之间可以用","分隔。

● 设置网页描述，例如某图片网站的描述信息设置：

```
<meta name="description" content="专注免费设计素材下载的网站! 提供矢量图素材,矢量
背景图片,矢量图库,还有psd素材,PS素材,设计模板,设计素材,PPT素材,以及网页素材,网站素材,网
页图标免费下载" />
```

其中 name 属性的值为 description，用于定义搜索内容名称为网页描述，content 属性的值用于定义描述的具体内容。需要注意的是网页描述的文字不必过多。

● 设置网页作者，例如可以为网站增加作者信息：

```
<meta name="author" content="网络部" />
```

其中 name 属性的值为 author，用于定义搜索内容名称为网页作者，content 属性的值用于定义具体的作者信息。

2）<meta http-equiv="名称" content="值" />

在<meta />标签中使用 http-equiv/content 属性可以设置服务器发送给浏览器的 HTTP 头部信息，为浏览器显示该页面提供相关的参数。其中，http-equiv 属性提供参数类型，content 属性提供对应的参数值。默认会发送<meta http-equiv="Content-Type" content="text/html" />，通知浏览器发送的文件类型是 HTML。具体应用如下。

● 设置字符集，例如某图片官网字符集的设置：

```
<meta http-equiv="Content-Type" content="text/html; charset=gbk" />
```

其中 http-equiv 属性的值为 Content-Type，content 属性的值为 text/html 和 charset=gbk，中间用";"隔开，用于说明当前文档类型为 HTML，字符集为 gbk（中文编码）。目前最常用的国

际化字符集编码格式是 utf-8，常用的中文字符集编码格式主要是 gbk 和 gb2312。

值得一提的是，如果网页要面向全球，用 gbk 和 gb2312 作为网页编码，如果计算机的浏览器没有这种编码，网页内容就会出现乱码现象。

- 设置页面自动刷新与跳转，例如定义某个页面 10 秒后跳转至百度：

```
<meta http-equiv="refresh" content="10; url= https://www.baidu.com/" />
```

其中 http-equiv 属性的值为 refresh，content 属性的值为数值和 url 地址，中间用"；"隔开，用于指定在特定的时间后跳转至目标页面，该时间默认以秒为单位。

▍3.2 文本控制标签

不管网页内容如何丰富，文字自始至终都是网页中最基本的元素。为了使文字排版整齐、结构清晰，HTML 中提供了一系列文本控制标签，如<h1>～<h6>、段落标签<p>等。本节将对文本控制标签进行详细讲解。

3.2.1 标题和段落标签

一篇结构清晰的文章通常都有标题和段落，HTML 网页也不例外，为了使网页中的文字有条理地显示出来，HTML 提供了相应的标签，对它们的具体介绍如下。

1. 标题标签<h1>～<h6>

为了使网页更具有语义化，我们经常会在页面中用到标题标签，HTML 提供了 6 个等级的标题，即<h1>、<h2>、<h3>、<h4>、<h5>和<h6>，从<h1>到<h6>字号依次递减。其基本语法格式如下：

```
<hn align="对齐方式">标题文本</hn>
```

上述语法中 n 的取值为 1～6，align 属性为可选属性，用于指定标题的对齐方式，具体示例代码如下：

```
<h1>1级标题</h1>
<h2>2级标题</h2>
<h3>3级标题</h3>
<h4>4级标题</h4>
<h5>5级标题</h5>
<h6>6级标题</h6>
```

在上述代码中，使用<h1>到<h6>标签设置 6 种不同级别的标题。示例代码对应效果如图 3-7 所示。

从图 3-7 可以看出，默认情况下标题文字是加粗左对齐的，并且从<h1>到<h6>字号依次递减。如果想让标题文字右对齐或居中对齐，就需要使用 align 属性设置对齐方式，其取值如下：

- left：设置标题文字左对齐（默认值）。
- center：设置标题文字居中对齐。

图3-7 标题标签的使用

- right：设置标题文字右对齐。

注意：

1. 一个页面中只能使用一个<h1>标签，该标签常常被用在网站的 Logo 部分。

2. 由于 h 标签拥有确切的语义，因此禁止仅仅使用 h 标签设置文字加粗或更改文字的大小。

2. 段落标签<p>

在网页中要把文字有条理地显示出来，离不开段落标签，就如同平常写文章一样，整个网页也可以分为若干个段落，而段落的标签就是<p>。默认情况下，文本在段落中会根据浏览器窗口的大小自动换行。<p>是 HTML 文档中最常见的标签，其基本语法格式如下：

```
<p align="对齐方式">段落文本</p>
```

上述语法中 align 属性为<p>标签的可选属性，和标题标签<h1>～<h6>一样，同样可以使用 align 属性设置段落文本的对齐方式。

下面通过一个案例来演示段落标签<p>的用法和<p>标签的 align 属性，如例 3-2 所示。

例 3-2   example02.html

```
1 <!doctype html>
2 <html>
3 <head>
4 <meta charset="utf-8">
5 <title>段落标签</title>
6 </head>
7 <body>
8 <h2 align="center">不畏困难</h2>
9 <p align="center">类型：励志段子</p>
10<p>困难只能吓倒懦夫、懒汉，而胜利永远属于攀登高峰的人。人生的奋斗目标不要太大，认准了一件事情，投入兴趣与热情坚持去做，你就会成功。人生，要的就是惊涛骇浪，这波涛中的每一朵浪花都是伟大的，最后汇成闪着金光的海洋。</p>
11</body>
12</html>
```

在例 3-2 中，第 8 行代码、第 9 行代码分别将<h2>标签和<p>标签使用 align="center"设置居中对齐；第 10 行代码中的<p>标签为段落标签的默认对齐方式。

运行例 3-2，效果如图 3-8 所示。

从图 3-8 看出，通过使用<p>标签，每个段落都会独占一行，并且段落之间拉开了一定的间隔距离。

图3-8　段落标签<p>

3. 水平线标签<hr />

在网页中常常看到一些水平线将段落与段落之间隔开，使得文档结构清晰，层次分明。水平线可以通过<hr />标签来完成，基本语法格式如下：

```
<hr 属性="属性值" />
```

<hr />是单标签，在网页中输入一个<hr />，就添加了一条默认样式的水平线，<hr />标签几个常用的属性如表 3-1 所示。

表 3-1　<hr />标签的常用属性

属 性 名	含　义	属　性　值
align	设置水平线的对齐方式	可选择 left、right、center 三种值，默认为 center，居中对齐
size	设置水平线的粗细	以像素为单位，默认为 2px
color	设置水平线的颜色	可用颜色名称、十六进制#RGB、rgb(r,g,b)
width	设置水平线的宽度	可以是确定的像素值，也可以是浏览器窗口的百分比，默认为 100%

下面通过使用水平线分割段落文本来演示<hr />标签的用法和属性的使用，如例 3-3 所示。

例 3-3　example03.html

```
1 <!doctype html>
2 <html>
3 <head>
4 <meta charset="utf-8">
5 <title>水平线标签</title>
6 </head>
7 <body>
8 <h2 align="left">莫生气</h2>
9 <hr color="#00CC99" align="left" size="5" width="600" />
10<p>人生就像一场戏，因为有缘才相聚。相扶到老不容易，是否更该去珍惜。为了小事发脾气，回头
想想又何必。别人生气我不气，气出病来无人替。我若气死谁如意，况且伤神又费力。邻居亲朋不要比，
儿孙琐事由他去。吃苦享乐在一起，神仙羡慕好伴侣。</p>
11<hr  color="#00CC99"/>
12</body>
13</html>
```

在例 3-3 中，第 9 行代码将<hr />标签设置了不同的颜色、对齐方式、粗细和宽度值；第 11 行代码修改了<hr />标签的颜色。

运行例 3-3，效果如图 3-9 所示。

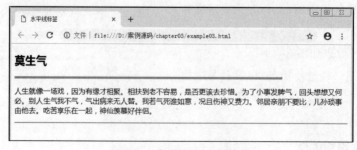

图3-9　水平线的样式效果

注意：在实际工作中，并不赞成使用<hr />的所有外观属性，最好通过 CSS 样式进行设置（CSS 相关知识将会在第 4 章详细讲解）。

4. 换行标签

在 HTML 中，一个段落中的文字会从左到右依次排列，直到浏览器窗口的右端，然后自动换行。如果希望某段文本强制换行显示，就需要使用换行标签
，如果还像在 Word 文档中直接按【Enter】键换行就不起作用了。

下面通过一个案例演示换行标签的具体用法，如例 3-4 所示。

例 3-4 example04.html

```
1 <!doctype html>
2 <html>
3 <head>
4 <meta charset="utf-8">
5 <title>换行标签</title>
6 </head>
7 <body>
8 <p>使用HTML制作网页时通过br标签<br />可以实现换行效果</p>
9 <p>如果像在word文档中一样
10敲回车键换行就不起作用了</p>
11</body>
12</html>
```

在例 3-4 中，第 8 行代码在文本里面显示是在同一行，但是使用了
标签；第 9～10 行代码在文本中是换行显示的，采用了按【Enter】键的方式换行。

运行例 3-4，效果如图 3-10 所示。

从图 3-10 可以看出，使用换行标签
的段落实现了强制换行的效果，而使用【Enter】

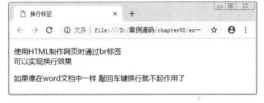

图3-10 换行标签的使用

键换行的段落在浏览器实际显示效果中并没有换行，只是多出了一个字符的空白。

注意：
标签虽然可以实现换行的效果，但并不能取代结构标签<h>、<p>等。

3.2.2 文本样式标签

多种多样的文字效果可以使网页变得更加丰富美观，为此 HTML 提供了文本样式标签<font>。<font>用来控制网页中文本的字体、字号和颜色，其基本语法格式如下：

```
<font 属性="属性值">文本内容</font>
```

上述语法中<font>标签常用的属性有 3 个，如表 3-2 所示。

表 3-2 <font>标签的常用属性

属 性 名	含 义
face	设置文字的字体，例如微软雅黑、黑体、宋体等
size	设置文字的大小，可以取 1～7 之间的整数值
color	设置文字的颜色

了解<font>标签的基本语法和常用属性之后，接下来通过一个案例演示<font>标签的用法和

效果，如例 3-5 所示。

例 3-5 example05.html

```
1 <!doctype html>
2 <html>
3 <head>
4 <meta charset="utf-8">
5 <title>文本样式标签</title>
6 </head>
7 <body>
8 <h2 align="center">使用font标签设置文本样式</h2>
9 <p>文本是默认样式的文本</p>
10<p><font size="2" color="blue">文本是2号蓝色文本</font></p>
11<p><font size="5" color="red">文本是5号红色文本</font></p>
12<p><font face="宋体" size="7" color="green">文本是7号绿色文本，文本的字体是宋体
</font></p>
13</body>
14</html>
```

在例 3-5 中，一共使用了 4 个段落标签。第 9 行代码将第一个段落中的文本为 HTML 默认段落样式；第 10 行、11 行、12 行代码将第二、三、四个段落分别使用<font>标签设置了不同的文本样式。

运行例 3-5，效果如图 3-11 所示。

图3-11　使用font标签设置文本样式

3.2.3　文本格式化标签

在网页中，有时需要为文字设置粗体、斜体或下画线效果，为此 HTML 提供了专门的文本格式化标签，使文字以特殊的方式显示。常用的文本格式化标签如表 3-3 所示。

表 3-3　常用的文本格式化标签

标　记	显　示　效　果
<b></b>和<strong></strong>	文字以粗体方式显示（b 定义文本粗体，strong 定义强调文本）
<u></u>和<ins></ins>	文字以加下画线方式显示（HTML5 不赞成使用 u）
<i></i>和<em></em>	文字以斜体方式显示（i 定义斜体字，em 定义强调文本）
<del></del>和<s></s>	文字以加删除线方式显示（HTML5 不赞成使用 s）

下面通过一个案例演示其中<b>、<strong>、<ins>、<i>、<em>和<del>的效果，如例 3-6 所示。

例 3-6　*example06.html*

```
1 <!doctype html>
2 <html>
3 <head>
4 <meta charset="utf-8">
5 <title>文本格式化标签</title>
6 </head>
7 <body>
8 <p>文本是正常显示的文本</p>
9 <p><b>文本是使用b标签定义的加粗文本</b></p>
10<p><strong>文本是使用strong标签定义的强调文本</strong></p>
11<p><ins>文本是使用ins标签定义的下画线文本</ins></p>
12<p><i>文本是使用i标签定义的倾斜文本</i></p>
13<p><em>文本是使用em标签定义的强调文本</em></p>
14<p><del>文本是使用del标签定义的删除线文本</del></p>
15</body>
16</html>
```

在例 3–6 中，第 8 行代码设置的段落文本为正常；第 9～14 行代码分别给段落文本应用不同的文本格式化标签，从而使文字产生特殊的显示效果。

运行例 3–6，效果如图 3–12 所示。

图3-12　文本格式化标签的使用

3.2.4　特殊字符标签

浏览网页时常常会看到一些包含特殊字符的文本，如数学公式、版权信息等。那么如何在网页上显示这些包含特殊字符的文本呢？其实 HTML 早想到了这一点，HTML 为这些特殊字符准备了专门的替代代码，如表 3-4 所示。

表 3-4　常用特殊字符标签

特 殊 字 符	描　　述	字符的代码	特 殊 字 符	描　　述	字符的代码
	空格符		°	角度	&deg;
<	小于号	&lt;	±	正负号	&plusmn;
>	大于号	&gt;	×	乘号	&times;
&	和号	&amp;	÷	除号	&divide;
￥	人民币	&yen;	²	二次方 2(上标 2)	&sup2;
©	版权	&copy;	³	三次方 3(上标 3)	&sup3;
®	注册商标	&reg;			

▌ 3.3　图像标签

浏览网页时我们常常会被网页中的图像所吸引，巧妙地在网页中穿插图像可以让网页内容变得更加丰富多彩。本节将为大家介绍几种常用的图像格式以及在网页中插入图像的技巧。

3.3.1 常用图像格式

网页中图像太大会造成载入速度缓慢，太小又会影响图像的质量，那么哪种图像格式能够让图像较小且拥有更好的质量呢？接下来将为大家介绍几种常用的图像格式，以及如何选择合适的图像格式应用于网页。目前网页上常用的图像格式主要有 GIF、JPG 和 PNG 3 种，具体介绍如下：

1. GIF 格式

GIF 最突出的地方就是它支持动画，同时 GIF 也是一种无损的图像格式，也就是说修改图片之后，图片质量几乎没有损失。再加上 GIF 支持透明（全透明或全不透明），因此很适合在互联网上使用。但 GIF 只能处理 256 种颜色。在网页制作中，GIF 格式常常用于 Logo、小图标及其他色彩相对单一的图像。

2. PNG 格式

PNG 包括 PNG-8 和真色彩 PNG（PNG-24 和 PNG-32）。相对于 GIF，PNG 最大的优势是体积更小，支持 alpha 透明（全透明，半透明，全不透明），并且颜色过渡更平滑，但 PNG 不支持动画。其中 PNG-8 和 GIF 类似，只能支持 256 种颜色，如果做静态图可以取代 GIF，而真色彩 PNG 可以支持更多的颜色，同时真色彩 PNG（PNG-32）支持半透明效果的处理。

3. JPG 格式

JPG 所能显示的颜色比 GIF 和 PNG 要多得多，可以用来保存超过 256 种颜色的图像。但是，JPG 是一种有损压缩的图像格式，这就意味着每修改一次图片都会造成一些图像数据的丢失。JPG 是特别为照片图像设计的文件格式，网页制作过程中类似于照片的图像，比如横幅广告（banner）、商品图片、较大的插图等。

简而言之，在网页中小图片或网页基本元素如图标、按钮等考虑使用 GIF 或 PNG-8 格式图像，半透明图像考虑 PNG-24 格式，类似照片的图像则考虑 JPG 格式。

3.3.2 图像标签<img />

HTML 网页中任何元素的实现都要依靠 HTML 标签，要想在网页中显示图像就需要使用图像标签，接下来将详细介绍图像标签<img />及其相关属性。其基本语法格式如下：

```
<img src="图像URL" />
```

该语法中 src 属性用于指定图像文件的路径和文件名，它是 img 标签的必需属性。

要想在网页中灵活地应用图像，仅仅靠 src 属性是不能够实现的。HTML 还为<img />标签准备了很多其他属性，具体如表 3-5 所示。

表 3-5 <img />标签的属性

属　　性	属　性　值	描　　述
src	URL	图像的路径
alt	文本	图像不能显示时的替换文本
title	文本	鼠标悬停时显示的内容
width	像素	设置图像的宽度

续表

属　　性	属　性　值	描　　述
height	像素	设置图像的高度
border	数字	设置图像边框的宽度
vspace	像素	设置图像顶部和底部的空白（垂直边距）
hspace	像素	设置图像左侧和右侧的空白（水平边距）
align	left	将图像对齐到左边
	right	将图像对齐到右边
	top	将图像的顶端和文本的第一行文字对齐，其他文字居图像下方
	middle	将图像的水平中线和文本的第一行文字对齐，其他文字居图像下方
	bottom	将图像的底部和文本的第一行文字对齐，其他文字居图像下方

表 3-5 对<img />标签的常用属性做了简要的描述，下面对它们进行详细讲解，具体如下。

1. 图像的替换文本属性 alt

有时页面中的图像可能无法正常显示，比如图片加载错误、浏览器版本过低等。因此，为页面上的图像加上替换文本是个很好的习惯，在图像无法显示时可以告诉用户该图片的信息，这需要使用图像的 alt 属性。

下面通过一个案例来演示 alt 属性的用法，如例 3-7 所示。

例 3-7　example12.html

```
1 <!doctype html>
2 <html>
3 <head>
4 <meta charset="utf-8">
5 <title>图像标签-alt属性的使用</title>
6 </head>
7 <body>
8 <img src="banner1.jpg" alt="百搭、白色、涂鸦、T恤、精品女装"/>
9 </body>
10</html>
```

例 3-7 中，在当前 HTML 网页文件所在的文件夹中放入文件名为 banner1.jpg 的图像，并且通过 src 属性插入图像，通过 alt 属性指定图像不能显示时的替代文本。

运行例 3-7，浏览器正常显示下，效果如图 3-13 所示。如果图像不能显示，在谷歌浏览器中就会出现图 3-14 所示的效果。

图3-13　正常显示的图片

图3-14　不能正常显示的图片

多学一招：使用 title 属性设置提示文字

图像标签<img / >有一个和 alt 属性十分类似的属性 title，title 属性用于设置鼠标悬停时图像的提示文字。下面通过一个案例来演示 title 属性的使用，如例 3-8 所示。

例 3-8　example08.html

```
1    <!doctype html>
2    <html>
3    <head>
4    <meta charset="utf-8">
5    <title>图像标签-title属性的使用</title>
6    </head>
7    <body>
8    <img src="banner1.jpg" title="百搭、白色、涂鸦、T恤、精品女装"/>
9    </body>
10   </html>
```

运行例 3-8，效果如图 3-15 所示。

图3-15　图像标签的title属性

在图 3-15 所示的页面中，当鼠标移动到图像上时就会出现提示文本。

2. 图像的宽度和高度属性 width、height

通常情况下，如果不给<img />标签设置宽高属性，图片就会按照它的原始尺寸显示，当然也可以设置更改图片的大小。width 和 height 属性用来定义图片的宽度和高度，通常只设置其中的一个属性，另一个属性会依据前一个设置的属性将原图等比例显示。如果同时设置两个属性，且其比例和原图大小的比例不一致，显示的图像就会变形或失真。

3. 图像的表框属性 border

默认情况下图像是没有边框的。通过 border 属性可以为图像添加边框、设置边框的宽度。接下来通过一个案例演示 border、width、height 属性对图像进行的修饰，如例 3-9 所示。

例 3-9　example09.html

```
1 <!doctype html>
2 <html>
3 <head>
4 <meta charset="utf-8">
5 <title>图像的宽高和边框属性</title>
6 </head>
```

```
7 <body>
8 <img src="tupian.png" alt="少女插画" border="2" />
9 <img src="tupian.png" alt="少女插画" width="100" />
10<img src="tupian.png" alt="少女插画" width="50" height="100" />
11</body>
12</html>
```

在例 3-9 中，使用了 3 个<img />标签。第
8 行代码中的<img />标签设置 2px 的边框；第
9 行代码中的<img />标签仅设置宽度；第 10
行代码中的<img />标签设置不等比例的宽度
和高度。

运行例 3-9，效果如图 3-16 所示。

从图 3-16 可以看出，第一个<img />标签的
图像显示效果为原尺寸大小，并添加了边框效
果。第二个<img />标签的图像由于仅设置了宽

图3-16　图像标签的宽高和边框属性

度属性，高度依据宽度属性的设置可将原图等比例显示。而第三个<img />标签的图像由于设置
了不等比的宽度和高度属性，而导致图片拉伸变形了。

4. 图像的边距属性 vspace、hspace

在网页中，由于排版需要，有时候还需要调整图像的边距。HTML 中通过 vspace 和 hspace
属性可以分别调整图像的垂直边距和水平边距。

5. 图像的对齐属性 align

图文混排是网页中很常见的效果，默认情况下图像的底部会与文本的第一行文字对齐，如
图 3-17 所示。

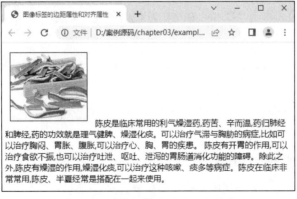

图3-17　图像标签的默认对齐效果

在制作网页时需要经常实现图像和文字环绕效果，例如左图右文，这就需要使用图像的对
齐属性 align。下面来实现网页中常见左图右文的效果，如例 3-10 所示。

例 3-10　example10.html

```
1 <!doctype html>
```

```
2 <html>
3 <head>
4 <meta charset="utf-8">
5 <title>图像标签的边距属性和对齐属性</title>
6 </head>
7 <body>
8 <img src="images/chenpi.png" alt="陈皮的功效与作用" border="1" hspace="10"
vspace="10" align="left" />
9 陈皮是临床常用的利气燥湿药,药苦、辛而温,药归肺经和脾经,药的功效就是理气健脾、燥湿化痰。
可以治疗气滞与胸胁的病症,比如可以治疗胸闷、胃胀、腹胀,可以治疗心、胸、胃的疾患。 陈皮有开胃
的作用,可以治疗食欲不振,也可以治疗吐泄、呕吐、泄泻的胃肠道消化功能的障碍。除此之外,陈皮有燥
湿的作用,燥湿化痰,可以治疗这种咳嗽、痰多等病症。陈皮在临床非常常用,陈皮、半夏经常是搭配在一
起来使用。
10</body>
11</html>
```

在例 3-10 中，使用 hspace 和 vspace 属性为图像设置了水平边距和垂直边距。为了使水平边距和垂直边距的显示效果更加明显，同时给图像添加了 1px 的边框，并且使用 align="left" 使图像左对齐。

运行例 3-10，效果如图 3-18 所示。

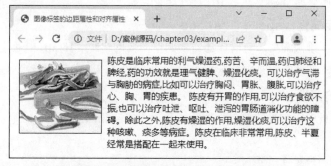

图3-18　图像标签的边距和对齐属性

注意：

1. 实际制作中并不建议图像标签 <img /> 直接使用 border、vspace、hspace 及 align 属性，可用 CSS 样式替代。

2. 网页制作中，装饰性的图像最好不要直接插入 <img /> 标签，而是通过 CSS 设置背景图像来实现。

3.3.3　绝对路径和相对路径

在计算机查找文件时，需要明确文件所在位置。网页中的路径通常分为绝对路径和相对路径两种，具体介绍如下。

1. 绝对路径

绝对路径就是网页上的文件或目录在硬盘上的真正路径，如"D:\网页制作与设计(HTML+CSS)\案例源码\chapter03\images\banner1.jpg"；或完整的网络地址，如"http://www.zcool.com.cn/images/logo.gif"。

2. 相对路径

相对路径就是相对于当前文件的路径。相对路径没有盘符，通常是以 HTML 网页文件为起点，通过层级关系描述目标图像的位置。

总结起来，相对路径的设置分为以下 3 种。

- 图像文件和 HTML 文件位于同一文件夹：只需输入图像文件的名称即可，如<img src="logo.gif" />。
- 图像文件位于 HTML 文件的下一级文件夹：输入文件夹名和文件名，之间用 "/" 隔开，如<img src="img/img01/logo.gif" />。
- 图像文件位于 HTML 文件的上一级文件夹：在文件名之前加入 "../"，如<img src="../logo.gif" />，如果是上两级，则需要使用 "../ ../"，依此类推。

值得一提的是，网页中并不推荐使用绝对路径，因为网页制作完成之后需要将所有的文件上传到服务器，这时图像文件可能在服务器的 C 盘，也有可能在 D 盘、E 盘，可能在 A 文件夹中，也有可能在 B 文件夹中。也就是说，很有可能不存在 "D:\网页制作与设计(HTML+CSS)\案例源码\chapter03\images\banner1.jpg" 这样一个很精准的路径。

3.4　认识HTML5新标签

HTML5 中引入了很多新的标签元素和属性，这是 HTML5 的一大亮点，这些新增元素使文档结构更加清晰明确，属性则使标签的功能更加强大，掌握这些元素和属性是正确使用 HTML5 构建网页的基础。本节将对 HTML5 新增标签进行讲解。

1. 结构性标签

结构性标签主要是用来对页面结构进行划分的，就像在设计网页时将页面分为导航、内容部分、页脚等，确保 HTML5 文档的完整性。HTML5 新增的结构标签如下。

- article：代表文档、页面或者应用程序中与上下文不相关的独立部分，该元素经常被用于定义一篇日志、一条新闻或用户评论等。
- header：是一种具有引导和导航作用的结构元素，该元素可以包含所有放在页面头部的内容。
- nav：用于定义导航链接，是 HTML5 新增的元素，该元素可以将具有导航性质的链接归纳在一个区域中，使页面元素的语义更加明确。
- section：用于对网站或应用程序中页面上的内容进行分块，一个 section 元素通常由内容和标题组成。
- aside：用来定义当前页面或者文章的附属信息部分，它可以包含与当前页面或主要内容相关的引用、侧边栏、广告、导航条等其他类似的有别于主要内容的部分。
- footer：用于定义一个页面或者区域的底部，它可以包含所有通常放在页面底部的内容。

2. 多媒体标签

通过多媒体标签可以将视频和音频直接嵌入页面中，这样网页就不需要借助 FlashPlayer 等插件。多媒体标签包括视频标签 video 和音频标签 audio，具体介绍如下。

- video：视频标签，用于支持和实现视频文件的直接播放，支持缓冲预载和多种视频媒体格式，如 webm、mp4、ogg。
- audio：音频标签，用于支持和实现音频文件的直接播放，支持缓冲预载和多种音频媒体格式，如 mp3、ogg、wav。
- source：用于设置多种音视频格式的标签（将会在第 9 章详细讲解）。

3. 表单标签

表单标签主要用于功能性的内容表达，会有一定的内容和数据的关联。

datalist：配合<input />标签定义一个下拉列表。

需要注意的是，表单标签新增的更多是自带属性（新增属性将在第 7 章具体讲解）。关于上述 HTML5 新增标签的用法将会在后续章节详细讲解，在此只需了解即可。

▌ 习题

一、判断题

1. HTML 是超文本标签语言。 （　　　）
2. 标签也称标签。 （　　　）
3. 键值对是属性="属性"的形式。 （　　　）
4. <h7>是级别最高的标题标签。 （　　　）
5. <img />是单标签。 （　　　）

二、选择题

1. （单选）下列选项中，属于国际化字符集编码格式的是（　　　）。
   A. gbk B. utf-8 C. gb2312 D. big5
2. （多选）下列选项中，属于 HTML 文档头部相关标签的是（　　　）。
   A. <title></title> B. <meta /> C. <img /> D. <b></b>
3. （多选）下列选项中，属于网页上常用图片格式的是（　　　）。
   A. GIF 格式 B. PSD 格式 C. PNG 格式 D. JPG 格式
4. （多选）下列选项中，属于<font>标签属性的是（　　　）。
   A. alt B. size C. color D. face
5. （多选）HTML 文档基本格式主要包括（　　　）。
   A. <!doctype>文档类型声明 B. <html>根标签
   C. <head>头部标签 D. <body>主体标签

三、简答题

1. 简要描述什么是 HTML5。
2. 简要描述什么是相对路径和绝对路径。

第 4 章
运用 CSS3 设置网页样式

学习目标

- 掌握 CSS 样式规则，能够书写规范的 CSS 样式代码。
- 掌握文本样式属性，能够运用 CSS3 控制页面中的文本样式。
- 掌握选择器用法，可以快捷选择页面中的元素。
- 理解 CSS 层叠性、继承性与优先级，学会高效控制网页元素。
- 了解 CSS3 新增选择器。

随着网页制作技术的不断发展，陈旧的 CSS 特性和标准已经无法满足现今的交互设计需求，开发者往往需要更多的字体选择、更方便的样式效果、更绚丽的图形动画。CSS3 的出现，在不需要改变原有设计结构的情况下，增加了许多新特性，极大地满足了开发者的需求。本章将对 CSS3 的基础知识进行详细讲解。

4.1 认识CSS和CSS3

使用 HTML 标签属性对网页进行修饰存在很大的局限和不足，例如网站维护困难、不利于代码阅读等。如果希望网页美观、大方，并且升级轻松、维护方便，就需要使用 CSS 将网页的 HTML 结构和网页的样式分离。

CSS 英文全称为 Cascading Style Sheet，中文译为"层叠样式表"。CSS 以 HTML 为基础，提供了丰富的功能，如字体、颜色、背景的控制及整体排版等，而且可以针对不同的浏览器设置不同的样式。如图 4-1 所示，图中文字的颜色、粗体、背景、行间距等，都是通过 CSS 控制的。

图4-1　认识CSS

　　CSS3 是 CSS 技术的升级版本，于 1999 年开始制订，2001 年 5 月 23 日 W3C 完成了 CSS3 的工作草案。CSS3 的语法是建立在 CSS 原始版本基础上的，因此旧版本的 CSS 属性在 CSS3 版本中依然适用。

　　同时在新版本的 CSS3 中增加了很多新样式，例如圆角效果、块阴影与文字阴影、使用 RGBA 实现透明效果、渐变效果、使用@font-face 实现定制字体、多背景图、文字或图像的变形处理（旋转、缩放、倾斜、移动）等，这些新属性将会在后面的章节中逐一讲解。

‖ 4.2　CSS核心基础

　　CSS3 只是 CSS 技术的一个新版本，因此在学习和使用 CSS3 之前，首先要学习 CSS 的核心基础知识，例如 CSS 样式规则、引入方式、基础选择器等。本节将对 CSS 的基础知识做详细讲解。

4.2.1　CSS样式规则

　　使用 HTML 进行标签网页内容时，需要遵从一定的规范，CSS 亦如此。要想熟练地使用 CSS 对网页进行修饰，首先要了解 CSS 样式规则，具体格式如下：

> 选择器{属性1:属性值1; 属性2:属性值2; 属性3:属性值3; ...}

　　在上面的样式规则中，选择器用于指定需要改变样式的 HTML 标签，花括号内部是一条或多条声明。每条声明由一个属性和属性值组成，以"键值对"的形式出现。

　　属性是对指定的标签设置的样式属性，例如字体大小、文本颜色等。属性和属性值之间用英文冒号":"连接，多个"键值对"之间用英文分号";"进行分隔。例如，图 4-2 所示为 CSS 样式规则的结构示意图。

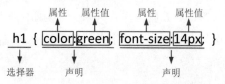

图4-2　CSS样式规则的结构示意图

　　为了使读者更好地理解 CSS 样式规则，接下来通过一个案例学习如何使用 CSS 对标题标签 <h1>进行控制，如例 4-1 所示。

　　例 4-1　example01.html

```
1 <!doctype html>
2 <html>
3 <head>
4 <meta charset="utf-8">
5 <title>添加CSS样式</title>
6 <style type= "text/css" >
7 h1{color:green; font-size:14px;}
8 </style>
9 </head>
10<body>
```

```
11<h1>你看见我变样了吗? </h1>
12</body>
13</html>
```

上述代码中,第 7 行代码是一个完整的 CSS 样式。其中 h1 为选择器,表示 CSS 样式作用的 HTML 标签为<h1>标签,color 和 font-size 为 CSS 属性,分别表示颜色和字体大小,14px 和 green 是属性值。第 7 行代码的 CSS 样式所呈现的效果是页面中的一级标题字体大小为 14px、颜色为绿色。无样式和添加 CSS 样式对比效果如图 4-3 所示。

图4-3 无样式和添加CSS样式对比

在书写 CSS 样式时,除了要遵循 CSS 样式规则,还必须注意 CSS 代码结构中的几个特点,具体如下:

- CSS 样式中的选择器严格区分大小写,而声明不区分大小写,按照书写习惯一般将"选择器、声明"都采用小写的方式。

- 多个属性之间必须用英文状态下的分号隔开,最后一个属性后的分号可以省略,但是为了便于增加新样式最好保留。

- 如果属性的属性值由多个单词组成且中间包含空格,则必须为这个属性值加上英文状态下的引号。例如:

```
p {font-family:"Times New Roman";}
```

- 在编写 CSS 代码时,为了提高代码的可读性,可使用"/*注释语句*/"来进行注释,例如上面的样式代码可添加如下注释:

```
p {font-family:"Times New Roman";}
/* 这是CSS注释文本,有利于方便查找代码,此文本不会显示在浏览器窗口中   */
```

- 在 CSS 代码中空格是不被解析的,花括号以及分号前后的空格可有可无。因此可以使用空格键、【Tab】键、【Enter】键等对样式代码进行排版,即所谓的格式化 CSS 代码,这样可以提高代码的可读性。例如:

代码段 1:

```
h1{ color:green; font-size:14px; }
```

代码段 2:

```
h1{
    color:green;                    /* 定义颜色属性 */
    font-size:14px;                 /* 定义字体大小属性 */
}
```

上述两段代码所呈现的效果是一样的,但是"代码段 2"书写方式的可读性更高。需要注意的是,属性值和单位之间是不允许出现空格的,否则浏览器解析时会出错。例如下面这行代码就是错误的：

```
h1{font-size:14 px; }                    /* 14和单位px之间有空格，浏览器解析时会出错 */
```

4.2.2　引入CSS样式表

要想使用 CSS 修饰网页，就需要在 HTML 文档中引入 CSS 样式表。CSS 提供了 4 种引入方式，分别为行内式、内嵌式、链入式，具体介绍如下。

1. 行内式

行内式也称内联样式，是通过标签的 style 属性来设置标签的样式，其基本语法格式如下：

```
<标签名 style="属性1:属性值1; 属性2:属性值2; 属性3:属性值3;"> 内容 </标签名>
```

上述语法中，style 是标签的属性，实际上任何 HTML 标签都拥有 style 属性，用来设置行内式。属性和属性值的书写规范与 CSS 样式规则一样，行内式只对其所在的标签及嵌套在其中的子标签起作用。

通常 CSS 的书写位置是在<head>头部标签中，但是行内式却是写在<html>根标签中，例如下面的示例代码，即为行内式 CSS 样式的写法。

```
<h1 style="font-size:20px; color:blue;">使用CSS行内式修饰一级标题的字体大小和颜
色</h1>
```

在上述代码中，使用<h1>标签的 style 属性设置行内式 CSS 样式，用来修饰一级标题的字体大小和颜色。示例代码对应效果如图 4-4 所示。

需要注意的是，行内式是通过标签的属性来控制样式的，这样并没有做到结构与样式分离，所以很少使用。

图4-4　行内式效果展示

2. 内嵌式

内嵌式是将 CSS 代码集中写在 HTML 文档的<head>头部标签中，并且用<style>标签定义，其基本语法格式如下：

```
<head>
<style type="text/css">
    选择器 {属性1:属性值1; 属性2:属性值2; 属性3:属性值3;}
</style>
</head>
```

上述语法中，<style>标签一般位于<head>标签中<title>标签之后，也可以把它放在 HTML 文档的任何地方。但是，由于浏览器是从上到下解析代码的，把 CSS 代码放在头部有利于提前下载和解析，从而可以避免网页内容下载后没有样式修饰带来的尴尬。除此之外，必须设置 type 的属性值为 "text/css"，这样浏览器才知道<style>标签包含的是 CSS 代码。

下面通过一个案例学习如何在 HTML 文档中使用内嵌式 CSS 样式，如例 4-2 所示。

例 4-2　example02.html

```
1 <!doctype html>
```

```
2 <html>
3 <head>
4 <meta charset="utf-8">
5 <title>内嵌式引入CSS样式表</title>
6 <style type="text/css">
7 h2{text-align:center;}    /*定义标题标签居中对齐*/
8 p{                        /*定义段落标签的样式*/
9     font-size:16px;
10    font-family:"楷体";
11    color:purple;
12    text-decoration:underline;
13    }
14</style>
15</head>
16<body>
17<h2>内嵌式CSS样式</h2>
18<p>使用style标签可定义内嵌式CSS样式表，style标签一般位于head头部标签中，title标签之
后。</p>
19</body>
20</html>
```

在例 4-2 中，第 6～14 行代码为嵌入的 CSS 样式。

运行例 4-2，效果如图 4-5 所示。

通过例 4-2 可以看出，内嵌式将结构与样式进行了不完全分离。由于内嵌式 CSS 样式只对其所在的当前 HTML 页面有效，因此仅设计一个页面时，使用内嵌式是个不错的选择。但如果是一个网站，则不建议使用这种方式，因为它不能充分发挥 CSS 代码的重用优势。

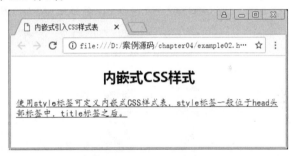

图4-5　内嵌式效果展示

3. 外链式

外链式也叫链入式，是将所有的样式放在一个或多个以.css 为扩展名的外部样式表文件中，通过<link />标签将外部样式表文件链接到 HTML 文档中，其基本语法格式如下：

```
<head>
<link href="CSS文件的路径" type="text/css" rel="stylesheet" />
</head>
```

上述语法中，<link />标签需要放在<head>头部标签中，并且必须指定<link />标签的 3 个属性，具体如下：

- href：定义所链接外部样式表文件的 URL，可以是相对路径，也可以是绝对路径。
- type：定义所链接文档的类型，在这里需要指定为 "text/css"，表示链接的外部文件为 CSS 样式表。

- rel：定义当前文档与被链接文档之间的关系，在这里需要指定为 stylesheet，表示被链接的文档是一个样式表文件。

下面通过一个案例来演示如何通过外链式引入 CSS 样式表，具体步骤如下：

（1）创建一个 HTML 文档，并在该文档中添加一个标题和一个段落文本，如例 4-3 所示。

例 4-3　example03.html

```
1 <!doctype html>
2 <html>
3 <head>
4 <meta charset="utf-8">
5 <title>外链式引入CSS样式表</title>
6 </head>
7 <body>
8 <h2>外链式CSS样式</h2>
9 <p>通过link标签可以将扩展名为.css的外部样式表文件链接到HTML文档中。</p>
10 </body>
11 </html>
```

（2）将该 HTML 文档命名为 example03.html，保存在 chapter04 文件夹中。

（3）打开 Dreamweaver 工具，在选择"文件→新建"命令，界面中会弹出"新建文档"对话框，如图 4-6 所示。

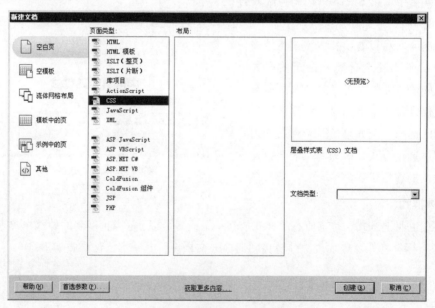

图4-6　"新建文档"对话框

（4）在"新建文档"对话框的"页面类型"中选择"CSS"选项，单击"创建"按钮，即可弹出 CSS 文档编辑窗口，如图 4-7 所示。

（5）选择"文件→保存"命令，弹出"另存为"对话框，如图 4-8 所示。

（6）在图 4-8 所示对话框中，将文件命名为 style.css，保存在 example03.html 文件所在的文件夹 chapter04 中。

图4-7　CSS文档编辑窗口　　　　　　　图4-8　"另存为"对话框

（7）在图 4-7 所示的 CSS 文档编辑窗口中输入以下代码，并保存 CSS 样式表文件。

```
h2{text-align:center;}    /*定义标题标签居中对齐*/
p{                        /*定义段落标签的样式*/
  font-size:16px;
  font-family:"楷体";
  color:purple;
  text-decoration:underline;
}
```

（8）在例 4-3 的<head>头部标签中，添加<link />语句，将 style.css 外部样式表文件链接到 example03.html 文档中，具体代码如下：

```
<link href="style.css" type="text/css" rel="stylesheet" />
```

（9）再次保存 example03.html 文档后，成功链接后如图 4-9 所示。

图4-9　外链式引入CSS样式表

（10）运行例 4-3，效果如图 4-10 所示。

图4-10　外链式效果展示

外链式最大的好处是同一个 CSS 样式表可以被不同的 HTML 页面链接使用,同时一个 HTML

页面也可以通过多个<link />标签链接多个 CSS 样式表。在网页设计中，外链式是使用频率最高也最实用的 CSS 样式表，因为它将 HTML 代码与 CSS 代码分离为两个或多个文件，实现了将结构和样式完全分离，使得网页的前期制作和后期维护都十分方便。

4.2.3　CSS基础选择器

要想将 CSS 样式应用于特定的 HTML 标签，首先需要找到该目标标签。在 CSS 中，执行这一任务的样式规则部分称为选择器。在 CSS 中，根据作用的不同选择器又分为标签选择器、类选择器、id 选择器、通配符选择器、标签指定式选择器、后代选择器和并集选择器，对它们的具体解释如下。

1.　标签选择器

标签选择器是指用 HTML 标签名称作为选择器，按标签名称分类，为页面中某一类标签指定统一的 CSS 样式。其基本语法格式如下：

```
标签名{属性1:属性值1; 属性2:属性值2; 属性3:属性值3; }
```

上述语法中，所有的 HTML 标签名都可以作为标签选择器，例如 body、h1、p、strong 等。用标签选择器定义的样式对页面中该类型的所有标签都有效。

例如，可以使用 p 选择器定义 HTML 页面中所有段落的样式，示例代码如下：

```
p{font-size:12px; color:#666; font-family:"微软雅黑";}
```

上述 CSS 样式代码用于设置 HTML 页面中所有的段落文本——字体大小为 12px、颜色为 #666、字体为微软雅黑。

标签选择器最大的优点是能快速为页面中同类型的标签统一样式，同时这也是它的缺点，不能设计差异化样式。

2.　类选择器

类选择器使用"."（英文点号）进行标识，后面紧跟类名，其基本语法格式如下：

```
.类名{属性1:属性值1; 属性2:属性值2; 属性3:属性值3; }
```

上述语法中，类名即为 HTML 标签的 class 属性值，大多数 HTML 标签都可以定义 class 属性。类选择器最大的优势是可以为标签对象定义单独或相同的样式。

下面通过一个案例来学习类选择器的使用，如例 4-4 所示。

例 4-4　example04.html

```
1 <!doctype html>
2 <html>
3 <head>
4 <meta charset="utf-8">
5 <title>类选择器</title>
6 <style type="text/css">
7 .green{ color:green;}
8 .blue{ color:blue;}
9 .font1{ font-size:22px;}
10p{font-family:"楷体"; text-decoration:underline;}
11</style>
12</head>
13<body>
```

```
14<h2 class="green">静夜思</h2>
15<p class="blue font1">唐：李白</p>
16<p class="green font1">床前明月光，</p>
17<p>疑是地上霜。</p>
18<p>举头望明月，</p>
19<p>低头思故乡。</p>
20</body>
21</html>
```

在例 4-4 中，第 14 行和第 16 行代码分别将标题标签 <h2> 和段落标签 <p> 添加类名 class="green"，并通过类选择器设置它们的文本颜色为绿色。第 15 行和第 16 行代码分别将段落标签添加类名 class="font1"，并通过类选择器设置它们的字号为 22 像素，同时还对第 1 个段落应用类"blue"，将其文本颜色设置为蓝色。最后，通过标签选择器统一设置所有的段落字体为楷体，同时添加下画线。运行例 4-4，效果如图 4-11 所示。

图4-11　类选择器的使用

在图 4-11 中，诗名和第二行诗句均显示为绿色，可见多个标签可以使用同一个类名，这样可以实现为不同类型的标签指定相同的样式。

值得一提的是，通过例 4-4 中的第 15、16 行代码可以发现，同一个 HTML 标签也可以应用多个 class 类，多个类名之间只需用空格隔开。

注意：类名的第一个字符不能使用数字，并且严格区分大小写，一般采用小写的英文字符。

3. id 选择器

id 选择器使用"#"进行标识，后面紧跟 id 名，其基本语法格式如下：

```
#id名{属性1:属性值1; 属性2:属性值2; 属性3:属性值3; }
```

上述语法中，id 名即为 HTML 标签的 id 属性中的值，大多数 HTML 标签都可以定义 id 属性，标签的 id 值是唯一的，只能对应于文档中某一个具体的标签。

下面通过一个案例来学习 id 选择器的使用，如例 4-5 所示。

例 4-5　example05.html

```
1 <!doctype html>
2 <html>
3 <head>
4 <meta charset="utf-8">
5 <title>id选择器</title>
6 <style type="text/css">
7 #bold{font-weight:bold;}
8 #font24{ font-size:24px;}
9 </style>
10</head>
11<body>
```

```
12<p id="bold">段落1: id="bold"，设置粗体文字。</p>
13<p id="font24">段落2: id="font24"，设置字号为24px。</p>
14<p id="font24">段落3: id="font24"，设置字号为24px。</p>
15<p id="bold font24">段落4: id="bold font24"，同时设置粗体和字号24px。</p>
16</body>
17</html>
```

在例 4-5 中，第 12～15 行代码中的 4 个<p>标签同时定义了 id 属性，并通过相应的 id 选择器设置粗体文字和字号大小。其中，第 2 个和第 3 个<p>标签的 id 属性值相同，第 4 个<p>标签有两个 id 属性值。

运行例 4-5，效果如图 4-12 所示。

从图 4-12 看出，第 2 行和第 3 行文本都显示了#font24 定义的样式。在很多浏览器下，同一个 id 也可以应用于多个标签，浏览器并不报错，但是这种做法是不被允许的，因为 JavaScript 等脚本语言调用 id 时会出错。

图4-12　id选择器的使用

需要注意的是，最后一行文本虽然设置了两个 id 属性值然而却没有应用任何 CSS 样式。因为标签的 id 属性值具有唯一性，这意味着 id 选择器并不支持像类选择器那样可定义多个值，所以类似"id="bold font24""的写法是错误的。

4. 通配符选择器

通配符选择器用"*"表示，它是所有选择器中作用范围最广的，能匹配页面中所有的标签。其基本语法格式如下：

```
*{属性1:属性值1; 属性2:属性值2; 属性3:属性值3; }
```

例如下面的代码，使用通配符选择器定义 CSS 样式，清除所有 HTML 标签的默认边距。

```
*{
  margin: 0;              /*定义外边距*/
  padding: 0;             /*定义内边距*/
}
```

在实际网页开发中不建议使用通配符选择器，因为它设置的样式对所有的 HTML 标签都生效，不管标签是否需要该样式，这样反而降低了代码的执行速度。

5. 标签指定式选择器

标签指定式选择器又称交集选择器，由两个选择器构成，其中第一个为标签选择器，第二个为 class 选择器或 id 选择器，两个选择器之间不能有空格，如 h3.special 或 p#one。

下面通过一个案例学习标签指定式选择器的使用，如例 4-6 所示。

例 4-6　example06.html

```
1 <!doctype html>
2 <html>
3 <head>
4 <meta charset="utf-8">
```

```
5 <title>标签指定式选择器</title>
6 <style type="text/css">
7 p{ color:blue;}
8 p.special{ color:red;}        /*标签指定式选择器*/
9 .special{ color:green;}
10</style>
11</head>
12<body>
13<p>普通段落文本（蓝色）</p>
14<p class="special">指定了.special类的段落文本（红色）</p>
15<h3 class="special">指定了.special类的标题文本（绿色）</h3>
16</body>
17</html>
```

在例 4-6 中，第 7 行和第 9 行代码分别定义了<p>标签和.special 类的样式；第 8 行代码还单独定义了 p.special，用于特殊的控制。

运行例 4-6，效果如图 4-13 所示。

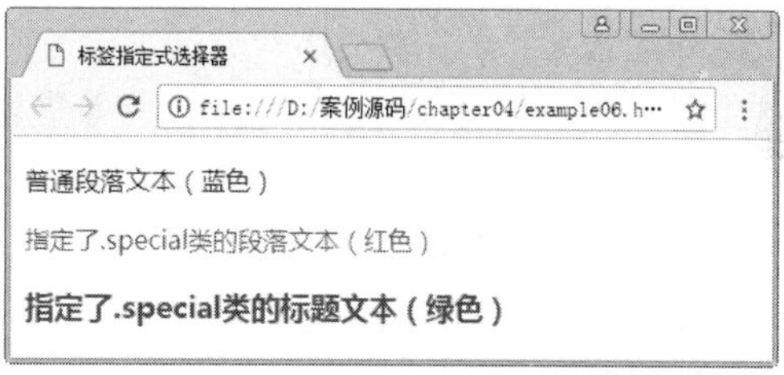

从图 4-13 可以看出，第二段文本变成了红色。可见标签选择器 p.special 定义的样式仅仅适用于<p class="special">标签，而不会影响使用了 special 类的其他标签。

图4-13　标签指定式选择器的使用

6. 后代选择器

后代选择器用来选择某标签的后代标签，其写法就是把外层标签写在前面，内层标签写在后面，中间用空格分隔。当标签发生嵌套时，内层标签就成为外层标签的后代。

例如，当<p>标签内嵌套<strong>标签时，就可以使用后代选择器对其中的<strong>标签进行控制，如例 4-7 所示。

例 4-7　example07.html

```
1 <!doctype html>
2 <html>
3 <head>
4 <meta charset="utf-8">
5 <title>后代选择器</title>
6 <style type="text/css">
7 p strong{color:orange;}       /*后代选择器*/
8 strong{color:blue;}
9 </style>
10</head>
11<body>
12<p>段落标签内部<strong>嵌套了strong标签，使用strong标签定义的文本（橙色）。
</strong></p>
13<strong>由strong标签定义的文本（蓝色）。</strong>
14</body>
15</html>
```

在例 4-7 中，第 12、13 行代码分别定义
了两个<strong>标签，其中第12代码的<strong>
标签嵌套在<p>标签中，然后通过 CSS 设置
样式。

运行例 4-7，效果如图 4-14 所示。

由图 4-14 看出，后代选择器 p strong 定义

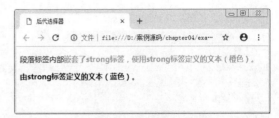

图4-14　后代选择器的使用

的样式仅仅适用于嵌套在<p>标签中的<strong>标签，其他<strong>标签不受影响。

后代选择器不限于使用两个标签，如果需要加入更多的标签，只需在标签之间加上空格即
可。在例 4-7 中，如果想在<strong>标签中再嵌套一个<em>标签，控制这个<em>标签，就可以
使用 p strong em 选中它。

7.　并集选择器

并集选择器是各个选择器通过逗号连接而成的，任何形式的选择器（包括标签选择器、类
选择器以及 id 选择器等）都可以作为并集选择器的一部分。如果某些选择器定义的样式完全相
同或部分相同，就可以利用并集选择器为它们定义相同的 CSS 样式。

例如在页面中有 2 个标题和 3 个段落，它们的字号和颜色相同。同时其中一个标题和两个
段落文本有下画线效果，这时就可以使用并集选择器定义 CSS 样式，如例 4-8 所示。

例 4-8　example08.html

```
1  <!doctype html>
2  <html>
3  <head>
4  <meta charset="utf-8">
5  <title>并集选择器</title>
6  <style type="text/css">
7  h2,h3,p{color:purple; font-size:14px;}      /*不同标签组成的并集选择器*/
8  h3,.special,#e{text-decoration:underline;} /*标签、类、id组成的并集选择器*/
9  </style>
10 </head>
11 <body>
12 <h2>二级标题文本。</h2>
13 <h3>三级标题文本,加下画线。</h3>
14 <p class="special">段落文本1, 加下画线。</p>
15 <p>段落文本2, 普通文本。</p>
16 <p id="e">段落文本3, 加下画线。</p>
17 </body>
18 </html>
```

在例 4-8 中，使用由不同标签通过逗号连接而成
的并集选择器 h2,h3,p，可以控制所有标题和段落的字
号和颜色。然后使用由标签、类、id 通过逗号连接而
成的并集选择器 h3,.special,#e,定义某些文本的下画线
效果。

运行例 4-8，效果如图 4-15 所示。

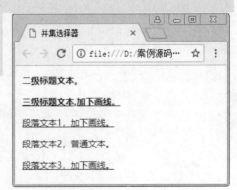

图4-15　并集选择器的使用

由图 4-15 容易看出，使用并集选择器定义样式与对各个基础选择器单独定义样式效果完全相同，但是使用并集选择器方式书写的 CSS 代码更简洁、直观。

4.3 CSS文本样式

学习 HTML 时，可以使用文本样式标签及其属性控制文本的显示样式，但是这种方式烦琐且不利于代码的共享和移植。为此，CSS 提供了相应的文本设置属性。使用 CSS 可以更轻松方便地控制文本样式，本节将对常用的文本样式属性进行详细的讲解。

4.3.1 字体样式属性

为了更方便地控制网页中各种各样的字体，CSS 提供了一系列的字体样式属性，具体如下。

1. font-size:字号大小

font-size 属性用于设置字号，该属性的值可以使用相对长度单位，也可以使用绝对长度单位，具体如表 4-1 所示。

表 4-1　CSS 长度单位

相对长度单位	说　　明	相对长度单位	说　　明
em	相对于当前对象内文本的字体尺寸	cm	厘米
px	像素，最常用，推荐使用	mm	毫米
in	英寸		

其中，相对长度单位比较常用，推荐使用像素单位 px，绝对长度单位使用较少。例如将网页中所有段落文本的字号大小设为 12px，可以使用如下 CSS 样式代码：

```
p{font-size:12px;}
```

2. font-family:字体

font-family 属性用于设置字体。网页中常用的字体有宋体、微软雅黑、黑体等，例如将网页中所有段落文本的字体设置为微软雅黑，可以使用如下 CSS 样式代码：

```
p{font-family:"微软雅黑";}
```

可以同时指定多个字体，中间以逗号隔开，表示如果浏览器不支持第一个字体，则会尝试下一个，直到找到合适的字体，例如下面的代码：

```
body{font-family:"华文彩云","宋体","黑体";}
```

当应用上面的字体样式时，首选字体"华文彩云"，如果用户计算机中没有安装该字体则选择"宋体"；如果没有安装"宋体"则会选择"黑体"；如果指定的字体在用户计算机中都没有安装，则会使用浏览器默认字体。

使用 font-family 设置字体时，需要注意以下几点：
* 各种字体之间必须使用英文状态下的逗号隔开。
* 中文字体需要加英文状态下的引号，英文字体一般不需要加引号。当需要设置英文字体时，英文字体名必须位于中文字体名之前，例如下面的代码：

```
body{font-family: Arial,"微软雅黑","宋体","黑体";}   /*正确的书写方式*/
body{font-family: "微软雅黑","宋体","黑体",Arial;}   /*错误的书写方式*/
```

- 如果字体名中包含空格、#、$等符号，则该字体必须加英文状态下的单引号或双引号，例如 font-family: "Times New Roman";。
- 尽量使用系统默认字体，保证在任何用户的浏览器中都能正确显示。

3. font-weight:字体粗细

font-weight 属性用于定义字体的粗细，其可用属性值如表 4-2 所示。

表 4-2　font-weight 可用属性值

属　性　值	描　　述
Normal	默认值，定义标准的字符
bold	定义粗体字符
bolder	定义更粗的字符
lighter	定义更细的字符
100～900(100 的整数倍)	定义由细到粗的字符，其中 400 等同于 normal，700 等同于 bold，值越大字体越粗

实际工作中，常用的 font-weight 的属性值为 normal 和 bold，用来定义正常或加粗显示的字体。

4. font-style:字体风格

font-style 属性用于定义字体风格，如设置斜体、倾斜或正常字体，其可用属性值如表 4-3 所示。

表 4-3　font-style 可用属性值

属　性　值	描　　述
normal	默认值，浏览器会显示标准的字体样式
italic	浏览器会显示斜体的字体样式
oblique	浏览器会显示倾斜的字体样式

其中 italic 和 oblique 都用于定义斜体，两者在显示效果上并没有本质区别，但实际工作中常使用 italic。

5. font:综合设置字体样式

font 属性用于对字体样式进行综合设置，其基本语法格式如下：

```
选择器{font: font-style font-weight font-size/line-height font-family;}
```

使用 font 属性时，必须按上面语法格式中的顺序书写，各个属性以空格隔开。其中 line-height 是指行高，在 4.3.2 节中会具体介绍。例如：

```
p{
    font-family:Arial,"宋体";
    font-size:30px;
    font-style:italic;
    font-weight:bold;
    line-height:40px;
}
```

等价于

```
p{font:italic bold 30px/40px Arial,"宋体";}
```

其中不需要设置的属性可以省略（采取默认值），但必须保留 font-size 和 font-family 属性，否则 font 属性将不起作用。

6. @font-face 规则

@font-face 规则是 CSS3 的新增规则，用于定义服务器字体。通过@font-face 规则，开发者可以在用户计算机未安装字体时，使用任何喜欢的字体。使用@font-face 规则定义服务器字体的基本语法格式如下：

```
@font-face{
    font-family:字体名称;
    src:字体路径;
}
```

在上面的语法格式中，font-family 用于指定该服务器字体的名称，该名称可以随意定义；src 属性用于指定该字体文件的路径。下面通过设置一个方正舒体的案例，来演示@font-face 规则的具体用法，如例 4-9 所示。

例 4-9　example09.html

```
1 <!doctype html>
2 <html>
3 <head>
4 <meta charset="utf-8">
5 <title>@font-face规则</title>
6 <style type="text/css">
7 @font-face{
8     font-family:"方正舒体";        /*服务器字体名称*/
9     src:url(font/FZSTK.TTF);       /*调用服务器的字体*/
10}
11p{
12    font-family:"方正舒体";        /*设置字体样式*/
13    font-size:32px;
14    color:#3366cc;
15}
16</style>
17</head>
18<body>
19<p>桃之夭夭，灼灼其华。</p>
20<p>之子于归，宜其室家。</p>
21</body>
22</html>
```

在例 4-9 中，第 7~10 行代码用于定义服务器字体，第 12 行代码用于为段落标签设置字体样式。

运行例 4-9，效果如图 4-16 所示。

从图 4-16 可以看出，诗句全部按照设置的样式显示，字体为"方正舒体"，字体颜色为蓝色。

总结例 4-9，可以得出设置服务器字体的具体步骤如下：

（1）下载字体，并存储到相应的文件夹中。

（2）使用@font-face 规则定义服务器字体。

（3）对标签应用 font-family 字体样式。

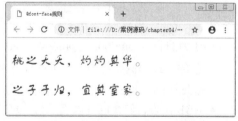

图4-16　@font-face规则的使用

7. word-wrap:属性

word-wrap 属性用于实现长单词和 URL 地址的自动换行，其基本语法格式如下：

选择器{word-wrap:属性值;}

上述语法格式中，word-wrap 属性的取值有两种，如表 4-4 所示。

表 4-4 word-wrap 属性值

属 性 值	描 述
normal	只在允许的断字点换行（浏览器保持默认处理）
break-word	在长单词或 URL 地址内部进行换行

4.3.2 文本外观属性

使用 HTML 可以对文本外观进行简单的控制，但是效果并不理想。为此 CSS 提供了一系列的文本外观样式属性，具体如下。

1. color:文本颜色

color 属性用于定义文本的颜色，其取值方式有如下 3 种：

- 预定义的颜色名，如 red、green、blue 等。使用颜色名是最简单的方法，但是命名的颜色有很多，在浏览器中有些颜色名却不能被正确解析或者不同的浏览器对颜色值解释有差异。表 4-5 所示为 CSS 规范推荐的颜色名称。

表 4-5 CSS 规范推荐的颜色名称

名 称	颜 色	名 称	颜 色
white	白色	black	黑色
blue	浅蓝	navy	深蓝
silver	浅灰	gray	深灰
red	大红	maroon	深红
lime	浅绿	green	深绿
yellow	明黄	olive	褐黄
aqua	天蓝	teal	靛青
fuchsia	品红	purple	深紫

- 十六进制，如#ff0000、#ff6600、#66cc00 等。实际工作中，十六进制是最常用的定义颜色的方式。例如使用十六进制设置文本颜色：

color:#66cc00;

- RGB 代码，如红色可以表示为 rgb(255,0,0)或 rgb(100%,0%,0%)，例如使用 RGB 代码设置文本颜色：

color:rgb(255,0,0);
color:rgb(100%,0%,0%);

注意：如果使用 RGB 代码的百分比颜色值，取值为 0 时也不能省略百分号，必须写为 0%。

多学一招：颜色值的缩写

十六进制颜色值是由#开头的6位十六进制数值组成，每2位为一个颜色分量，分别表示颜色的红、绿、蓝3个分量。当3个分量的2位十六进制数都各自相同时，可使用CSS缩写，例如#FF6600可缩写为#F60，#FF0000可缩写为#F00，#FFFFFF可缩写为#FFF。使用颜色值的缩写可简化CSS代码。

2. letter-spacing:字间距

letter-spacing属性用于定义字间距，所谓字间距就是字符与字符之间的空白。其属性值可为不同单位的数值，允许使用负值，默认为normal。

3. word-spacing:单词间距

word-spacing属性用于定义英文单词之间的间距，对中文字符无效。和letter-spacing一样，其属性值可为不同单位的数值，允许使用负值，默认为normal。

word-spacing和letter-spacing均可对英文进行设置。不同的是letter-spacing定义的为字母之间的间距，而word-spacing定义的为英文单词之间的间距。例如，图4-17所示的对比效果。

图4-17 字间距和单词间距的使用

4. line-height:行间距

line-height属性用于设置行间距。所谓行间距就是行与行之间的距离，即字符的垂直间距，一般称为行高，如图4-18所示。

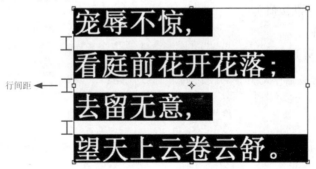

图4-18 行间距

line-height常用的属性值单位有3种，分别为px（像素）、em（相对值）和%（百分比），实际工作中使用最多的是px（像素）。

5. text-transform:文本转换

text-transform属性用于控制英文字符的大小写，其可用属性值如下：

- none：不转换（默认值）。
- capitalize：首字母大写。

- uppercase：全部字符转换为大写。
- lowercase：全部字符转换为小写。

6. text-decoration:文本装饰

text-decoration 属性用于设置文本的下画线、上画线、删除线等装饰效果，其可用属性值如下：

- none：没有装饰（正常文本默认值）。
- underline：下画线。
- overline：上画线。
- line-through：删除线。

text-decoration 属性可对应多个属性值，用于给文本添加多种显示效果。例如，希望文字同时有下画线和删除线效果，就可以在 text-decoration 属性后同时应用 underline 和 line-through，例如下面的示例代码：

```
.one{ text-decoration:underline;}
.two{ text-decoration:line-through;}
.three{ text-decoration:overline;}
.four{ text-decoration:underline line-through;}
```

示例代码对应效果如图 4-19 所示。

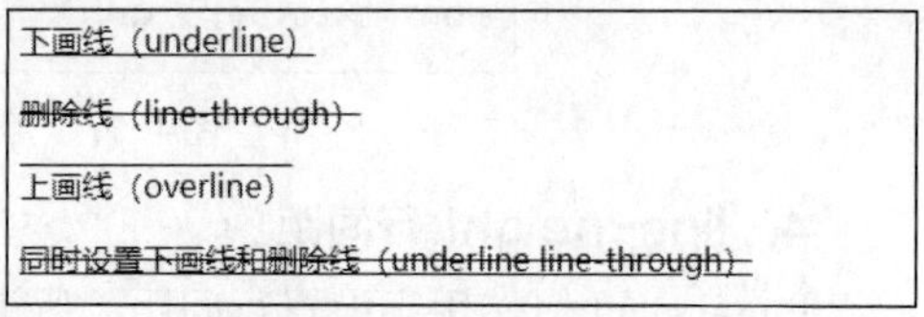

下画线（underline）

删除线（line-through）

上画线（overline）

同时设置下画线和删除线（underline line-through）

图4-19　文本装饰的使用

7. text-align:水平对齐方式

text-align 属性用于设置文本内容的水平对齐，相当于 html 中的 align 对齐属性，其可用属性值如下：

- left：左对齐（默认值）。
- right：右对齐。
- center：居中对齐。

例如，将二级标题居中对齐，可使用如下 CSS 代码：

```
h2{text-align:center;}
```

注意：

1. text-align 属性仅适用于块级元素，对行内元素无效，关于块元素和行内元素，在下一章做具体介绍。

2. 如果需要对图像设置水平对齐，可以为图像添加一个父标签如<p>或<div>（关于 div 标签将在下一章具体介绍），然后对父标签应用 text-align 属性，即可实现图像的水平对齐。

8. text-indent:文本缩进

text-indent 属性用于设置首行文本的缩进，其属性值可为不同单位的数值、em 字符宽度的倍数或相对于浏览器窗口宽度的百分比%，允许使用负值。建议使用 em 作为设置单位。

注意：text-indent 属性仅适用于块级元素，对行内元素无效。（关于块级元素和行内元素在下一章具体讲解。）

9. white-space:空白符处理

使用 HTML 制作网页时，不论源代码中有多少空格，在浏览器中只会显示一个字符的空白。在 CSS 中，使用 white-space 属性可设置空白符的处理方式，其属性值如下：

- normal：常规（默认值），文本中的空格、空行无效，满行（到达区域边界）后自动换行。
- pre：预格式化，按文档的书写格式保留空格、空行原样显示。
- nowrap：空格空行无效，强制文本不能换行，除非遇到换行标签\<br /\>。内容超出标签的边界也不换行，若超出浏览器页面则会自动增加滚动条。

10. text-shadow:阴影效果

在 CSS 中，使用 text-shadow 属性可以为页面中的文本添加阴影效果，其基本语法格式如下：

```
选择器{text-shadow:h-shadow v-shadow blur color;}
```

上述语法格式中，h-shadow 用于设置水平阴影的距离，v-shadow 用于设置垂直阴影的距离，blur 用于设置模糊半径，color 用于设置阴影颜色。下面通过一个案例学习 text-shadow 属性的用法，如例 4-10 所示。

例 4-10　example10.html

```
1 <!doctype html>
2 <html>
3 <head>
4 <meta charset="utf-8">
5 <title>阴影效果</title>
6 <style type="text/css">
7 .one{
8    font-size:60px;
9    text-shadow:10px 5px 10px #6600FF ;/*设置文字阴影的距离（水平和垂直）、模糊半
径、颜色*/
10}
11.two{
12   font-size:60px;
13   text-shadow:-10px -5px 10px #6600FF;/*设置文字阴影距离为负值、模糊半径、颜色*/
14}
15</style>
16</head>
17<body>
18<p class="one">一杯敬产品</p>
19<p class="two">一杯敬推广</p>
20</body>
21</html>
```

在例 4-10 中，第 9 行和第 13 行代码用于为文字添加阴影效果，设置阴影的水平和垂直偏移距离分别为正值和负值，模糊半径为 10px，阴影颜色为紫色。

运行例 4-10，效果如图 4-20 所示。

通过图 4-20 看出，文本下方均出现了模糊的紫色阴影效果。值得一提的是，当设置阴影的水平和垂直距离参数

图4-20　阴影效果的使用

均为正值时，阴影的投射方向在右下方。而当设置阴影的水平和垂直距离参数均为负值时，阴影的投射方向在左上方。

注意：阴影的水平或垂直距离参数可以设为负值，但阴影的模糊半径参数只能设置为正值，并且数值越大阴影向外模糊的范围也越大。

多学一招：设置多个阴影叠加效果

可以使用 text-shadow 属性给文字添加多个阴影，从而产生阴影叠加的效果，方法为设置多组阴影参数，中间用逗号隔开。例如，对例 4-10 中的文本设置绿色和蓝色阴影叠加的效果，可以将类选择器的样式更改为：

```css
.one{
  font-size:60px;
  text-shadow:10px 5px 10px green,20px 10px 20px blue;/*叠加绿色和蓝色阴影效果*/
}
.two{
  font-size:60px;
  text-shadow:-10px -5px 10px green,-20px -10px 20px blue;
}
```

在上面的代码中，为文本依次指定了绿色和蓝色的阴影效果，并设置了相应的位置和模糊数值。对应的效果如图 4-21 所示。

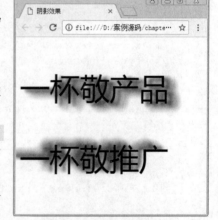

图4-21　阴影叠加效果

11. text-overflow:标示对象内文本的溢出

在 CSS 中，text-overflow 属性用于标示对象内文本的溢出，其基本语法格式如下：

选择器{text-overflow:属性值;}

在上面的语法格式中，text-overflow 属性的常用取值有两个，具体解释如下：

- ellipsis：用省略标签"…"标示被修剪文本，省略标签插入的位置是最后一个字符。
- clip：修剪溢出文本，不显示省略标签"…"。

下面通过一个案例演示 text-overflow 属性的用法，如例 4-11 所示。

例 4-11　example11.html

```html
1 <!doctype html>
2 <html>
3 <head>
4 <meta charset="utf-8">
5 <title>text-overflow属性</title>
6 <style type="text/css">
7 .one{
8     width:300px;
9     height:50px;
```

```
10    border:1px solid blue;
11    white-space:nowrap;              /*强制文本不能换行*/
12    overflow:hidden;                 /*修剪溢出文本*/
13    text-overflow:ellipsis;          /*用省略标签标示被修剪的文本*/
14 }
15 .two{
16    width:300px;
17    height:50px;
18    border:1px solid blue;
19    white-space:nowrap;              /*强制文本不能换行*/
20    overflow:hidden;                 /*修剪溢出文本*/
21    text-overflow:clip;              /*不显示省略标签*/
22 }
23 </style>
24 </head>
25 <body>
26 <p class="one">楚辞又称"楚词",是战国时代的伟大诗人屈原创造的一种诗体。</p>
27 <p class="two">作品运用楚地的文学样式、方言声韵,叙写楚地的山川人物、历史风情,具有浓
厚的地方特色。楚辞是我国第一部浪漫主义诗歌总集。</p>
28 </body>
29 </html>
```

在例4-11中,第11行和第19行代码用于强制文本不能换行,第12行和第20行代码用于修剪溢出文本(关于overflow属性将会在后面的章节中详细讲解),第13行和第21行代码用于标示被修剪的文本。

运行例4-11,效果如图4-22所示。

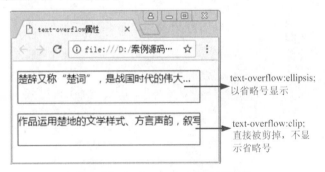

图4-22 text-overflow属性的使用

图4-22演示了文本内容溢出时,text-overflow属性的两个属性值的区别。需要注意的是要实现省略号标示溢出文本的效果,"white-space:nowrap;""overflow:hidden;""text-overflow:ellipsis;"这3个样式必须同时使用,缺一不可。

总结例4-11,可以得出设置省略标签标示溢出文本的具体步骤如下:

(1)为包含文本的对象定义宽度。

(2)应用"white-space:nowrap;"样式强制文本不能换行。

(3)应用"overflow:hidden;"样式隐藏溢出文本。

(4)应用"text-overflow:ellipsis;"样式显示省略标签。

▌ 4.4　CSS高级属性

网页设计图中的设计元素有些外观是相同的，那么标签这些元素显示效果的 CSS 代码也是重复的，想要简化代码、降低代码复杂性，此时就需要学习 CSS 高级属性。本节将具体介绍 CSS 高级属性的相关知识。

4.4.1　CSS层叠性和继承性

CSS 是层叠式样式表的简称，层叠性和继承性是其基本特征。对于网页设计师来说，应深刻理解和灵活运用这两个概念。

1. 层叠性

层叠性是指多种 CSS 样式的叠加。例如，当使用内嵌式 CSS 样式表定义<p>标签字号大小为 12px，外链式定义<p>标签颜色为红色，那么段落文本将显示为 12px 红色，即这两种样式产生了叠加。

下面通过一个案例来理解 CSS 的层叠性，如例 4-12 所示。

例 4-12　example12.html

```
1  <!doctype html>
2  <html>
3  <head>
4  <meta charset="utf-8">
5  <title>CSS层叠性</title>
6  <style type="text/css">
7  p{
8      font-size:16px;
9      font-family:"微软雅黑";
10 }
11 .special{
12     font-size:20px;
13 }
14 #one{
15     color:red;
16 }
17 </style>
18 </head>
19 <body>
20 <p class="special" id="one">自小刺头深草里</p>
21 <p>而今渐觉出蓬蒿</p>
22 <p>时人不识凌云木</p>
23 <p>直待凌云始道高</p>
24 </body>
25 </html>
```

在例 4-12 中，第 20~23 行代码分别定义了 4 个<p>标签，并通过标签选择器统一设置段落的字号和字体，然后通过类选择器和 id 选择器为第一个<p>标签单独定义字号和颜色。

运行例 4-12，效果如图 4-23 所示。

通过图 4-23 可以看出，第一句话显示了标签选择器 p 定义的字体为"微软雅黑"，id 选择器#one 定义的颜色为"红色"，类选择器.special 定义的字号为 20px，即这 3 个选择器定义的样式产生了叠加。

图4-23 CSS层叠性

注意：例 4-12 中，标签选择器 p 和类选择器.special 都定义了第一句话的字号，而实际显示的效果是类选择器.special 定义的 20px。这是因为类选择器的优先级高于标签选择器，对于优先级这里只需了解，在 4.4.2 节中将会具体讲解。

2. 继承性

继承性是指书写 CSS 样式表时，子标签会继承父标签的某些样式，如文本颜色和字号。例如定义主体标签 body 的文本颜色为黑色，那么页面中所有的文本都将显示为黑色，这是因为其他标签都嵌套在<body>标签中，是<body>标签的子标签。

继承性非常有用，可以不必在标签的每个后代上添加相同的样式。如果设置的属性是一个可继承的属性，只需将它应用于父标签即可，例如下面的代码：

```
p,div,h1,h2,h3,h4,ul,ol,dl,li{color:black;}
```

就可以写成：

```
body{ color:black;}
```

第二种写法可以达到相同的控制效果，且代码更简洁（第一种写法中有一些陌生的标签，了解即可，在后面的章节将会详细介绍）。

恰当地使用继承可以简化代码，降低 CSS 样式的复杂性。但是，如果在网页中所有的标签都大量继承样式，那么判断样式的来源就会很困难，所以对于字体、文本属性等网页中通用的样式可以选用继承。例如，字体、字号、颜色等可以在 body 标签中统一设置，然后通过继承影响文档中所有文本。

需要注意的是，并不是所有的 CSS 属性都可以继承，例如，下面的属性就不具有继承性：
- 边框属性，如 border、border-top、border-right、border-bottom 等。
- 外边距属性，如 margin、margin-top、margin-bottom、margin-left 等。
- 内边距属性，如 padding、padding-top、padding-right、padding-bottom 等。
- 背景属性，如 background、background-image、background-repeat 等。
- 定位属性，如 position、top、right、bottom、left、z-index 等。
- 布局属性，如 clear、float、clip、display、overflow 等。
- 元素宽高属性，如 width、height。

注意：当为 body 标签设置字号属性时，标题文本不会采用这个样式，读者可能会认为标题没有继承文本字号，这种认识是错误的。标题文本之所以不采用 body 标签设置的字号，是因为标题标签 h1～h6 有默认字号样式，这时默认字号覆盖了继承的字号。

4.4.2 CSS优先级

定义 CSS 样式时，经常出现两个或更多规则应用在同一标签上，这时就会出现优先级的问题。接下来将对 CSS 优先级进行具体讲解。

为了体验 CSS 优先级，首先来看一个具体的例子，其 CSS 样式代码如下：

```
p{ color:red;}                /*标签样式*/
.blue{ color:green;}          /*class样式*/
#header{ color:blue;}         /*id样式*/
```

对应的 HTML 结构为：

```
<p id="header" class="blue">
   帮帮我，我到底显示什么颜色？
</p>
```

在上面的例子中，使用不同的选择器对同一标签内容设置文本颜色，这时浏览器会根据选择器的优先级规则解析 CSS 样式。其实 CSS 为每一种基础选择器都分配了一个权重，可以将标签选择器权重比作 1，类选择器权重比作 10，id 选择器权重比作 100。因此上面的示例中 id 选择器#header 具有最大的优先级，所以上面例子的文本显示为蓝色。

对于由多个基础选择器构成的复合选择器（并集选择器除外），其权重为这些基础选择器权重的叠加。例如下面的 CSS 代码：

```
p strong{color:black}         /*权重为:1+1*/
strong.blue{color:green;}     /*权重为:1+10*/
.father strong{color:yellow}  /*权重为:10+1*/
p.father strong{color:orange;} /*权重为:1+10+1*/
p.father .blue{color:gold;}   /*权重为:1+10+10*/
#header strong{color:pink;}   /*权重为:100+1*/
#header strong.blue{color:red;} /*权重为:100+1+10*/
```

对应的 HTML 结构为：

```
<p class="father" id="header" >
  <strong class="blue">文本的颜色</strong>
</p>
```

这时，页面文本将应用权重最高的样式，即文本颜色为红色。

此外，在考虑权重时，读者还需要注意一些特殊的情况，具体如下：

● 继承样式的权重为 0。即在嵌套结构中，不管父标签样式的权重多大，被子标签继承时，它的权重都为 0，也就是说子标签定义的样式会覆盖继承来的样式（子标签可以不继承）。

　　例如下面的代码：

```
strong{color:red;}
#header{color:green;}
```

对应的 HTML 结构为：

```
<p id="header" class="blue">
  <strong>继承样式不如自己定义</strong>
</p>
```

在上面的代码中，虽然#header 权重为 100，但被<strong>标签继承时权重为 0，而 strong 选择器的权重虽然仅为 1，但它大于继承样式的权重，所以页面中的文本显示为红色。可见权重遵循以下规则：

- 行内样式优先。应用 style 属性的标签，其行内样式的权重非常高，可以理解为远大于 100，它拥有比上面提到的选择器都大的优先级。
- 权重相同时，CSS 遵循就近原则。也就是说靠近标签的样式具有最大的优先级，或者说排在最后的样式优先级最大。例如：

```
/*CSS文档，文件名为style2.css*/
#header{ color:blue;}                    /*外链式设置样式为蓝色*/
```

HTML 文档结构如下：

```
1 <!doctype html>
2 <html>
3 <head>
4 <meta charset="utf-8">
5 <title>CSS优先级</title>
6 <link rel="stylesheet" href="style2.css" type="text/css"/>
7 <style type="text/css">
8 #header{color:purple;}               /*内嵌式样式为紫色*/
9 </style>
10</head>
11<body>
12<p id="header">权重相同时，近则优先</p>
13</body>
14</html>
```

上面的页面被解析后，段落文本显示为紫色，即内嵌式样式优先，这是因为内嵌式的样式比外链式的样式更靠近 HTML 标签。简而言之，距离被设置标签越近优先级别越高。同样的道理，如果同时引用两个外链式的样式表，则排在下面的样式表具有较大的优先级。

假如将内嵌样式的 id 选择器更改为标签选择器时，例如：

```
p{color:purple;}                         /*内嵌式样式*/
```

id 选择器的权重比标签选择器的权重更高，此时文本的颜色便会显示外链式 id 选择器设置的蓝色样式。

- CSS 定义了一个!important 命令，该命令被赋予最大的优先级。也就是说，不管权重如何以及样式位置的远近，!important 都具有最大优先级。例如：

```
/*CSS文档，文件名为style2.css*/
#header{color:blue!important;}        /*外部样式表*/
```

HTML 文档结构如下：

```
1 <!doctype html>
2 <html>
3 <head>
4 <meta charset="utf-8">
5 <title>!important最大</title>
6 <link rel="stylesheet" href="style2.css" type="text/css"/>
7 <style type="text/css">
```

```
8 #header{ color:green;}
9 </style>
10</head>
11<body>
12<p id="header" style="color:yellow;">   <!--行内式CSS样式-->
13    级别最高，!important命令最大，最优先！
14</p>
15</body>
16</html>
```

该页面被解析后，文字显示为蓝色，即使用!important 命令的样式拥有最大的优先级。需要注意的是，!important 命令必须位于属性值和分号之间，否则无效。

☕ **动手体验：复合选择器权重**

复合选择器的权重为组成它的基础选择器权重的叠加，但是这种叠加并不是简单的数字之和。下面通过一个案例来具体说明，如例 4-13 所示。

例 4-13   example13.html

```
1 <!doctype html>
2 <html>
3 <head>
4 <meta charset="utf-8">
5 <title>复合选择器的叠加</title>
6 <style type="text/css">
7 .inner{ text-decoration:line-through;}
8 /*类选择器定义删除线，权重为10*/
9 div div div div div div div div div div div{ text-decoration:overline;}
10/*后代选择器定义下画线，权重为11个1的叠加*/
11</style>
12</head>
13<body>
14<div>
15   <div><div><div><div><div><div><div><div>
16     <div class="inner">文本的样式</div>
17   </div></div></div></div></div></div></div></div>
18</div>
19</body>
20</html>
```

在例 4-13 中共使用了 11 对<div>标签（div 是 HTML 中常用的一种布局标签，这里了解即可，后面章节将会具体介绍），它们层层嵌套，对最内层的<div>应用类 inner。

这时可以使用后代选择器和类选择器分别定义最内层 div 的样式，如第 7～10 行代码所示。那么浏览器中文本的样式到底如何呢？如果仅仅将基础选择器的权重相加，后代选择器 div div div div div div div div div div div（包含 11 层 div）的权重为 11，大于类选择器.inner 的权重 10，文本将添加下画线。

运行例 4-13，效果如图 4-24 所示。

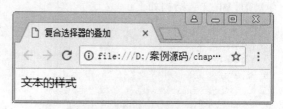

图4-24 复合选择器的使用

通过图 4-24 可以看出，文本并没有像预期的那样添加下画线，而是显示了类选择器.inner
定义的删除线，即类选择器.inner 的权重大于后代选择器 div div div div div div div div div div
div。无论再在外层添加多少个 div 标签，即复合选择器的权重无论为多少个标签选择器的叠加，
其权重都不会高于类选择器。同理，复合选择器的权重无论为多少个类选择器和标签选择器的
叠加，其权重都不会高于 id 选择器。

4.5 CSS3新增选择器

CSS3 是 CSS 的最新版本，在 CSS3 中增加了许多新的选择器。运用这些选择器可以简化网
页代码的书写，让文档的结构更加简单。CSS3 新增的选择器主要分为属性选择器、关系选择器、
结构化伪类选择器、伪元素选择器 4 类，具体介绍如下。

1. 属性选择器

属性选择器可以根据网页标签的属性及属性值来选择标签。属性选择器一般是一个标签后
紧跟中括号"[]"，中括号内部是属性或者属性表达式，如图 4-25 所示。

图4-25 属性选择器

CSS3 中常见的属性选择器主要包括 E[att^=value]、E[att$=value]和 E[att*=value]这 3 种属性
选择器，具体如表 4-6 所示。

表4-6 属性选择器

属性选择器	举 例	说 明
E[att^=value]	div[id^=section]	表示匹配包含 id 属性，且 id 属性值是以"section"字符串开头的 div 标签
E[att$=value]	div[id$=section]	表示匹配包含 id 属性，且 id 属性值是以"section"字符串结尾的 div 标签
E[att*=value]	div[id*=section]	表示匹配包含 id 属性，且 id 属性值包含"section"字符串的 div 标签

2. 关系选择器

CSS3 中的关系选择器主要包括子代选择器和兄弟选择器，其中子代选择器由符号">"连
接，兄弟选择器由符号"+"和"～"连接，具体如表 4-7 所示。

表4-7 关系选择器

关系选择器	举 例	说 明
子代选择器	h1 > strong	表示选择嵌套在 h1 标签的子标签 strong
临近兄弟选择器	h2+p	表示选择 h2 标签后紧邻的第一个兄弟标签 p
普通兄弟选择器	p～h2	表示选择 p 标签所有的 h2 兄弟标签

3. 结构化伪类选择器

结构化伪类选择器可以减少文档内 class 属性和 id 属性的定义，使文档变得更加简洁。
表 4-8 列举了常用的结构化伪类选择器。

表 4-8　结构化伪类选择器

关系选择器	举　例	说　明
:root		用于匹配文档根标签，使用":root 选择器"定义的样式，对所有页面标签都生效
:not	body *:not(h2)	用于排除 body 结构中的子结构标签 h2
:only-child	li:only-child	用于匹配属于某父标签的唯一子标签（li），也就是说某个父标签仅有一个子标签（li）
:first-child		用于选择父元素第一个子标签
:last-child		用于选择父元素最后一个子标签
:nth-child(n)	p:nth-child(2)	用于选择父元素第二个子标签
:nth-last-child(n)	p:nth-last-child(2)	用于选择父元素倒数第二个子标签
:nth-of-type(n)	h2:nth-of-type(odd)	用于选择所有 h2 标签中位于奇数行的标签
:nth-last-of-type(n)	p:nth-last-of-type(2)	用于选择倒数第二个 p 标签
:empty		用来选择没有子标签或文本内容为空的所有标签

4. 伪元素选择器

伪元素选择器一般是一个标签后面紧跟英文冒号":"，英文冒号后是伪元素名，如图 4-26 所示。

图4-26　伪元素选择器

需要注意的是，标签与伪元素名之间不要有空格，伪元素选择器常见有:before 选择器和:after 选择器，具体参见表 4-9 所示。

表 4-9　伪元素选择器

关系选择器	举　例	说　明
:before	p:before	表示在 p 标签的内容前面插入内容
:after	p:after	表示在 p 标签的内容后面插入内容

值得一提的是，如果想要在文本后面添加图片，只需更改 content 属性后的内容，其基本语法格式如下：

```
p:after{content:url();}
```

习题

一、判断题

1. CSS 是样式设计语言，可以控制 HTML 页面中的文本内容、图片外形以及版面布局等外观的显示样式。　　　　　　　　　　　　　　　　　　　　　　　　　　（　　）

2. CSS 样式规则是由选择器和声明构成的。　　　　　　　　　　　　　　（　　）

3. 通配符选择器用 "#" 表示。　　　　　　　　　　　　　　　　　　　（　　）

4. 并集选择器是各个选择器通过逗号连接而成的。　　　　　　　　　　　（　　）

5. #header 选择器具有最大的优先级。　　　　　　　　　　　　　　　　（　　）

二、选择题

1.（单选）下列选项中，属于 CSS 注释的写法正确的是（　　　）。

A. <!-- 注释语句 -->　　　　　　　　　　B. /* 注释语句 */

C. / 注释语句 /　　　　　　　　　　　　　D. " 注释语句 "

2.（多选）下列选项中，属于引入 CSS 样式表的方式是（　　　）。

A. 行内式　　　　　　B. 内嵌式　　　　　　C. 外链式　　　　　　D. 旁引式

3.（多选）下列选项中，属于 CSS 字体样式属性的是（　　　）。

A. font-size　　　　B. font-style　　　　C. line-height　　　　D. font-family

4.（多选）下列选项中，属于 CSS 高级属性的是（　　　）。

A. 装饰性　　　　　　B. 层叠性　　　　　　C. 继承性　　　　　　D. 优先级

5.（多选）CSS 文本外观属性包括（　　　）。

A. line-height　　　B. text-indent　　　C. text-decoration　　D. word-wrap

三、简答题

1. 简要描述什么是 CSS。

2. 简要描述类选择器和后代选择器。

第 5 章
运用盒子模型划分网页模块

学习目标

- 了解盒子模型的概念。
- 掌握盒子模型相关属性，能够使用这些属性控制网页元素。
- 理解块元素与行内元素的区别，能够进行类型转换。

盒子模型是 CSS 网页布局的核心基础，只有掌握盒子模型的结构和用法，才可以将零散的网页内容模块化，为网页布局和排版打下良好的基础。本章将对盒子模型的概念、相关属性及元素的类型和转换做具体讲解。

▌ 5.1 盒子模型概述

在网页设计中，盒子模型是 CSS 技术所使用的一种思维模型，理解了盒子模型才能更好地对网页进行排版布局。本节将详细介绍盒子模型相关的基础知识。

5.1.1 认识盒子模型

在浏览网站时，会发现页面的内容都是分块按照区域划分的。在页面中，每一块区域分别承载不同的内容，使得网页的内容虽然零散，但是在版式排列上依然清晰有条理。例如图 5-1 所示的设计类网站。

在图 5-1 所示的网站页面中，这些承载内容的区域称为盒子模型。盒子模型就是把 HTML 页面中的元素看作一个方形的盒子，也就是一个盛装内容的容器。每个方形都由元素的内容、内边距（padding）、边框（border）和外边距（margin）组成。

为了更形象地认识 CSS 盒子模型，首先从生活中常见的手机盒子的构成说起。一个完整的手机盒子通常包含手机、填充泡沫和盛装手机的纸盒。如果把手机想象成 HTML 元素，那么手机盒子就是一个 CSS 盒子模型，其中手机为 CSS 盒子模型的内容，填充泡沫的厚度为 CSS 盒子模型的内边距，纸盒的厚度为 CSS 盒子模型的边框，如图 5-2 所示。当多个手机盒子放在一起时，它们之间的距离就是 CSS 盒子模型的外边距。

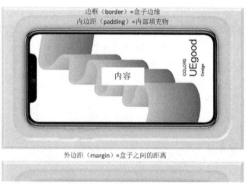

图5-1 设计类网站　　　　　　　　　　　图5-2 手机盒子的构成

网页中所有的元素和对象都是由图 5-2 所示的基本结构组成，并呈现出矩形的盒子效果。在浏览器看来，网页就是多个盒子嵌套排列的结果。其中，内边距出现在内容区域的周围，当给元素添加背景色或背景图像时，该元素的背景色或背景图像也将出现在内边距中；外边距是该元素与相邻元素之间的距离。如果给元素定义边框属性，边框将出现在内边距和外边距之间。

需要注意的是，虽然盒子模型拥有内边距、边框、外边距、宽和高这些基本属性，但是并不要求每个元素都必须定义这些属性。

5.1.2 <div>标签

div 英文全称为 division，译为中文是"分割、区域"。<div>标签简单而言就是一个块标签，可以实现网页的规划和布局。在 HTML 文档中，页面会被划分为很多区域，不同区域显示不同的内容，如导航栏、banner、内容区等，这些区块一般都通过<div>标签进行分隔。

可以在 div 标签中设置外边距、内边距、宽和高，同时内部可以容纳段落、标题、表格、图像等各种网页元素，也就是说，大多数 HTML 标签都可以嵌套在<div>标签中，<div>中还可以嵌套多层<div>。<div>标签非常强大，通过与 id、class 等属性结合设置 CSS 样式，可以替代大多数的块级文本标签。

下面通过一个案例来演示<div>标签用法，如例 5-1 所示。

例 5-1　example01.html

```
1 <!doctype html>
2 <html>
3 <head>
4 <meta charset="utf-8">
5 <title>div标签</title>
6 <style type="text/css">
7 .one{
8     width:600px;              /*盒子模型的宽度*/
9     height:50px;             /*盒子模型的高度*/
```

```
10    background:#B08FB4;          /*盒子模型的背景*/
11    font-size:20px;              /*设置字体大小*/
12    font-weight:bold;            /*设置字体加粗*/
13    text-align:center;           /*文本内容水平居中对齐*/
14}
15.two{
16    width:600px;                 /*设置宽度*/
17    background:#C1B0C6;           /*设置背景颜色*/
18    font-size:14px;              /*设置字体大小*/
19    text-indent:2em;             /*设置首行文本缩进2字符*/
20}
21</style>
22</head>
23<body>
24<div class="one">
25国风·鄘风·相鼠
26</div>
27<div class="two">
28    <p>相鼠有皮，人而无仪！人而无仪，不死何为？</p>
29    <p>相鼠有齿，人而无止！人而无止，不死何俟？</p>
30    <p>相鼠有体，人而无礼，人而无礼！胡不遄死？</p>
31</div>
32</body>
33</html>
```

在例 5-1 中，第 24～26 行和第 27～31 行代码分别定义了两对<div>，其中第二对<div>中嵌套段落标签<p>；第 24 行和第 27 行代码分别对两对<div>分别添加 class 属性，然后通过 CSS 控制其宽、高、背景颜色和文字样式等。对宽、高、背景颜色的设置这里了解即可，后面的小节会做详细讲解。

运行例 5-1，效果如图 5-3 所示。

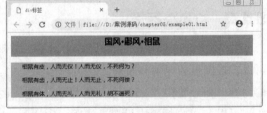

图5-3　div标签

注意：

1.<div>标签最大的意义在于和浮动属性 float 配合，实现网页的布局，这就是常说的 div+css 网页布局。对于浮动和网页布局这里了解即可，后面的章节将会详细介绍。

2. <div>可以替代块级元素如<h>、<p>等，但是它们在语义上有一定的区别。例如<div>和<h2>的不同在于<h2>具有特殊含义，语义较重，代表着标题，而<div>是一个通用的块级元素。

5.1.3　盒子的宽与高

网页是由多个盒子排列而成的，每个盒子都有固定的大小，在 CSS 中使用宽度属性 width 和高度属性 height 控制盒子的大小。width 和 height 属性值可以是不同单位的数值或相对于父标签的百分比，实际工作中，最常用的属性值是像素值。

下面通过一个案例来演示如何使用 width 和 height 属性控制网页中的段落文本，如例 5-2 所示。

例 5-2 example02.html

```
1 <!doctype html>
2 <html>
3 <head>
4 <meta charset="utf-8">
5 <title>盒子模型的宽高属性</title>
6 <style type="text/css">
7 .box{
8     width:400px;           /*盒子模型的宽度*/
9     height:50px;           /*盒子模型的高度*/
10    background:#F90;        /*盒子模型的背景*/
11    border:8px solid #63F;  /*盒子模型的边框*/
12 }
13</style>
14</head>
15<body>
16<p class="box">盒子模型的宽高属性</p>
17</body>
18</html>
```

在例 5-2 中，第 8 行和第 9 行代码通过 width 和 height 属性分别控制段落的宽度和高度，同时对段落应用了盒子模型的其他相关属性，例如边框、内边距、外边距等。

运行例 5-2，效果如图 5-4 所示。

图5-4 盒子的宽高

多学一招：认识实体化三属性

实体化指的是给标签划分区域（画盒子），并通过宽度、高度、背景色这 3 种属性，让标签实体化，成为一个盒子。需要注意的是，宽度属性 width 和高度属性 height 仅适用于块级元素，对行内元素无效（<img /> 和 <input /> 标签除外）。

5.2 盒子模型相关属性

理解盒子模型的结构之后，要想自如地控制页面中每个盒子的样式，还需要掌握盒子模型的相关属性。本节将对这些属性进行详细讲解。

5.2.1 边框属性

在网页设计中，常常需要给内容元素设置边框效果。CSS 边框属性包括边框样式属性、边框宽度属性、边框颜色属性及边框的综合属性。同时，为了进一步满足设计需求，CSS3 中还增加了许多新的属性，例如圆角边框以及图片边框等属性。常见的边框属性如表 5-1 所示。

表 5-1 常见的边框属性

设 置 内 容	样 式 属 性	常用属性值
边框样式	border-style:上边 [右边 下边 左边];	none（默认）、solid、dashed、dotted、double

续表

设 置 内 容	样 式 属 性	常 用 属 性 值
边框宽度	border-width:上边 [右边 下边 左边];	像素值
边框颜色	border-color:上边 [右边 下边 左边];	颜 色 值 、#十 六 进 制 、rgb(r,g,b)、rgb(r%,g%,b%)
综合设置边框	border:四边宽度 四边样式 四边颜色;	
圆角边框	border-radius:水平半径参数/垂直半径参数;	像素值或百分比
图片边框	border-images:图片路径 裁切方式/边框宽度/边框扩展距离 重复方式;	

下面对表 5-1 中的属性进行具体讲解。

1. 边框样式（border-style）

在 CSS 属性中，border-style 属性用于设置边框样式。其基本语法格式如下：

```
border-style: 上边 [右边 下边 左边];
```

在设置边框样式时既可以对四条边分别设置，也可以综合设置四条边的样式。border-style 的常用属性值有四个，分别用于定义不同的显示样式，具体如下。

- solid：边框为单实线。
- dashed：边框为虚线。
- dotted：边框为点线。
- double：边框为双实线。

使用 border-style 属性综合设置四边样式时，必须按上右下左的顺时针顺序，省略时采用值复制的原则，即一个值为四边，两个值为上下和左右，三个值为上、左右、下，四个值为上、右、下、左。

例如，<p>只有上边为虚线（dashed），其他三边为单实线（solid），可以使用（border-style）综合属性分别设置各边样式：

```
p{borer-style:dashed solid solid solid;}     /*四个值为上、右、下、左*/
```

也可以简写为

```
p{borer-style:dashed solid solid;}           /*三个值为上、左右、下*/
```

图 5-5 所示为不同边框样式的盒子。

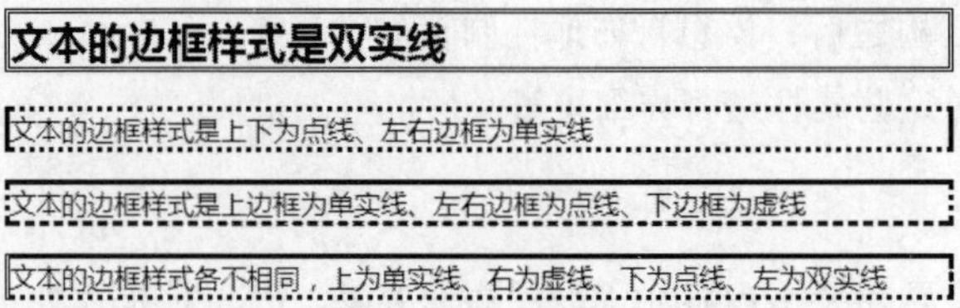

图5-5 边框样式的使用

需要注意的是，由于兼容性的问题，在不同的浏览器中点线（dotted）和虚线（dashed）的显示样式可能会略有差异。

2. 边框宽度（border-width）

border-width 属性用于设置边框的宽度，其基本语法格式如下：

```
border-width:上边 [右边 下边 左边];
```

在上面的语法格式中，border-width 属性常用取值单位为像素（px），并且同样遵循值复制的原则，其属性值可以设置 1～4 个，即一个值为四边，两个值为上下和左右，三个值为上、左右、下，四个值为上、右、下、左。

需要注意的是想要正常显示边框宽度，前提是先设置好边框样式，否则不论边框宽度设置为多宽都不会起效果。

3. 边框颜色（border-color）

border-color 属性用于设置边框的颜色，其基本语法格式如下：

```
border-color:上边 [右边 下边 左边];
```

在上面的语法格式中，border-color 的属性值可为预定义的颜色值、十六进制#RRGGBB（最常用）或 RGB 代码 rgb(r,g,b)。border-color 的属性值同样可以设置为 1 个、2 个、3 个、4 个，遵循值复制的原则。

例如，设置段落的边框样式为实线，上下边为灰色，左右边为红色，代码如下：

```
p{
    border-style:solid;          /*综合设置边框样式*/
    border-color:#CCC #FF0000;   /*设置边框颜色：上下为灰色、左右为红色*/
}
```

值得一提的是，CSS 在原边框颜色属性（border-color）的基础上派生了 4 个边框颜色属性，可以分别定义边框颜色。

- border-top-color（顶部边框颜色）。
- border-right-color（右侧边框颜色）。
- border-bottom-color（底部边框颜色）。
- border-left-color（左侧边框颜色）。

上面的 4 个边框属性的属性值同样可为预定义的颜色值、十六进制#RRGGBB 或 RGB 代码 rgb(r,g,b)。图 5-6 所示为不同的边框颜色。

图5-6　边框颜色的使用

注意：设置边框颜色时必须设置边框样式，如果未设置样式或设置样式属性值为 none，则其他边框属性无效。

4. 综合设置边框

使用 border-style、border-width、border-color 虽然可以实现丰富的边框效果，但是这种方式书写的代码烦琐，且不便于阅读，为此 CSS 提供了更简单的边框设置方式。其基本格式如下：

```
border:样式 宽度 颜色;
```

上面的设置方式中，样式、宽度、颜色的顺序不分先后，可以只指定需要设置的属性，省略的部分将取默认值（样式不可省略）。

当每一侧的边框样式都不相同，或者只需单独定义某一侧的边框时，可以使用单侧边框的综合属性 border-top、border-bottom、border-left 或 border-right 进行设置。例如单独定义段落的上边框，示例代码如下：

```
p{border-top:2px solid #CCC;}     /*定义上边框，各个值顺序任意*/
```

当四条边的边框样式都相同时，可以使用 border 属性进行综合设置。

例如，将二级标题的边框设置为双实线、红色、3px 宽，示例代码如下：

```
h2{border:3px double red;}
```

像 border、border-top 等，能够一个属性定义标签的多种样式，在 CSS 中称为复合属性。常用的复合属性有 font、border、margin、padding 和 background 等。实际工作中常使用复合属性，它可以简化代码，提高页面的运行速度。

5. 圆角边框（border-radius）

在网页设计中，经常需要设置圆角边框，运用 CSS3 中的 border-radius 属性可以将矩形边框四角圆角化。其基本语法格式如下：

border-radius:水平半径参数1 水平半径参数2 水平半径参数3 水平半径参数4/垂直半径参数1 垂直半径参数2 垂直半径参数3 垂直半径参数4;

在上面的语法格式中，水平和垂直半径参数均有 4 个参数值，分别对应着矩形的 4 个圆角（每个角包含着水平和垂直半径参数），如图 5-7 所示。border-radius 的属性值主要包含两个参数，即水平半径参数和垂直半径参数，参数之间用"/"隔开，参数的取值单位可以为 px（像素值）或%（百分比）。

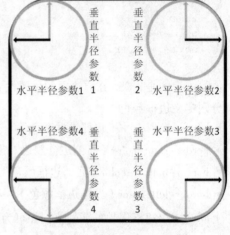

图5-7　参数所对应的圆角

下面通过一个案例演示 border-radius 属性的用法，如例 5-3 所示。

例 5-3　example03.html

```
1 <!doctype html>
2 <html>
3 <head>
4 <meta charset="utf-8">
5 <title>圆角边框</title>
6 <style type="text/css">
7 img{
8     border:8px solid black;
9     border-radius:50px 20px 10px 70px/30px 40px 60px 80px;   /*分别设置四个角水平半径和垂直半径*/
10}
11</style>
12</head>
13<body>
```

```
14<img class="circle" src="images/2.jpg" alt="小熊图片"/>
15</body>
16</html>
```

在例 5-3 中，第 9 行代码分别将图片四个角设置了不同的水平半径和垂直半径。

运行例 5-3，效果如图 5-8 所示。

需要注意的是，border-radius 属性同样遵循值复制的原则，其水平半径参数和垂直半径参数均可以设置 1～4 个参数值，用来表示四角圆角半径的大小，具体解释如下。

- 水平半径参数和垂直半径参数设置一个参数值时，则表示四角的圆角半径均相同。
- 水平半径参数和垂直半径参数设置两个参数值时，第一个参数值代表左上圆角半径和右下圆角半径，第二个参数值代表右上和左下圆角半径，具体示例代码如下：

```
img{border-radius:50px 20px/30px 60px;}
```

在上面的示例代码中设置图像左上和右下圆角水平半径为 50px，垂直半径为 30px，右上和左下圆角水平半径为 20px，垂直半径为 60px。示例代码对应效果如图 5-9 所示。

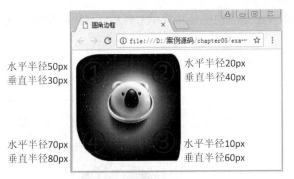

图5-8　圆角边框的使用

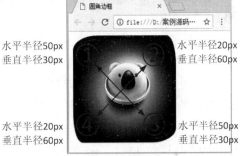

图5-9　2个参数值的圆角边框

- 水平半径参数和垂直半径参数设置 3 个参数值时，第一个参数值代表左上圆角半径，第二个参数值代表右上和左下圆角半径；第三个参数值代表右下圆角半径，具体示例代码如下：

```
img{border-radius:50px 20px 10px/30px 40px 60px;}
```

在上面的示例代码中，设置图像左上圆角的水平半径为 50px，垂直半径为 30px；右上和左下圆角水平半径为 20px，垂直半径为 40px；右下圆角的水平半径为 10px，垂直半径为 60px。示例代码对应效果如图 5-10 所示。

- 水平半径参数和垂直半径参数设置 4 个参数值时，第 1 个参数值代表左上圆角半径，第 2 个参数值代表右上圆角半径，第 3 个参数值代表右下圆角半径，第 4 个参数值代表左下圆角半径，具体示例代码如下：

```
img{border-radius:50px 30px 20px 10px/50px 30px 20px 10px;}
```

在上面的示例代码中设置图像左上圆角的水平垂直半径均为 50px，右上圆角的水平和垂直半径均为 30px，右下圆角的水平和垂直半径均为 20px，左下圆角的水平和垂直半径均为 10px。示例代码对应效果如图 5-11 所示。

水平半径50px
垂直半径30px

水平半径20px
垂直半径40px

水平半径20px
垂直半径40px

水平半径10px
垂直半径60px

图5-10　3个参数值的圆角边框

图5-11　4个参数值的圆角边框

需要注意的是，当应用值复制原则设置圆角边框时，如果省略"垂直半径参数"，则会默认等于"水平半径参数"的参数值。此时圆角的水平半径和垂直半径相等。例如，设置 4 个参数值的示例代码则可以简写为：

```
img{border-radius:50px 30px 20px 10px;}
```

值得一提的是，如果想要设置例 5-3 中图片的圆角边框显示效果为圆形，只需将第 9 行代码更改为：

```
img{border-radius:150px;}              /*设置显示效果为圆形*/
```

或

```
img{border-radius:50%;}                /*利用%设置显示效果为圆形*/
```

由于案例中图片的宽高均为 300px，所以图片的半径是150px，使用%会比换算图片的半径更加省事。运行案例对应的效果如图 5-12 所示。

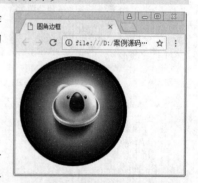

图5-12　圆角边框的圆形效果

6. 图片边框（border-image）

在网页设计中，有时需要对区域整体添加一个图片边框，运用 CSS3 中的 border-image 属性可以轻松实现这个效果。border-image 属性是一个复合属性，内部包含 border-image-source、border-image-slice、border-image-width、border-image-outset 以及 border-image-repeat 等属性，其基本语法格式如下：

```
border-image: border-image-source/ border-image-slice/ border-image-width/
border-image-outset/ border-image-repeat;
```

对上述代码中名词的解释如表 5-2 所示。

表 5-2　border-image 的属性描述

属　　性	描　　述
border-image-source	指定图片的路径
border-image-slice	指定边框图像顶部、右侧、底部、左侧向内偏移量
border-image-width	指定边框宽度
border-image-outset	指定边框背景向盒子外部延伸的距离
border-image-repeat	指定背景图片的平铺方式

下面通过一个案例来演示图片边框的设置方法，如例 5-4 所示。

例 5-4　example04.html

```
1  <!doctype html>
2  <html>
3  <head>
4  <meta charset="utf-8">
5  <title>图片边框</title>
6  <style type="text/css">
7  div{
8     width:362px;
9     height:362px;
10    border-style:solid;
11    border-image-source:url(images/3.png);  /*设置边框图片路径*/
12    border-image-slice:33%;            /*边框图像顶部、右侧、底部、左侧向内偏移量*/
13    border-image-width:40px;           /*设置边框宽度*/
14    border-image-outset:0;             /*设置边框图像区域超出边框量*/
15    border-image-repeat:repeat;        /*设置图片平铺方式*/
16 }
17 </style>
18 </head>
19 <body>
20 <div></div>
21 </body>
22 </html>
```

在例 5-4 中，第 10 行代码用于设置边框样式，如果想要正常显示图片边框，前提是先设置好边框样式，否则不起效果；第 11～15 行代码，分别设置图片、内偏移、边框宽度和填充方式定义了一个图片边框的盒子，图片素材如图 5-13 所示。

运行例 5-4，效果如图 5-14 所示。

图5-13　边框图片素材

图5-14　图片边框的使用

对比图 5-13 和图 5-14 发现，边框图片素材的四角位置（即数字 1、3、7、9 标示位置）和盒子边框四角位置的数字是吻合的，也就是说在使用 border-image 属性设置边框图片时，会将素材分割成 9 个区域，即图 5-13 中所示的 1～9 数字。在显示时，将 1、3、7、9 作为四角位置的图片，将 2、4、6、8 作为四边的图片进行平铺，如果尺寸不够，则按照自定义的方式填充。而中间的 5 在切割时则被当作透明块处理。

例如，将例 5-4 中第 15 行代码中图片的填充方式改为"拉伸填充"，具体代码如下：

```
border-image-repeat:stretch;
/*设置图片填充方式*/
```

保存 HTML 文件，刷新页面，效果如图 5-15 所示。

通过图 5-15 可以看出，2、4、6、8 区域中的图片被拉伸填充边框区域。与边框样式和宽度相同，图案边框也可以进行综合设置。如例 5-4 中设置图案边框的第 11～15 行代码也可以简写为：

图5-15　拉伸显示效果

```
border-image:url(images/3.png) 33%/40px repeat;
```

在上面的示例代码中，33%表示边框的内偏移，40px 表示边框的宽度，二者需要用"/"隔开。

5.2.2　内边距属性

在网页设计中，为了调整内容在盒子中的显示位置，常常需要给标签设置内边距，所谓内边距是指标签内容与边框之间的距离，也称内填充，内填充不会影响标签内容的大小。在 CSS 中 padding 属性用于设置内边距，同边框属性 border 一样，padding 也是一个复合属性，其相关设置方法如下：

- padding-top:上内边距;。
- padding-right:右内边距;。
- padding-bottom:下内边距;。
- padding-left:左内边距;。
- padding:上内边距 [右内边距 下内边距 左内边距];。

在上面的设置中，padding 相关属性的取值可为 auto 自动（默认值）、不同单位的数值、相对于父标签（或浏览器）宽度的百分比（%），实际工作中最常用的是像素值（px），像素值不允许使用负值。

同边框相关属性一样，使用 padding 属性定义内边距时，必须按顺时针顺序采用值复制，一个值为四边、两个值为上下/左右，三个值为上/左右/下。

下面通过一个案例来演示内边距的用法和效果，如例 5-5 所示。

例 5-5　example05.html

```
1 <!doctype html>
2 <html>
3 <head>
4 <meta charset="utf-8">
5 <title>内边距</title>
```

```
6 <style type="text/css">
7 .border{border:5px solid #1d6398;}        /*为图像和段落设置边框*/
8 img{
9     padding:20px 20px 0px 20px; /*图像内边距上为20px、右为20px、下为0px、左为20px*/
10 }
11p{ padding:5%;}                           /*段落的内边距为父标记的5%*/
12</style>
13</head>
14<body>
15<img class="border" src="images/4.jpg" alt="冰山"/>
16<p class="border">冰山是指从冰川或极地冰盖临海一端破裂落入海中漂浮的大块淡水冰, 通常
多见于南大洋、北冰洋和大西洋西北部。</p>
17</body>
18</html>
```

在例5-5中, 第9行和第11行代码分别使用padding相关属性设置图像和段落的内边距, 其中段落内边距使用%数值。

运行例5-5, 效果如图5-16所示。

由于段落的内边距设置为了%数值, 当拖动浏览器窗口改变其宽度时, 段落的内边距会随之发生变化（此时<p>标签的父标签为<body>）, 如图5-17所示。

图5-16　内边距的使用

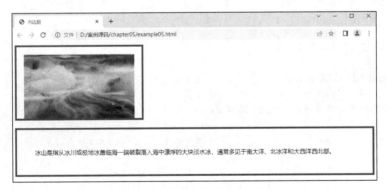

图5-17　浏览器宽度变化效果

注意：如果设置内外边距为百分比, 则不论上下或左右的内外边距, 都是相对于父标签宽度width的百分比, 伴随父标签width的变化而变化, 和高度height无关。

5.2.3　外边距属性

网页是由多个盒子排列而成的, 要想拉开盒子与盒子之间的距离, 合理地布局网页, 就需要为盒子设置外边距。所谓外边距是指标签边框与相邻标签之间的距离。在CSS中margin属性用于设置外边距, 它是一个复合属性, 与内边距padding的用法类似, 设置外边距的方法如下。

- margin-top:上外边距;。
- margin-right:右外边距;。

- margin-bottom:下外边距;。
- margin-left:左外边距;。
- margin:上外边距 [右外边距 下外边距 左外边距];。

margin 相关属性的值，以及复合属性 margin 取 1～4 个值的情况与 padding 相同。但是外边距可以使用负值，使相邻标签发生重叠。

当对块级元素应用宽度属性 width，并将左右的外边距都设置为 auto，可使块级元素水平居中，实际工作中常用这种方式进行网页布局，示例代码如下：

```
p{ margin:0 auto;}
```

下面通过一个案例演示外边距的用法和效果。新建 HTML 页面，在页面中添加一个图像和一个段落，然后使用 margin 相关属性，对图像和段落进行排版，如例 5-6 所示。

例 5-6　example06.html

```
1  <!doctype html>
2  <html>
3  <head>
4  <meta charset="utf-8">
5  <title>外边距</title>
6  <style type="text/css">
7  /**{
8      margin:0;
9      padding:0;
10 }*/
11 img{
12     width:200px;
13     border:5px solid #09C;
14     float:left;                   /*设置图像左浮动*/
15     margin-right:50px;            /*设置图像的右外边距*/
16     margin-left:30px;             /*设置图像的左外边距*/
17     /*上面两行代码等价于margin:0 50px 0 30px;*/
18 }
19 p{text-indent:2em;}              /*段落文本首行缩进2字符*/
20 </style>
21 </head>
22 <body>
23 <img src="images/5.png" alt="重阳节简介" />
24 <p>重阳节，是中国民间传统节日，节期在每年农历九月初九日。据现存史料及考证，上古时代有在
季秋举行丰收祭天、祭祖的活动；古人在九月农作物丰收之时祭天帝、祭祖，以谢天帝、祖先恩德的活动，
这是重阳节作为秋季丰收祭祀活动而存在的原始形式。唐代是传统节日习俗揉合定型的重要时期，其主体
部分传承至今。</p>
25 </body>
26 </html>
```

在例 5-6 中，第 14 行代码使用浮动属性 float 将图像居左，而第 15 行和第 16 行代码设置图像的右外、左外边距分别为 50px 和 30px，使图像和文本之间拉开一定的距离，实现常见的排版效果。

运行例 5-6，效果如图 5-18 所示。

在图 5-18 中图像和段落文本之间拉开了一定的距离，实现了图文混排的效果。但是仔细观察效果图会发现，浏览器边界与网页内容之间也存在一定的距离，然而并没有对<p>或<body>标签应用内边距或外边距，可见这些标签默认就存在内边距和外边距样式。网页中默认存在内外边距的标签有<body>、<h1>～<h6>、<p>等。

图5-18　外边距的使用

为了更方便地控制网页中的标签，制作网页时添加如下代码，即可清除标签默认的内外边距。

```
*{
    padding:0;          /*清除内边距*/
    margin:0;           /*清除外边距*/
}
```

注意：如果没有明确定义标签的宽高，那么选用内边距相比外边距要安全。

5.2.4　box-shadow属性

在网页制作中，经常需要对盒子添加阴影效果。使用 CSS3 中的 box-shadow 属性可以轻松实现阴影的添加，其基本语法格式如下：

```
box-shadow: h-shadow v-shadow blur spread color outset;
```

在上面的语法格式中，box-shadow 属性共包含 6 个参数值，如表 5-3 所示。

表 5-3　box-shadow 属性参数值

参　数　值	描　　　述
h-shadow	表示水平阴影的位置，可以为负值（必选属性）
v-shadow	表示垂直阴影的位置，可以为负值（必选属性）
blur	阴影模糊半径（可选属性）
spread	阴影扩展半径，不能为负值（可选属性）
color	阴影颜色（可选属性）
outset/ inset	默认为外阴影/内阴影（可选属性）

表 5-3 列举了 box-shadow 属性参数值，其中 h-shadow 和 v-shadow 为必选参数值，不可以省略，其余为可选参数值。其中，"阴影类型"默认 outset 更改为 inset 后，阴影类型变为内阴影。

下面通过一个为图片添加阴影的案例来演示 box-shadow 属性的用法和效果，如例 5-7 所示。

例 5-7　example07.html

```
1 <!doctype html>
2 <html>
3 <head>
4 <meta charset="utf-8">
```

```
5 <title>box-shadow属性</title>
6 <style type="text/css">
7 img{
8     padding:20px;            /*内边距20px*/
9     border-radius:50%;       /*将图像设置为圆形效果*/
10    border:1px solid #666;
11    box-shadow:5px 5px 10px 2px #999 inset;
12}
13</style>
14</head>
15<body>
16<img src="images/6.jpg" alt="爱护眼睛"/>
17</body>
18</html>
```

在例 5-7 中，第 11 行代码给图像添加了内阴影样式。使用内阴影时须配合内边距属性 padding，让图像和阴影之间拉开一定的距离，不然图片会将内阴影遮挡。

运行例 5-7，效果如图 5-19 所示。

在图 5-19 中，图片出现了内阴影效果。值得一提的是，同 text-shadow 属性（文字阴影属性）一样，box-shadow 属性也可以改变阴影的投射方向以及添加多重阴影效果，示例代码如下：

```
box-shadow:5px 5px 10px 2px #999 inset,-5px -5px 10px 2px #73AFEC inset;
```

示例代码对应效果如图 5-20 所示。

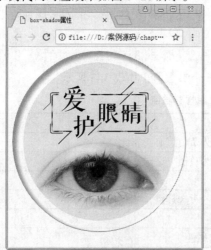

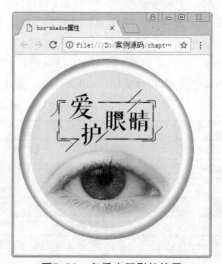

图5-19　box-shadow属性的使用　　　　图5-20　多重内阴影的使用

5.2.5　box-sizing属性

当一个盒子的总宽度确定之后，要想给盒子添加边框或内边距，往往需要更改 width 属性值，才能保证盒子总宽度不变。但是这样的操作烦琐且容易出错，运用 CSS3 的 box-sizing 属性可以轻松解决这个问题。box-sizing 属性用于定义盒子的宽度值和高度值是否包含内边距和边框，其基本语法格式如下：

```
box-sizing: content-box/border-box;
```

上述语法格式中，box-sizing 属性的取值可以为 content-box 或 border-box，关于这两个值的相关介绍如下：

- content-box：浏览器对盒子模型的解释遵从 W3C 标准，当定义 width 和 height 时，它的参数值不包括 border 和 padding。
- border-box：当定义 width 和 height 时，border 和 padding 的参数值被包含在 width 和 height 之内。

下面通过一个案例来演示 box-sizing 属性的用法，如例 5-8 所示。

例 5-8　example08.html

```
1 <!doctype html>
2 <html>
3 <head>
4 <meta charset="utf-8">
5 <title>box-sizing属性</title>
6 <style type="text/css">
7 .box1{
8     width:300px;
9     height:100px;
10    background:gray;
11    border:10px solid blue;
12    box-sizing:content-box;
13}
14.box2{
15    width:300px;
16    height:100px;
17    background:gray;
18     border:10px solid blue;
19    box-sizing:border-box;
20}
21</style>
22</head>
23<body>
24<div class="box1">content-box属性</div>
25<div class="box2">border-box属性</div>
26</body>
27</html>
```

在例 5-8 中，第 24 行和第 25 行代码分别定义了两个盒子。在第 7~13 行和第 14~20 行代码分别对两个盒子设置相同的宽、高、背景颜色和边框样式，不同的是第 12 行代码对第一个盒子定义"box-sizing:content-box;"样式，而第 19 行代码对第二个盒子定义"box-sizing:border-box;"样式。

运行例 5-8，效果如图 5-21 所示。

在图 5-21 中，按【F12】键打开网页源代码，移动检查元素箭头放置到效果图上的第 2 个盒子上，可以看到应用了"box-sizing:border-box;"样式的盒子 2，宽和高仍然与设置的参数值一致。而应用了"box-sizing:content-box;"样式的盒子 1，宽和高比设置的参数值多了 20px，总宽度变为 320px，总高度变为 120px。

图5-21 box-sizing属性的使用

5.2.6 背景属性

相比文本，图像往往能给用户留下更深刻的印象，所以在网页设计中，合理控制背景颜色和背景图像至关重要。下面对 CSS 控制背景属性的相关知识进行具体讲解。

1. 设置背景颜色（background-color）

在 CSS 中，使用 background-color 属性来设置网页的背景颜色，其属性值与文本颜色的取值一样，可使用预定义的颜色值、十六进制#RRGGBB 或 RGB 代码 rgb(r,g,b)。background-color 的默认值为 transparent，即背景透明。

下面通过一个案例来演示 background-color 属性的用法。新建 HTML 页面，在页面中添加标题和段落文本，然后通过 background-color 属性控制标题标签<h2>和主体标签<body>的背景颜色，如例 5-9 所示。

例 5-9 example09.html

```
1 <!doctype html>
2 <html>
3 <head>
4 <meta charset="utf-8">
5 <title>背景颜色</title>
6 <style type="text/css">
7 body{background-color:#000;                    /*设置网页的背景颜色*/
8    color:#fff;
9    /*background-image:url(images/7.jpg);*/      /*设置网页的背景图像*/
10}
11h2{
12   font-family:"微软雅黑";
13   color:#FFF;
14   background-color:#fff;                       /*设置标题的背景颜色*/
```

```
15    color:#000;
16}
17</style>
18</head>
19<body>
20<h2>短歌行</h2>
21<p> 对酒当歌，人生几何！譬如朝露，去日苦多。慨当以慷，忧思难忘。何以解忧？唯有杜康。青青
子衿，悠悠我心。但为君故，沉吟至今。呦呦鹿鸣，食野之苹。我有嘉宾，鼓瑟吹笙。明明如月，何时可
掇？忧从中来，不可断绝。越陌度阡，枉用相存。契阔谈讌，心念旧恩。月明星稀，乌鹊南飞。绕树三匝，
何枝可依？山不厌高，海不厌深。周公吐哺，天下归心。</p>
22</body>
23</html>
```

在例 5-9 中，第 7 行代码和第 14 行代码通过 background-color 属性分别控制网页主体和标题的背景颜色。其中标题文本的背景颜色为白色，网页主体的颜色为黑色。

运行例 5-9，效果如图 5-22 所示。

需要注意的是由于未对段落标签<p>设置背景颜色时，会默认为透明背景，所以段落将透出网页主体的背景颜色。

图5-22 背景颜色的使用

2. 设置背景图像（background-image）

背景不仅可以设置为某种颜色，还可以将图像作为标签的背景。在 CSS 中通过 background-image 属性设置背景图像。

以例 5-9 为基础，准备一张背景图像（见图 5-23），将图像放置在 images 文件夹中，然后更改 body 标签的 CSS 样式代码：

```
body{background-color:#CCC;               /*设置网页的背景颜色*/
    background-image:url(images/7.jpg);   /*设置网页的背景图像*/
}
```

保存 HTML 页面，刷新网页，效果如图 5-24 所示。

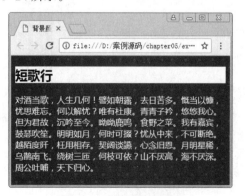

图5-23 背景图像素材　　　　　　　　图5-24 背景图像的使用

图 5-23 的背景图像素材实际尺寸为 100×100px，此处为了展示进行了放大处理。通过图 5-24 可以看出，背景图像自动沿着水平和竖直两个方向平铺，充满整个页面，并且覆盖了 <body> 标签的背景颜色。

注意：背景图像如果是单个元素重复平铺，只需要局部小块切图，这样可提升页面的加载速度。

3. 设置背景图像的平铺（background-repeat）

默认情况下，背景图像会自动沿着水平和竖直两个方向平铺，如果不希望图像平铺，或者只沿着一个方向平铺，可以通过 background-repeat 属性来控制，该属性的属性值如下：

- repeat：沿水平和竖直两个方向平铺（默认值）。
- no-repeat：背景图像不平铺（图像只显示一个并位于页面的左上角）。
- repeat-x：只沿水平方向平铺。
- repeat-y：只沿竖直方向平铺。

例如，希望例子中的图像只沿着水平方向平铺，可以使用下面的代码：

```
background-repeat:repeat-x;                    /*设置背景图像的平铺*/
```

如果设置了图像属性后，再添加上述代码，图像会沿水平方向平铺。

4. 设置背景图像的位置（background-position）

如果将背景图像的平铺属性 background-repeat 定义为 no-repeat，图像将默认以标签的左上角为基准点显示。接下来通过一个案例演示，如例 5-10 所示。

例 5-10 example10.html

```
1  <!doctype html>
2  <html>
3  <head>
4  <meta charset="utf-8">
5  <title>设置背景图像的位置</title>
6  <style type="text/css">
7  body{
8      background-image:url(images/9.jpg);         /*设置网页的背景图像*/
9      background-repeat:no-repeat;                /*设置背景图像不平铺*/
10     /*background-position:right top;*/          /*设置背景图像的位置*/
11     /*background-position:50px 80px;*/          /*用像素值控制背景图像的位置*/
12     /*background-attachment:fixed;*/            /*设置背景图像的位置固定*/
13 }
14 </style>
15 </head>
16 <body>
17 <h2>端午节的由来</h2>
18 <p>传说屈原死后，楚国百姓哀痛异常，纷纷涌到汨罗江边去凭吊屈原。渔夫们划起船只，在江上来回打捞他的真身。有位渔夫拿出为屈原准备的饭团、鸡蛋等食物，"扑通、扑通"地丢进江里，说是让鱼龙虾蟹吃饱了，就不会去咬屈大夫的身体了。人们见后纷纷仿效。一位老医师则拿来一坛雄黄酒倒进江里，说是要药晕蛟龙水兽，以免伤害屈大夫。后来为怕饭团为蛟龙所食，人们想出用楝树叶包饭，外缠彩丝，发展成粽子。以后，在每年的五月初五，就有了龙舟竞渡、吃粽子、喝雄黄酒的风俗；以此来纪念爱国诗人屈原。<p>
19 </body>
20 </html>
```

在例 5-10 中，第 9 行代码将主体标签<body>的背景图像定义为 no-repeat 不平铺。在浏览器中运行，效果如图 5-25 所示，背景图像位于 HTML 页面的左上角，即<body>标签的左上角。

如果希望背景图像出现在其他位置，就需要另一个 CSS 属性 background-position，设置背景图像的位置。例如，将例 5-10 中的背景图像定义在页面的右上角，可以更改 body 标签的 CSS 样式代码：

```css
body{
  background-image: url(images/9.jpg);        /*设置网页的背景图像*/
  background-repeat:no-repeat;                 /*设置背景图像不平铺*/
  background-position:right top;               /*设置背景图像的位置*/
}
```

保存 HTML 文件，刷新网页，效果如图 5-26 所示，背景图像出现在页面的右上角。

图5-25　背景图像不平铺　　　　　　　　图5-26　背景图像在右上角

在 CSS 中，background-position 属性的值通常设置为两个，中间用空格隔开，用于定义背景图像在标签的水平和垂直方向的坐标，例如上面的 right top。background-position 属性的默认值为 "0 0" 或 "left top"，即背景图像位于标签的左上角。

background-position 属性的取值有多种，具体如下：

（1）使用不同单位（最常用的是像素 px）的数值：直接设置图像左上角在标签中的坐标，例如 "background-position:20px 20px;"。

（2）使用预定义的关键字：指定背景图像在标签中的对齐方式。

● 平方向值：left、center、right。

● 垂直方向值：top、center、bottom。

两个关键字的顺序任意，若只有一个值则另一个默认为 center。例如：

● center：相当于　center center（居中显示）。

● top：相当于　center top（水平居中、上对齐）。

（3）使用百分比：按背景图像和标签的指定点对齐。

● 0% 0%：表示图像左上角与标签的左上角对齐。

● 50% 50%：表示图像 50% 50%中心点与标签 50% 50%的中心点对齐。

- 20% 30%：表示图像 20% 30%的点与标签 20% 30%的点对齐。
- 100% 100%：表示图像右下角与标签的右下角对齐，而不是图像充满标签。

如果只有一个百分数，将作为水平值，垂直值则默认为 50%。

接下来将 background-position 的值定义为像素值，来控制例 5-10 中背景图像的位置。body 标签的 CSS 样式代码如下：

```
body{
    background-image: url(images/9.jpg);      /*设置网页的背景图像*/
    background-repeat:no-repeat;              /*设置背景图像不平铺*/
    background-position:50px 80px;            /*用像素值控制背景图像的位置*/
}
```

保存 HTML 页面，再次刷新网页，效果如图 5-27 所示。

在图 5-27 中，图像距离 body 标签的左边缘为 50px，距离上边缘为 80px。

5. 设置背景图像固定（background-attachment）

当网页中的内容较多时，但是希望图像会随着页面滚动条的移动而移动，此时就需要学习 background-attachment 属性来设置。background-attachment 属性有两个属性值，分别代表不同的含义，具体解释如下：

- scroll：图像随页面一起滚动（默认值）。
- fixed：图像固定在屏幕上，不随页面滚动。

图5-27　控制背景图像的位置

下面在例 5-10 的基础上，更改 body 标签的 CSS 样式代码如下：

```
body{
    background-image:url(images/9.jpg);       /*设置网页的背景图像*/
    background-repeat:no-repeat;              /*设置背景图像不平铺*/
    background-position:50px 80px;            /*用像素值控制背景图像的位置*/
    background-attachment:fixed;              /*设置背景图像的位置固定*/
}
```

保存 HTML 文件，刷新页面，效果如图 5-28 所示。

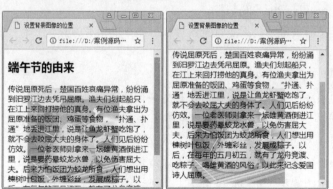

图5-28　background-attachment属性的使用

在图 5-28 所示的页面中，无论如何拖动浏览器的滚动条，背景图像的位置始终都固定不变。

6. 设置背景图像的大小（background-size）

在 CSS3 中，新增了 background-size 属性用于控制背景图像的大小，其基本语法格式如下：

```
background-size:属性值1 属性值2;
```

在上面的语法格式中，background-size 属性可以设置一个或两个值定义背景图像的宽高，其中属性值 1 为必选属性值，属性值 2 为可选属性值。属性值可以是像素值、百分比或 cover、contain 关键字，具体解释如表 5-4 所示。

表 5-4　background-size 属性值

属 性 值	描　　述
像素值	设置背景图像的高度和宽度。第一个值设置宽度，第二个值设置高度。如果只设置一个值，则第二个值会默认为 auto
百分比	以父标签的百分比来设置背景图像的宽度和高度。第一个值设置宽度，第二个值设置高度。如果只设置一个值，则第二个值会默认为 auto
cover	把背景图像扩展至足够大，使背景图像完全覆盖背景区域。背景图像的某些部分也许无法显示在背景定位区域中
contain	把图像扩展至最大尺寸，以使其宽度和高度完全适应内容区域

7. 设置背景图像的显示区域（background-origin）

在默认情况下，background-position 属性总是以标签左上角为坐标原点定位背景图像，运用 CSS3 中的 background-origin 属性可以改变这种定位方式，自行定义背景图像的相对位置，其基本语法格式如下：

```
background-origin:属性值;
```

在上面的语法格式中，background-origin 属性有 3 种属性值，分别表示不同的含义，具体介绍如下。

- padding-box：背景图像相对于内边距区域来定位。
- border-box：背景图像相对于边框来定位。
- content-box：背景图像相对于内容框来定位。

8. 设置背景图像的裁剪区域（background-clip）

在 CSS 样式中，background-clip 属性用于定义背景图像的裁剪区域，其基本语法格式如下：

```
background-clip:属性值;
```

上述语法格式上，background-clip 属性和 background-origin 属性的取值相似，但含义不同，具体解释如下。

- border-box：默认值，从边框区域向外裁剪背景。
- padding-box：从内边距区域向外裁剪背景。
- content-box：从内容区域向外裁剪背景。

9. 设置多重背景图像

在 CSS3 之前的版本中，一个容器只能填充一张背景图片，如果重复设置，后设置的背景图片将覆盖之前的背景。CSS3 中增强了背景图像的功能，允许一个容器里显示多个背景图像，使背景图像效果更容易控制。但是 CSS3 中并没有为实现多背景图片提供对应的属性，而是通过 background-image、background-repeat、background-position 和 background-size 等属性的值来实现多重背景图像效果，各属性值之间用逗号隔开。

下面通过一个案例来演示多重背景图像的设置方法，如例 5-11 所示。

例 5-11　example11.html

```
1  <!doctype html>
2  <html>
3  <head>
4  <meta charset="utf-8">
5  <title>设置多重背景图像</title>
6  <style type="text/css">
7  div{
8      width:300px;
9      height:300px;
10     border:1px solid black;
11     background-image:url(images/dog14.png),url(images/bg13.png),url(images/bg12.png);
12 }
13 </style>
14 </head>
15 <body>
16 <div></div>
17 </body>
18 </html>
```

在例 5-11 中，第 11 行代码通过 background-image 属性定义了 3 张背景图，需要注意的是排列在最上方的图像应该先链接，其次是中间的装饰，最后才是背景图。

运行例 5-11，效果如图 5-29 所示。

10. 背景复合属性

同边框属性一样，在 CSS 中背景属性也是一个复合属性，可以将背景相关的样式都综合定义在一个复合属性 background 中。使用 background 属性综合设置背景样式的语法格式如下：

```
background:[background-color]    [background-image]    [background-repeat]
[background-attachment] [background-position] [background-size] [background-clip]
[background-origin];
```

在上面的语法格式中，各个样式顺序任意，对于不需要的样式可以省略。

下面通过一个案例来演示 background 背景复合属性的用法，如例 5-12 所示。

例 5-12　example12.html

```
1  <!doctype html>
2  <html>
3  <head>
4  <meta charset="utf-8">
5  <title>背景复合属性</title>
6  <style type="text/css">
7  div{
8      width:200px;
```

```
9    height:200px;
10   border:5px dashed black;
11   padding:25px;
12   background:#ffcc33 url(images/15.png) no-repeat right bottom padding-box;
13}
14</style>
15</head>
16<body>
17<div>杜甫不仅是一位诗人，还是唐代伟大的现实主义文学作家。</div>
18</body>
19</html>
```

在例 5-12 中，运用背景复合属性为 div 定义了背景颜色、背景图片、图像平铺方式、背景图像位置以及裁剪区域等多个属性。

运行例 5-12，效果如图 5-30 所示。

图5-29　设置多重背景图像

图5-30　背景复合属性

11. 设置背景与图片的不透明度

前面学习了背景颜色和背景图像的相关设置，下面将在前面知识点的基础上做进一步延伸，通过引入 RGBA 模式和 opacity 属性，对背景与图片不透明度的设置进行详细讲解。

1）RGBA 模式

RGBA 是 CSS3 新增的颜色模式，它是 RGB 颜色模式的延伸，该模式是在红、绿、蓝三原色的基础上添加了不透明度参数。其语法格式如下：

```
rgba(r,g,b,alpha);
```

上述语法格式中，前三个参数与 RGB 中的参数含义相同，alpha 参数是一个介于 0.0（完全透明）和 1.0（完全不透明）之间的数字。

例如，使用 RGBA 模式为 p 标签指定透明度为 0.5，颜色为红色的背景，代码如下：

```
p{background-color:rgba(255,0,0,0.5);}
```

2）opacity 属性

在 CSS3 中，使用 opacity 属性能够使任何标签呈现出透明效果。其语法格式如下：

```
opacity: opacityValue;
```

上述语法中，opacity 属性用于定义标签的不透明度，参数 opacityValue 表示不透明度的值，它是一个介于 0~1 之间的浮点数值。其中，0 表示完全透明，1 表示完全不透明，而 0.5 则表示半透明。

5.3 元素类型与转换

在前面的章节中介绍 CSS 属性时，经常会提到"仅适用于块级元素"，那么究竟什么是块级元素？标签在默认状态下拥有一定的显示模式，那么如何将元素的类型在显示模式之间进行转换？接下来，本节将对元素的类型与转换的相关知识进行讲解。

5.3.1 元素的类型

HTML 提供了丰富的标签，用于组织页面结构。为了使页面结构的组织更加轻松、合理，HTML 标签被定义成了不同的类型，一般分为块元素和行内元素，也称块标签和行内标签。了解它们的特性可以为使用 CSS 设置样式和布局打下基础，具体如下。

1. 块元素

块元素在页面中以区域块的形式出现，其特点是：每个块元素通常都会独自占据一整行或多整行，可以对其设置宽度、高度、对齐等属性，常用于网页布局和网页结构的搭建。

常见的块元素有<h1>~<h6>、<p>、<div>、<ul>、<ol>、<li>等，其中<div>标签是最典型的块元素。

2. 行内元素

行内元素也称内联元素或内嵌元素，其特点是，不必在新的一行开始，同时，也不强迫其他标签在新的一行显示。一个行内标签通常会和它前后的其他行内标签显示在同一行中，它们不占有独立的区域，仅仅靠自身的字体大小和图像尺寸来支撑结构，一般不可以设置宽度、高度、对齐等属性，常用于控制页面中文本的样式。

常见的行内元素有<strong>、<b>、<em>、<i>、<del>、<s>、<ins>、<u>、<a>、<span>等，其中<span>标签最典型的行内元素。

下面通过一个案例来进一步认识块元素与行内元素，如例 5-13 所示。

例 5-13 example13.html

```
1  <!doctype html>
2  <html>
3  <head>
4  <meta charset="utf-8">
5  <title>块元素和行内元素</title>
6  <style type="text/css">
7  h2{
8     background:#39F;          /*定义h2标签的背景颜色为青色*/
9     width:350px;              /*定义h2标签的宽度为350px*/
10    height:50px;              /*定义h2标签的高度为50px*/
11    text-align:center;        /*定义h2标签的文本水平对齐方式为居中*/
12 }
```

```
13p{background:#060;}                /*定义p的背景颜色为绿色*/
14strong{
15   background:#66F;               /*定义strong标签的背景颜色为紫色*/
16   width:360px;                   /*定义strong标签的宽度为360px*/
17   height:50px;                   /*定义strong标签的高度为50px*/
18   text-align:center;            /*定义strong标签的文本水平对齐方式为居中*/
19}
20em{background:#FF0;}               /*定义em的背景颜色为黄色*/
21del{background:#CCC;}              /*定义del的背景颜色为灰色*/
22</style>
23</head>
24<body>
25<h2>h2标签定义的文本</h2>
26<p>p标签定义的文本</p>
27<p>
28<strong>strong标签定义的文本</strong>
29<em>em标签定义的文本</em>
30<del>del标签定义的文本</del>
31</p>
32</body>
33</html>
```

在例 5-13 中，第 25～29 行代码中使用了不同类型的标签，如使用块标签<h2>、<p>和行内标签<strong>、<em>、<del>分别定义文本，然后对不同的标签应用不同的背景颜色，同时，对<h2>和<strong>应用相同的宽度、高度和对齐属性。

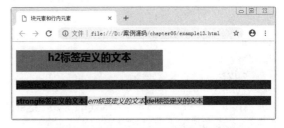

图5-31　块元素和行内元素的显示效果

运行例 5-13，效果如图 5-31 所示。

从图 5-31 可以看出，不同类型的元素在页面中所占的区域不同。块元素<h2>和<p>各自占据一个矩形区域，依次竖直排列。然而行内元素<strong>、<em>和<del>排列在同一行。可见块元素通常独占一行，可以设置宽高和对齐属性，而行内元素通常不独占一行，不可以设置宽高和对齐属性。行内元素可以嵌套在块元素中，而块元素不可以嵌套在行内元素中。

注意：在行内元素中有几个特殊的标签如<img />和<input />，可以对它们设置宽高和对齐属性，有些资料可能会称它们为行内块元素。

5.3.2　<span>标签

span 译为中文是"范围"，它作为容器标签被广泛应用在 HTML 中。和<div>标签不同的是，<span>是行内元素，仅作为只能包含文本和各种行内标签的容器，如加粗标签<strong>、倾斜标签<em>等。<span>标签中还可以嵌套多层<span>。

<span>标签常用于定义网页中某些特殊显示的文本，配合 class 属性使用。<span>标签本身没有结构特征，只有应用样式时，才会产生视觉上的变化。当其他行内标签都不合适时，就可以使用<span>标签。

下面通过一个案例来演示<span>标签的使用，如例 5-14 所示。

例 5-14　　example14.html

```
1  <!doctype html>
2  <html>
3  <head>
4  <meta charset="utf-8">
5  <title>span标签的使用</title>
6  <style type="text/css">
7  #header{                        /*设置当前div中文本的通用样式*/
8     font-family:"微软雅黑";
9     font-size:16px;
10    color:#099;
11 }
12 #header .main{                  /*控制第1个span中的特殊文本*/
13    color:#63F;
14    font-size:20px;
15    padding-right:20px;
16 }
17 #header .art{                   /*控制第2个span中的特殊文本*/
18    color:#F33;
19    font-size:18px;
20 }
21 </style>
22 </head>
23 <body>
24 <div id="header">
25  <span class="main">木偶戏</span>是中国一种古老的民间艺术，<span class="art">是
中国乡土艺术的瑰宝。</span>
26 </div>
27 </body>
28 </html>
```

在例 5-14 中，第 7～11 行代码使用<div>标签定义文本的通用样式。在<div>中嵌套两对
<span>，用<span>控制某些想特殊显示的文本，并通过 CSS 设置样式。

运行例 5-14，效果如图 5-32 所示。

图5-32　span标签的使用

在图 5-32 中，特殊显示的文本"木偶戏"和"是中国乡土艺术的瑰宝"，都是通过 CSS 控
制<span>标签设置的。

需要注意的是，<div>标签可以内嵌<span>标签，但是<span>标签中却不能嵌套<div>标签。
可以将<div>和<span>分别看作一个大容器和小容器，大容器内可以放下小容器，但是小容器内
却放不下大容器。

5.3.3　元素的转换

网页是由多个块元素和行内元素构成的盒子排列而成的。如果希望行内元素具有块元素的某些特性，例如可以设置宽高，或者需要块元素具有行内元素的某些特性，例如不独占一行排列，可以使用 display 属性对元素的类型进行转换。display 属性常用的属性值及含义如下：

- inline：将指定对象显示为行内元素（行内元素默认的 display 属性值）。
- block：将指定对象显示为块元素（块元素默认的 display 属性值）。
- inline-block：将指定对象显示为行内块元素，可以对其设置宽高和对齐等属性。
- none：隐藏对象，该对象既不显示也不占用页面空间。

5.4　块元素垂直外边距的合并

当两个相邻或嵌套的块元素相遇时，其垂直方向的外边距会自动合并，发生重叠。了解块元素的这一特性，有助于更好地使用 CSS 进行网页布局。本节将针对块元素垂直外边距的合并进行详细的讲解。

5.4.1　相邻块元素垂直外边距的合并

当上下相邻的两个块元素相遇时，如果上面的标签有下外边距 margin-bottom，下面的标签有上外边距 margin-top，则它们之间的垂直间距不是 margin-bottom 与 margin-top 之和，而是两者中的较大者。这种现象被称为相邻块元素垂直外边距的合并（也称外边距塌陷）。

为了更好地理解相邻块元素垂直外边距的合并，接下来来看一个具体的案例，如例 5-15 所示。

例 5-15　example15.html

```
1 <!doctype html>
2 <html>
3 <head>
4 <meta charset="utf-8">
5 <title>相邻块元素垂直外边距的合并</title>
6 <style type="text/css">
7 .one{
8    width:150px;
9    height:150px;
10   background:#FC0;
11   margin-bottom:20px;      /*定义第一个div的下外边距为20px*/
12 }
13.two{
14   width:150px;
15   height:150px;
16   background:#63F;
17   margin-top:40px;         /*定义第二个div的上外边距为40px*/
18 }
19</style>
20</head>
21<body>
```

```
22<div class="one">1</div>
23<div class="two">2</div>
24</body>
25</html>
```

在例 5-15 中，第 22～23 行代码分别定义了两对<div>。
第 7～12 行和第 13～18 行代码分别为<div>设置实体化三
属性。不同的是，第 11 行代码为第一个<div>定义下外边
距 "margin-bottom:20px;"，第 17 行代码为第二个<div>定
义上外边距 "margin-top:40px;"。

运行例 5-15，效果如图 5-33 所示。

在图 5-33 中，两个<div>之间的垂直间距并不是第一
个<div>的 margin-bottom 与第二个<div>的 margin-top 之和
60px。如果用测量工具测量可以发现，两者之间的垂直间
距是 40px，即为 margin-bottom 与 margin-top 中的较大者。

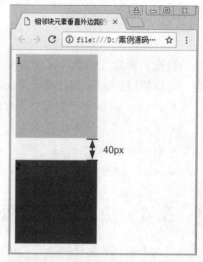

图5-33　相邻块元素垂直外边距的合并

5.4.2 嵌套块元素垂直外边距的合并

对于两个嵌套关系的块元素，如果父标签没有上内边距及边框，则父标签的上外边距会与
子标签的上外边距发生合并，合并后的外边距为两者中的较大者，即使父标签的上外边距为 0，
也会发生合并。

为了更好地理解嵌套块元素垂直外边距的合并，接下来看一个具体的案例，如例 5-16 所示。

例 5-16　example16.html

```
1 <!doctype html>
2 <html>
3 <head>
4 <meta charset="utf-8">
5 <title>嵌套块元素上外边距的合并</title>
6 <style type="text/css">
7 *{margin:0; padding:0;}      /*使用通配符清除所有HTML标签的默认边距*/
8 div.father{
9    width:400px;
10   height:400px;
11   background:#FC0;
12   margin-top:20px;          /*定义第一个div的上外边距为20px*/
13}
14div.son{
15   width:200px;
16   height:200px;
17   background:#63F;
18   margin-top:40px;          /*定义第二个div的上外边距为40px*/
19}
20</style>
21</head>
22<body>
```

```
23<div class="father">
24    <div class="son"></div>
25</div>
26</body>
27</html>
```

在例 5–16 中，第 23、24 行代码分别定义了两对<div>，它们是嵌套的父子关系，分别为其设置宽度、高度、背景颜色和上外边距，其中父<div>的上外边距为 20px，子<div>的上外边距为 40px。为了便于观察，在第 7 行代码中，使用通配符清除所有 HTML 标签的默认边距。

运行例 5–16，效果如图 5–34 所示。

在图 5–34 中，父<div>与子<div>的上边缘重合，这是因为它们的外边距发生了合并。如果使用测量工具测量可以发现，这时的外边距为 40px，即取父<div>与子<div>上外边距中的较大者。

如果希望外边距不合并，可以为父标签定义 1 像素的上边框或上内边距。这里以定义父标签的上边框为例，在父<div>的 CSS 样式中增加如下代码：

```
border-top:1px solid #FCC;        /*定义父div的上边框*/
```

保存 HTML 文件，刷新网页，效果如图 5–35 所示。

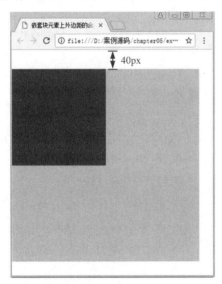 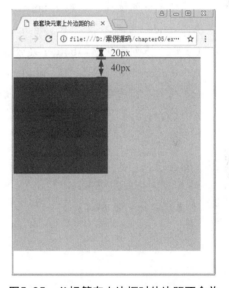

图5-34　嵌套块元素上外边距的合并　　　　图5-35　父标签有上边框时外边距不合并

在图 5–35 中，父<div>与浏览器上边缘的垂直间距为 20px，子<div>与父<div>上边缘的垂直间距为 40px，也就是说外边距没有发生合并。

值得一提的是，它们的下外边距也有可能发生合并。如果父标签没有设置高度及自适应子标签的高度，同时，也没有对其定义上内边距及上边框，则父标签与子标签的下外边距会发生合并。

▌ 习题

一、判断题

1. <div>标签是块标签，可以实现网页的规划和布局。　　　　　　　　　　　　（　　）

2. <span>是行内元素，常用于定义网页中某些特殊显示的文本。 （　　　）

3. 使用 display 属性可实现元素类型的转换。 （　　　）

4. <span>标签中可以内嵌<div>标签。 （　　　）

5. 内边距（padding）、边框（border）和外边距（margin）属性均包含 4 个方向，方向既可以分别定义也可以统一定义。 （　　　）

二、选择题

1. （单选）下列选项中，属于盒子的总宽度正确的是（　　　）。

   A. 左右内边距之和+左右外边距之和

   B. 左右内边距之和+左右边框之和+左右外边距之和

   C. width+左右内边距之和+左右边框之和+左右外边距之和

   D. width

2. （多选）下列选项中，属于实体化三属性的是（　　　）。

   A. 宽度属性　　　　　B. 高度属性　　　　　C. 背景色属性　　　　　D. 颜色属性

3. （多选）下列选项中，属于 border-style 属性的取值是（　　　）。

   A. solid　　　　　B. dashed　　　　　C. dotted　　　　　D. double

4. （多选）下列选项中，border 复合属性内部包含的是（　　　）。

   A. border-style　　　　　B. border-width　　　　　C. border-color　　　　　D. border-radius

5. （多选）下列选项中，用于设置背景与图片不透明度的是（　　　）。

   A. RGBA　　　　　　　　　　　　B. linear-gradient

   C. opacity　　　　　　　　　　　　D. radial-gradient

三、简答题

1. 简要描述什么是盒子模型。

2. 简要描述块元素和行内元素。

第6章
为网页添加列表和超链接

学习目标

- 掌握无序、有序及定义列表的使用，可以制作常见的网页模块。
- 掌握超链接标签的使用，能够使用超链接定义网页元素。
- 掌握 CSS 伪类，会使用 CSS 伪类实现超链接特效。

一个网站由多个网页构成，每个网页上都有大量的信息，要想使网页中的信息排列有序，条理清晰，并且网页与网页之间跳转有一定的关联，就需要使用列表和超链接。本章将对列表、CSS 控制列表样式、超链接标签和链接伪类控制超链接进行具体讲解。

6.1 列表标签

列表是网页结构中最常用的标签，也是信息组织和管理中最得力的工具。按照列表结构划分，网页中的列表通常分为三类，分别是无序列表<ul>、有序列表<ol>和定义列表<dl>。本节将对这三种列表标签进行详细讲解。

6.1.1 无序列表<ul>

ul 是英文 unordered list 短语的缩写，翻译为中文是无序列表。无序列表是一种不分排序的列表，各个列表项之间没有顺序级别之分。无序列表使用<ul>标签表示，内部可以嵌套多个<li>标签（<li>是列表项）。定义无序列表的基本语法格式如下：

```
<ul>
    <li>列表项1</li>
    <li>列表项2</li>
    <li>列表项3</li>
    ...
</ul>
```

在上面的语法中，<ul></ul>标签用于定义无序列表，<li></li>标签嵌套在<ul></ul>标签中，用于描述具体的列表项，每对<ul></ul>中至少应包含一对<li></li>。

值得一提的是，<ul>和<li>都拥有 type 属性，用于指定列表项目符号，不同 type 属性值可以呈现不同的项目符号。表 6-1 列举了无序列表常用的 type 属性值。

表 6-1　无序列表常用的 type 属性值

type 属性值	显示效果
disc（默认值）	●
circle	○
square	■

了解无序列表的基本语法和 type 属性之后，下面通过一个案例进行演示，如例 6-1 所示。

例 6-1　example01.html

```
1 <!doctype html>
2 <html>
3 <head>
4 <meta charset="utf-8">
5 <title>无序列表</title>
6 </head>
7 <body>
8 <ul type="square">
9   <li>动物
10    <ul type="disc">
11      <li>两栖动物1</li>
12      <li>爬行动物2
13        <ul type="circle">
14          <li>蜥蜴1</li>
15          <li>壁虎2</li>
16        </ul>
17      </li>
18    </ul>
19  </li>
20  <li>植物</li>
21</ul>
22</body>
23</html>
```

在例 6-1 中，创建了 3 层嵌套的多级无序列表，并没有设置 type 属性。

运行例 6-1，效果如图 6-1 所示。

观察图 6-1，发现无序列表在嵌套结构中随着其所包含的列表级数的增加而逐渐缩进，并且伴随着列表级数的增加而使用不同的修饰符号。

值得一提的是，不定义 type 属性时，一级列表项目符号显示为默认的"●"。如果设置 type 属性，则列表项目符号按相应的样式显示。例如，将一级列表设置为方形，可以在第 1 个 ul 标签中输入如下代码。

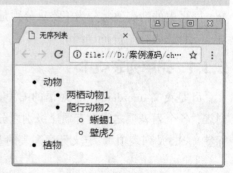

图6-1　无序列表的使用

```
type="square"
```

保存并运行修改后的案例代码，效果如图 6-2 所示。

注意：

1. 不赞成使用无序列表的 type 属性，一般通过 CSS 样式属性替代。

2. 多层无序列表进行嵌套时，应该将\<ul>标签放在\<li>标签内。

3. 浏览器对无序列表解析是有规律的。无序列表可以分为一级和多级，一级无序列表在浏览器中解析后，会在列表项前加默认的"●"的修饰符号，多级时则根据级数改变列表项前的修饰符号。

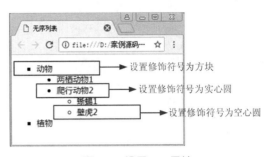

图6-2　设置type属性

4. \<ul>\</ul>中只能嵌套\<li>\</li>，直接在\<ul>\</ul>标签中输入文字的做法是不被允许的。

6.1.2　有序列表\<ol>

ol 是英文 ordered list 短语的缩写，翻译为中文是有序列表。有序列表是一种强调排列顺序的列表，使用\<ol>标签定义，内部嵌套多个\<li>标签。例如网页中常见的实时热点（根据日期时间）可以通过有序列表来定义。定义有序列表的基本语法格式如下：

```
<ol>
    <li>列表项1</li>
    <li>列表项2</li>
    <li>列表项3</li>
    ...
</ol>
```

在上面的语法中，\<ol>\</ol>标签用于定义有序列表，\<li>\</li>为具体的列表项。和无序列表类似，每对\<ol>\</ol>中也至少应包含一对\<li>\</li>。

在有序列表中，除了 type 属性之外，还可以为\<ol>定义 start 属性、为\<li>定义 value 属性，它们决定有序列表的项目符号，其取值和含义如表 6-2 所示。

表 6-2　有序列表相关的属性

属　　性	属性值/属性值类型	描　　述
type	1（默认）	项目符号显示为数字 1 2 3...
	a 或 A	项目符号显示为英文字母 a b c d...或 A B C...
	i 或 I	项目符号显示为罗马数字 i ii iii...或 I II III...
start	数字	规定项目符号的起始值
value	数字	规定项目符号的数字

了解有序列表的基本语法和常用属性之后，接下来通过一个案例演示其用法和效果，如例 6-2 所示。

例 6-2　example02.html

```
1 <!doctype html>
2 <html>
3 <head>
4 <meta charset="utf-8">
```

```
5 <title>有序列表</title>
6 </head>
7 <body>
8 <ol>
9   <li>大师兄孙悟空</li>
10  <li>二师兄猪八戒</li>
11  <li>三师弟沙和尚</li>
12</ol>
13<ol>
14  <li type="1" value="1">第一名状元</li>        <!--阿拉伯数字排序-->
15  <li type="a">第二名榜眼</li>                  <!--英文字母排序-->
16  <li type="I">第三名探花</li>                  <!--罗马数字排序-->
17</ol>
18</body>
19</html>
```

在例 6-2 中，定义了两个有序列表。其中，第 8～
12 行代码中的第一个有序列表没有应用任何属性，第
13～17 行代码中的第二个有序列表中的列表项应用了
type 和 value 属性，用于设置特定的列表项目符号。运
行例 6-2，效果如图 6-3 所示。

通过图 6-3 看出，不定义列表项目符号时，有序列
表的列表项默认按"1、2、3…"的顺序排列。当使用
type 或 value 定义列表项目符号时，有序列表的列表项
按指定的项目符号显示。

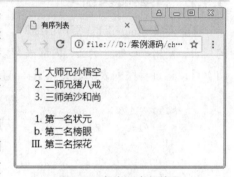

图6-3　有序列表的使用

注意：

1. 如果在其他浏览器中运行例 6-2，效果可能与图 6-3 不同，这是因为各浏览器对有序列
表的 type 和 value 属性的解析不同。

2. 有序列表也可以分为一级列表和多级列表，浏览器解析时将列表项默认以阿拉伯数字显示。

3. 不赞成使用<ol>、<li>的 type、start 和 value 属性，最好通过 CSS 样式属性替代。

6.1.3　定义列表<dl>

dl 是英文 definition list 短语的缩写，翻译为中文是定义列表。定义列表与有序列表、无序
列表父子搭配的不同，它包含了 3 个标签，即 dl、dt、dd。定义有序列表的基本语法格式如下：

```
<dl>
    <dt>名词1</dt>
    <dd>dd是名词1的描述信息1</dd>
    <dd>dd是名词1的描述信息2</dd>
    ...
    <dt>名词2</dt>
    <dd>dd是名词2的描述信息1</dd>
    <dd>dd是名词2的描述信息2</dd>
    ...
</dl>
```

在上面的语法中，<dl></dl>标签用于指定定义列表，<dt></dt>和<dd></dd>并列嵌套于<dl></dl>中。其中，<dt></dt>标签用于指定术语名词，<dd></dd>标签用于对名词进行解释和描述。一对<dt></dt>可以对应多对<dd></dd>，也就是说可以对一个名词进行多项解释。

了解定义列表的基本语法之后，接下来通过一个案例演示其用法和效果，如例6-3所示。

例6-3　example03.html

```
1 <!doctype html>
2 <html>
3 <head>
4 <meta charset="utf-8">
5 <title>定义列表</title>
6 </head>
7 <body>
8 <dl>
9   <dt>红色</dt>
10   <dd>可见光谱中长波末端的颜色。</dd>
11   <dd>是光的三原色和心理原色之一。</dd>
12   <dd>表示吉祥、喜庆、热烈、奔放、激情、斗志、革命。</dd>
13   <dd>分为大红、朱红、嫣红、深红、水红。</dd>
14 </dl>
15 </body>
16 </html>
```

在例6-3中，第8～14行代码定义了一个定义列表，其中<dt></dt>标签内为名词"红色"，其后紧跟着4对<dd></dd>标签，用于对<dt></dt>标签中的名词进行解释和描述。

运行例6-3，效果如图6-4所示。

通过图6-4看出，相对于<dt></dt>标签中的术语或名词，<dd></dd>标签中解释和描述性的内容会产生一定的缩进效果。

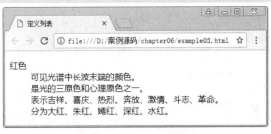

图6-4　定义列表的使用

注意：

1. <dl>、<dt>、<dd>三个标签之间不允许出现其他标签。

2. <dl>标签必须与<dt>标签相邻。

6.2　CSS控制列表样式

定义无序或有序列表时，可以通过标签的属性控制列表的项目符号，不符合结构表现分离的网页设计原则，为此CSS提供了一系列的列表样式属性，本小节将对这些属性进行详细的讲解。

6.2.1　list-style-type属性

在CSS中，list-style-type属性用于控制列表项显示符号的类型，其取值有多种，它们的显示效果不同，具体如表6-3所示。

表 6-3　list-style-type 属性值

属　性　值	描　　　述	属　性　值	描　　　述
disc	实心圆（无序列表）	none	不使用项目符号（无序列表和有序列表）
circle	空心圆（无序列表）	cjk-ideographic	简单的表意数字
square	实心方块（无序列表）	georgian	传统的乔治亚编号方式
decimal	阿拉伯数字	decimal-leading-zero	以 0 开头的阿拉伯数字
lower-roman	小写罗马数字	upper-roman	大写罗马数字
lower-alpha	小写英文字母	upper-alpha	大写英文字母
lower-latin	小写拉丁字母	upper-latin	大写拉丁字母
hebrew	传统的希伯来编号方式	armenian	传统的亚美尼亚编号方式

　　了解 list-style-type 的常用属性值及其显示效果之后，接下来通过一个具体的案例演示其用法，如例 6-4 所示。

　　例 6-4　example04.html

```
1 <!doctype html>
2 <html>
3 <head>
4 <meta charset="utf-8">
5 <title>列表项显示符号</title>
6 <style type="text/css">
7 ul{ list-style-type:square;}
8 ol{ list-style-type:decimal;}
9 </style>
10</head>
11<body>
12<h3>红色</h3>
13<ul>
14    <li>大红</li>
15    <li>朱红</li>
16    <li>嫣红</li>
17</ul>
18<h3>蓝色</h3>
19<ol>
20    <li>群青</li>
21    <li>普蓝</li>
22    <li>湖蓝</li>
23</ol>
24</body>
25</html>
```

　　在例 6-4 中，第 13～17 行代码定义了一个无序列表，第 19～23 行代码定义了一个有序列表。对无序列表 ul 应用 "list-style-type:square;"，将其列表项显示符号设置为实心方块。同时，对有序列表 ol 应用 "list-style-type:decimal;"，将其列表项显示符号设置为阿拉伯数字。

　　运行例 6-4，效果如图 6-5 所示。

图6-5　列表样式的使用

注意：由于各个浏览器对 list-style-type 属性的解析不同，因此在实际网页制作过程中不推荐使用 list-style-type 属性。

6.2.2 list-style-image属性

一些常规的列表项显示符号并不能满足网页制作的需求，为此 CSS 提供了 list-style-image 属性，其取值为图像的 url（地址）。使用 list-style-image 属性可以为各个列表项设置项目图像，使列表的样式更加美观。

为了使初学者更好地应用 list-style-image 属性，接下来对无序列表\<ul>定义列表项目图像，如例 6-5 所示。

例 6-5　example05.html

```
1  <!doctype html>
2  <html>
3  <head>
4  <meta charset="utf-8">
5  <title>list-style-image控制列表项目图像</title>
6  <style type="text/css">
7  ul{list-style-image:url(images/1.png);}
8  </style>
9  </head>
10 <body>
11 <h2>栗子功效</h2>
12 <ul>
13   <li>抗衰老</li>
14   <li>益气健脾</li>
15   <li>预防骨质疏松</li>
16 </ul>
17 </body>
18 </html>
```

运行例 6-5，效果如图 6-6 所示。

通过图 6-6 看出，列表项目图像和列表项没有对齐，这是因为 list-style-image 属性对列表项目图像的控制能力不强。因此，实际工作中不建议使用 list-style-image 属性，常通过为\<li>设置背景图像的方式实现列表项目图像。

图6-6　list-style-image控制列表项目图像

6.2.3 list-style-position属性

设置列表项目符号时，有时需要控制列表项目符号的位置，即列表项目符号相对于列表项内容的位置。在 CSS 中，list-style-position 属性用于控制列表项目符号的位置，其取值有 inside 和 outside 两种，对它们的解释如下：

- inside：列表项目符号位于列表文本以内。
- outside：列表项目符号位于列表文本以外（默认值）。

为了使初学者更好地理解 list-style-position 属性，接下来通过一个具体的案例演示其用法和效果，如例 6-6 所示。

例 6-6　example06.html

```
1 <!doctype html>
2 <html>
3 <head>
4 <meta charset="utf-8">
5 <title>标签位置属性</title>
6 <style type="text/css">
7 .in{list-style-position:inside;}
8 .out{list-style-psition:outside;}
9 li{ border:1px solid #CCC;}
10</style>
11</head>
12<body>
13<h2>中秋节</h2>
14<ul class="in">
15    <li>中秋节，又称月夕、秋节、仲秋节。</li>
16    <li>时在农历八月十五。</li>
17    <li>始于唐朝初年，盛行于宋朝。</li>
18    <li>自2008年起中秋节被列为国家法定节假日。</li>
19</ul>
20<ul class="out">
21    <li>端午节</li>
22    <li>除夕</li>
23    <li>清明节</li>
24    <li>重阳节</li>
25</ul>
26</body>
27</html>
```

在例 6-6 中，定义了两个无序列表，并使用内嵌式 CSS 样式表对列表项目符号的位置进行设置。第 7 行代码对第一个无序列表应用 "list-style-position:inside;"，使其列表项目符号位于列表文本以内，而第 8 行代码对第二个无序列表应用 "list-style-position:outside;"，使其列表项目符号位于列表文本以外。为了使显示效果更加明显，在第 9 行代码中对<li>设置了边框样式。

运行例 6-6，效果如图 6-7 所示。

通过图 6-7 看出，第一个无序列表的列表项目符号位于列表文本以内，第二个无序列表的列表项目符号位于列表文本以外。

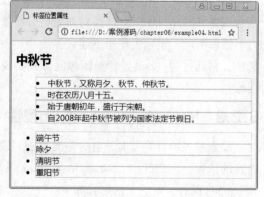

图6-7　list-style-position控制列表项显示符位置

6.2.4　list-style属性

在 CSS 中列表样式也是一个复合属性，可以将列表相关的样式都综合定义在一个复合属性 list-style 中。使用 list-style 属性综合设置列表样式的语法格式如下：

```
list-style:列表项目符号 列表项目符号的位置 列表项目图像;
```

使用复合属性 list-style 时，通常按上面语法格式中的顺序书写，各个样式之间以空格隔开，不需要的样式可以省略。

了解列表样式的复合属性 list-style 之后，接下来通过一个案例演示其用法和效果，如例 6-7 所示。

例 6-7　example07.html

```
1  <!doctype html>
2  <html>
3  <head>
4  <meta charset="utf-8">
5  <title>list-style属性</title>
6  <style type="text/css">
7  ul{list-style:circle inside;}
8  .one{list-style: outside url(images/1.png);}
9  </style>
10 </head>
11 <body>
12 <ul>
13   <li class="one">栗子的营养价值</li>
14   <li>包含丰富的不饱和脂肪酸和维生素、矿物质</li>
15   <li>富含蛋白质、核黄素、碳水化合物</li>
16 </ul>
17 </body>
18 </html>
```

在例 6-7 中定义了一个无序列表，第 7、8 行代码通过复合属性 list-style 分别控制<ul>和第一个<li>的样式。

运行例 6-7，效果如图 6-8 所示。

值得一提的是，在实际网页制作过程中，为了更高效地控制列表项显示符号，通常将 list-style 的属性值定义为 none，然后通过为<li>设置背景图

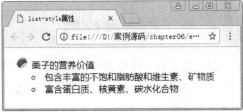

图6-8　list-style属性的使用

像的方式实现不同的列表项目符号。接下来通过一个具体的案例演示通过背景属性定义列表项目符号的方法，如例 6-8 所示。

例 6-8　example08.html

```
1  <!doctype html>
2  <html>
3  <head>
4  <meta charset="utf-8">
5  <title>背景属性定义列表项显示符号</title>
6  <style type="text/css">
7  dd{
8    list-style:none;        /*清除列表的默认样式*/
```

```
9     height:26px;
10    line-height:26px;
11    background:url(images/2.png) no-repeat left center; /*为li设置背景图像 */
12    padding-left:25px;
13 }
14</style>
15</head>
16<body>
17<h2>熊猫</h2>
18<dl>
19    <dt><img src="images/xiongmao.jpg"></dt>
20    <dd>黑眼圈</dd>
21    <dd>肥胖腰</dd>
22    <dd>圆滚滚</dd>
23</dl>
24</body>
25</html>
```

在例 6-8 中，添加了一个定义列表，其中第 8 行代码通过"list-style:none;"清除列表的默认显示样式，第 11 行代码通过为<dd>设置背景图像的方式来定义列表项显示符号。第 19 行代码在<dt>内部增加了一张熊猫的图片。

运行例 6-8，效果如图 6-9 所示。

通过图 6-9 看出，每个列表项前都添加了列表项目图像。如果需要调整列表项目图像，只需更改<li>的背景属性即可。

图6-9 使用背景属性定义列表项显示符号

6.3 超链接标签

超链接是网页中最常用的对象，每个网页通过超链接关联在一起，构成一个完整的网站。超链接定义的对象可以是图片，也可以是文本，甚至是网页中的任何内容元素。只有通过超链接定义的对象，才能点击后进行跳转。本节将对超链接标签进行详细的讲解。

6.3.1 创建超链接

超链接虽然在网页中占有不可替代的地位，但是在 HTML 中创建超链接非常简单，只需用<a></a>标签环绕需要被链接的对象即可，其基本语法格式如下：

```
<a href="跳转目标" target="目标窗口的弹出方式">文本或图像</a>
```

在上面的语法中，<a>标签是一个行内标签，用于定义超链接，href 和 target 为其常用属性，具体介绍如下：

- href：用于指定链接目标的 url 地址，当为<a>标签应用 href 属性时，它就具有了超链接的功能。
- target：用于指定链接页面的打开方式，其取值有_self 和_blank 两种，其中_self 为默认值，意为在原窗口中打开，_blank 为在新窗口中打开。

　　了解创建超链接的基本语法和超链接标签的常用属性之后，接下来带领大家创建一个带有超链接功能的简单页面，如例 6-9 所示。

　　例 6-9　example09.html

```
1 <!doctype html>
2 <html>
3 <head>
4 <meta charset="utf-8">
5 <title>超链接</title>
6 </head>
7 <body>
8 <a href="http://www.zcool.com.cn/" target="_self">站酷</a> target="_self"原
窗口打开<br />
9 <a href="http://www.baidu.com/" target="_blank">百度</a> target="_blank"新
窗口打开
10</body>
11</html>
```

　　在例 6-9 中，第 8 行和第 9 行代码分别创建了两个超链接，通过 href 属性将它们的链接目标分别指定为"站酷"和"百度"，同时，通过 target 属性定义第一个链接页面在原窗口打开，第二个链接页面在新窗口打开。

图6-10　超链接的使用

　　运行例 6-9，效果如图 6-10 所示。

　　通过图 6-10 看出，被超链接标签<a></a>环绕的文本"站酷"和"百度"颜色特殊且带有下画线效果，这是因为超链接标签本身有默认的显示样式。当鼠标指针移上链接文本时，光标变为"👆"的形状，同时，页面的左下角会显示链接页面的地址。当单击链接文本"站酷"和"百度"时，分别会在原窗口和新窗口中打开链接页面，如图 6-11 和图 6-12 所示。

图6-11　链接页面在原窗口打开

图6-12　链接页面在新窗口打开

　　注意：

　　1. 暂时没有确定链接目标时，通常将<a>标签的 href 属性值定义为"#"（即 href="#"），表示该链接暂时为一个空链接。

　　2. 不仅可以创建文本超链接，在网页中各种网页元素，如图像、表格、音频、视频等都可以添加超链接。

☕ **多学一招：图像超链接出现边框的解决办法**

创建图像超链接时，在某些浏览器中，图像会自动添加边框效果，影响页面的美观。去掉边框最直接的方法是将边框设置为 0，具体代码如下：

```
<a href="#"><img src="图像URL" border="0" /></a>
```

6.3.2　锚点链接

如果网页内容较多，页面过长，浏览网页时就需要不断地拖动滚动条来查看所需要的内容，这样不仅效率较低，而且不方便操作。为了提高信息的检索速度，HTML 语言提供了一种特殊的链接——锚点链接。通过创建锚点链接，用户能够直接跳到指定位置的内容。

为了使初学者更形象地认识锚点链接，接下来通过一个具体的案例演示页面中创建锚点链接的方法，如例 6-10 所示。

例 6-10　example10.html

```
1  <!doctype html>
2  <html>
3  <head>
4  <meta charset="utf-8">
5  <title>锚点链接</title>
6  </head>
7  <body>
8  中国科学家:
9  <ul>
10    <li><a href="#one">李四光</a></li>
11    <li><a href="#two">袁隆平</a></li>
12    <li><a href="#three">屠呦呦</a></li>
13    <li><a href="#four">南仁东</a></li>
14    <li><a href="#five">孙家栋</a></li>
15  </ul>
16  <h3 id="one">李四光</h3>
17  <p>李四光1889年出生于湖北黄冈，作为中国地质力学的创立者、现代地球科学和地质工作的奠基人，李四光在地质领域的贡献，对于新中国可谓是意义非凡。2009年，李四光被评为"100位新中国成立以来感动中国人物"之一。</p>
18  <br /><br /><br /><br /><br /><br /><br /><br /><br /><br /><br /><br /><br />
19  <h3 id="two">袁隆平</h3>
20  <p>袁隆平1930年9月出生于北京，祖籍江西九江德安县，被誉为"世界杂交水稻之父"。袁隆平发明出了"三系法"籼型杂交水稻、"两系法"杂交水稻，创建了著名的超级杂交稻技术体系，不仅使中国人民填饱了肚子，也将粮食安全牢牢抓在我们中国人自己手中。2004年，袁隆平荣获"世界粮食奖"，2019年又荣获"共和国勋章"。</p>
21  <br /><br /><br /><br /><br /><br /><br /><br /><br /><br /><br /><br /><br />
22  <h3 id="three">屠呦呦</h3>
23  <p>屠呦呦1930年12月出生于浙江宁波，是中国第一位获得诺贝尔科学奖的本土科学家，也是第一位获得诺贝尔医学奖的华人科学家。屠呦呦从中医药典籍和中草药入手，经过多年的试验研究，研发出了"青蒿素"，一种有效治疗疟疾的药物，挽救了世界多国数百万人的生命。2015年，屠呦呦荣获诺贝尔医学奖，2019年又荣获"共和国勋章"。</p>
```

```
24<br /><br /><br /><br /><br /><br /><br /><br /><br /><br /><br /><br />
/><br />
25<h3 id="four">南仁东</h3>
26<p>南仁东1945年出生于吉林辽源，被誉为中国"天眼之父"。在担任FAST工程首席科学家兼总工程
师期间，南仁东负责500米口径球面射电望远镜的科学技术工作，带领团队连续攻克多个技术难关，确保
FAST项目落成投入使用，使得我国在单口径射电望远镜领域内，处于世界领先地位。2019年，南仁东被
授予"人民科学家"荣誉称号，并被评选为"最美奋斗者"。</p>
27<br /><br /><br /><br /><br /><br /><br /><br /><br /><br /><br /><br />
/><br />
28<h3 id="five">孙家栋</h3>
29<p>孙家栋1929年出生于辽宁瓦房店，被誉为中国航天的"大总师"、"中国卫星之父"。在"两弹一星"
工程中，孙家栋担任中国第一颗人造卫星"东方红一号"的总体设计负责人，后来又担任中国第一颗遥感测
控卫星、返回式卫星的技术负责人和总设计师，同时，他又是中国通信、气象、地球资源探测、导航等为
主的第二代应用卫星的工程总设计师，还担任月球探测一期工程的总设计师，可谓实至名归的"中国卫星
之父"。1999年，孙家栋被授予"两弹一星功勋奖章"，2019年又荣获"共和国勋章"。</p>
30</body>
31</html>
```

在例 6-10 中，使用<a>标签应用 href 属性，其中 href 属性= "#id 名"，如第 10~14 行代码
所示，只要单击创建了超链接的对象就会跳到指定位置的内容。

运行例 6-10，效果如图 6-13 所示。

通过图 6-13 看出，网页页面内容比较长而且出现了滚动条。当单击"袁隆平"的链接时，
页面会自动定位到相应的内容介绍部分，页面效果如图 6-14 所示。

图6-13 锚点链接的使用

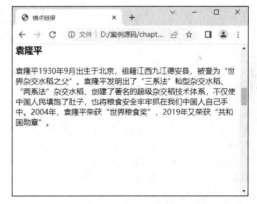

图6-14 页面跳到相应内容的指定位置

通过上面的例子可以总结出，创建锚点链接可分为两步：一是使用<a>标签应用 href 属性（href
属性= "#id 名"，id 名不可重复）创建链接文本；二是使用相应的 id 名标注跳转目标的位置。

6.4 链接伪类控制超链接

定义超链接时，为了提高用户体验，经常需要为超链接指定不同的状态，使得超链接在单
击前、单击后和鼠标悬停时的样式不同。在 CSS 中，通过链接伪类可以实现不同的链接状态，
下面将对链接伪类控制超链接的样式进行详细的讲解。

与超链接相关的 4 个伪类应用比较广泛，这几个伪类定义了超链接的 4 种不同状态，具体如表 6-4 所示。

表 6-4　超链接标签<a>的伪类

超链接标签<a>的伪类	描　　述
a:link{ CSS 样式规则; }	超链接的默认样式
a:visited{ CSS 样式规则; }	超链接被访问过之后的样式
a:hover{ CSS 样式规则; }	鼠标经过、悬停时超链接的样式
a: active{ CSS 样式规则; }	鼠标单击不动时超链接的样式

了解超链接标签<a>的 4 种状态之后，接下来通过一个案例演示效果，如例 6-11 所示。

例 6-11　example11.html

```
1 <!doctype html>
2 <html>
3 <head>
4 <meta charset="utf-8">
5 <title>超链接的伪类选择器</title>
6 <style type="text/css">
7 a{ margin-right:20px;}            /*设置右边距为20px*/
8 a:link,a:visited{
9    color:#000;                    /*设置默认和被访问之的后颜色为黑色*/
10   text-decoration:none;          /*设置<a>标签自带下画线的效果为无*/
11   }
12a:hover{
13    color:#093;                    /*默认样式颜色为绿色*/
14    text-decoration:underline;    /*设置鼠标悬停时显示下画线*/
15    }
16a:active{ color:#FC0;}            /*设置鼠标点击不放时颜色为黄色*/
17</style>
18</head>
19<body>
20<a href="#">公司首页</a>
21<a href="#">公司简介</a>
22<a href="#">产品介绍</a>
23<a href="#">联系我们</a>
24</body>
25</html>
```

在例 6-11 中，通过链接伪类定义超链接不同状态的样式。需要注意的是第 10 行代码用于清除超链接默认的下画线，第 14 行代码设置在鼠标悬停时为超链接添加下画线。

运行例 6-11，效果如图 6-15 所示。

通过图 6-15 看出，设置超链接的文本显示颜色为黑

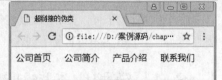

图6-15　超链接伪类选择器的使用

色，并设置超链接的自带下画线效果为无。当鼠标悬停到链接文本时，文本颜色变为绿色且添加下画线效果，如图 6-16 所示。当鼠标点击链接文本不放时，文本颜色变为黄色且添加默认的下画线，如图 6-17 所示。

值得一提的是，在实际工作中，通常只需要使用 a:link、a:visited 和 a:hover 定义未访问、访

问后和鼠标悬停时的超链接样式。并且常常对 a:link 和 a:visited 应用相同的样式，使未访问和访问后的超链接样式保持一致。

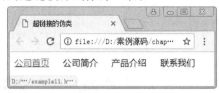

图6-16　鼠标悬停时的链接样式

图6-17　鼠标单击不放时的链接样式

注意：

1. 使用超链接的 4 种伪类时，对排列顺序是有要求的。通常按照 a:link、a:visited、a:hover 和 a:active 的顺序书写，否则定义的样式可能不起作用。

2. 超链接的 4 种伪类状态并非全部定义，一般只需要设置 3 种状态即可，如 link、hover 和 active。如果只设定两种状态，则使用 link、hover 来定义。

3. 除了文本样式之外，链接伪类还常常用于控制超链接的背景、边框等样式。

习题

一、判断题

1. 定义列表中，<dt></dt>标签用于对名词进行解释和描述。　　　　　　　　　（　　）

2. 定义列表中，<dl>、<dt>、<dd>三个标签之间不允许出现其他标签。　　　　（　　）

3. <ol></ol>标签用于定义有序列表，<li></li>为具体的列表项。　　　　　　（　　）

4. 在 CSS 中，list-style-position 属性用于控制列表项目符号的位置。　　　　（　　）

5. 在 CSS 中，list-style-type 属性用于控制列表项显示符号的类型。　　　　　（　　）

二、选择题

1.（单选）在无序列表中，属于一级列表项前默认显示符号的是（　　）。

    A. ●　　　　　　　　　B. ○　　　　　　　　　C. ■　　　　　　　　　D. 1

2.（多选）下列选项中，属于无序列表的标签是（　　）。

    A. ul　　　　　　　　B. ol　　　　　　　　C. dd　　　　　　　　D. li

3.（多选）下列选项中，属于超链接<a>标签的属性是（　　）。

    A. href　　　　　　　B. target　　　　　　C. title　　　　　　D. blank

4.（多选）下列选项中，list-style 复合属性内部包含的是（　　）。

    A. list-style-type　　　　　　　　　　B. list-border

    C. list-style-image　　　　　　　　　D. list-style-position

5.（多选）下列选项中，超链接标签<a>的伪类包含（　　）。

    A. a:link　　　　　　B. a:visited　　　　　C. a:hover　　　　　D. a:active

三、简答题

1. 简要描述超链接定义的对象包含哪些。

2. 简要描述创建锚点链接的步骤。

第7章
为网页添加表格和表单

学习目标

- 掌握表格标签的应用，能够创建表格并添加表格样式。
- 理解表单的构成，可以快速创建表单。
- 掌握表单相关标签，能够创建具有相应功能的表单控件。
- 掌握表单样式的控制，能够美化表单界面。

表格与表单是 HTML 网页中的重要标签。利用表格可以对网页进行排版，使网页信息有条理地显示出来；而表单的出现则使网页从单向的信息传递发展到能够与用户进行交互对话，实现了网上注册、网上登录、网上交易等多种功能。本章将对表格相关标签、表单相关标签以及 CSS 控制表格与表单的样式进行详细的讲解。

▍7.1 表格标签

日常生活中，为了清晰地显示数据或信息，常常使用表格对数据或信息进行统计，同样在制作网页时，为了使网页中的元素有条理地显示，也可以使用表格对网页进行规划。为此，HTML 语言提供了一系列的表格标签，本小节将对这些标签进行详细的讲解。

7.1.1 创建表格

在 Word 中，如果要创建表格，只需插入表格，然后设定相应的行数和列数即可。然而在 HTML 网页中，所有的元素都是通过标签定义的，要想创建表格，就需要使用表格相关的标签。使用标签创建表格的基本语法格式如下：

```
<table>
  <tr>
      <td>单元格内的文字</td>
      ...
  </tr>
```

```
    ...
  </table>
```

在上面的语法中包含 3 对 HTML 标签，分别为<table></table>、<tr></tr>、<td></td>，它们是创建 HTML 网页中表格的基本标签，缺一不可，对它们具体解释如下：

- <table></table>：用于定义一个表格的开始与结束。在<table>标签内部，可以放置表格的标题、表格行和单元格等。
- <tr></tr>：用于定义表格中的一行，必须嵌套在<table></table>标签中，在<table></table>中包含几对<tr></tr>，就表示该表格有几行。
- <td></td>：用于定义表格中的单元格，必须嵌套在<tr></tr>标签中，一对<tr></tr>中包含几对<td></td>，就表示该行中有多少列（或多少个单元格）。

了解创建表格的基本语法之后，下面通过一个案例进行演示，如例 7-1 所示。

例 7-1　example01.html

```
1  <!doctype html>
2  <html>
3  <head>
4  <meta charset="utf-8">
5  <title>表格</title>
6  </head>
7  <body>
8  <table border="1">
9    <tr>
10     <td>学生名称</td>
11     <td>竞赛学科</td>
12     <td>分数</td>
13   </tr>
14   <tr>
15     <td>小明</td>
16     <td>数学</td>
17     <td>87</td>
18   </tr>
19   <tr>
20     <td>小李</td>
21     <td>英语</td>
22     <td>86</td>
23   </tr>
24   <tr>
25     <td>小萌</td>
26     <td>物理</td>
27     <td>72</td>
28   </tr>
29 </table>
30 </body>
31 </html>
```

在例 7-1 中，使用表格相关的标签定义了一个 4 行 3 列的表格。为了使表格的显示格式更加清晰，在第 8 行代码中，对表格标签<table>应用了边框属性 border。

运行例 7-1，效果如图 7-1 所示。

通过图 7-1 看出，表格以 4 行 3 列的方式显示，并且添加了边框效果。如果去掉第 8 行代码中的边框属性 border，刷新页面，保存 HTML 文件，则效果如图 7-2 所示。即使去掉边框，在图 7-2 中，表格中的内容依然整齐有序地排列着。

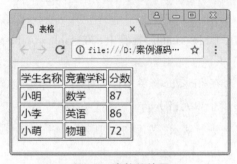

图7-1　表格的使用　　　　　　　　　　　图7-2　去掉边框属性

可见创建表格的基本标签为<table></table>、<tr></tr>、<td></td>，默认情况下，表格的边框为 0，宽度和高度（自适应）靠表格中的内容来支撑。

注意：学习表格的核心是学习<td></td>标签，它就像一个容器，可以容纳所有的标签，<td></td>中甚至可以嵌套表格<table></table>。但是，<tr></tr>中只能嵌套<td></td>，不可以在<tr></tr>标签中输入文字。

7.1.2　<table>标签的属性

表格标签包含了大量属性，虽然大部分属性都可以使用 CSS 进行替代，但是 HTML 语言中也为<table>标签提供了一系列的属性，用于控制表格的显示样式，具体如表 7-1 所示。

表 7-1　<tr>标签的常用属性

属　　　性	描　　　述	常用属性值
border	设置表格的边框（默认 border="0"为无边框）	像素值
cellspacing	设置单元格与单元格边框之间的空白间距	像素值（默认为 2px）
cellpadding	设置单元格内容与单元格边框之间的空白间距	像素值（默认为 1px）
width	设置表格的宽度	像素值
height	设置表格的高度	像素值
align	设置表格在网页中的水平对齐方式	left、center、right
bgcolor	设置表格的背景颜色	预定义的颜色值、十六进制#RGB、rgb(r,g,b)
background	设置表格的背景图像	url 地址

表 7-1 中列出了<table>标签的常用属性，对于其中的某些属性，初学者可能不是很理解，接下来对这些属性进行具体的讲解。

1. border 属性

在<table>标签中，border 属性用于设置表格的边框，默认值为 0。在例 7-1 中，设置<table>标签的 border 属性值为 1 时，出现了图 7-1 所示的双线边框效果。

为了更好地理解 border 属性设置的双线边框，将例 7-1 中\<table\>标签的 border 属性值设置为 20，将第 8 行代码更改如下：

```
<table border="20">
```

这时保存 HTML 文件，刷新页面，效果如图 7-3 所示。

比较图 7-3 和图 7-1，会发现表格的双线边框的外边框变宽了，但是内边框不变。其实，在双线边框中，外边框为表格\<table\>的边框，内边框为单元格\<td\>的边框。也就是说，\<table\>标签的 border 属性值改变的是外边框宽度，所以内边框宽度仍然为 1px。

2. cellspacing 属性

cellspacing 属性用于设置单元格与单元格边框之间的空白间距，默认为 2px。例如，对例 7-1 中的\<table\>标签应用 cellspacing="20"，则第 8 行代码如下：

```
<table border="20" cellspacing="20">
```

这时保存 HTML 文件，刷新页面，效果如图 7-4 所示。

图7-3 设置border="20"的效果

图7-4 设置cellspacing="20"的效果

通过图 7-4 看出，单元格与单元格以及单元格与表格边框之间都拉开了 20px 的距离。

3. cellpadding 属性

cellpadding 属性用于设置单元格内容与单元格边框之间的空白间距，默认为 1px。例如，对例 7-1 中的\<table\>标签应用 cellpadding="20"，则第 8 行代码如下：

```
<table border="20" cellspacing="20" cellpadding="20">
```

这时保存 HTML 文件，刷新页面，效果如图 7-5 所示。

比较图 7-4 和图 7-5 会发现，在图 7-5 中，单元格内容与单元格边框之间出现了 20px 的空白间距，例如"学生名称"与其所在的单元格边框之间拉开了 20px 的距离。

4. width 属性和 height 属性

默认情况下，表格的宽度和高度是自适应的，依靠表格中的内容来支撑，例如图 7-1 所示的表格。要想更改表格的尺寸，就需要对其应用宽度属性 width 和高度属性 height。接下来对例 7-1 中的表格设置宽度，将第 8 行代码更改如下：

```
<table border="20" cellspacing="20" cellpadding="20" width="600" height=
"600">
```

这时保存 HTML 文件，刷新页面，效果如图 7-6 所示。

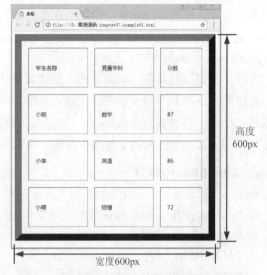

图7-5　设置cellpadding="20"的效果　　　图7-6　设置width="600"和height="600"的效果

在图 7-6 中，表格按设置的宽度为 600px，各单元格的宽高均按一定的比例增加。

注意：当为表格标签<table>同时设置 width、height 和 cellpadding 属性时，cellpadding 的显示效果将不太容易观察，所以一般在未给表格设置宽高的情况下测试 cellpadding 属性。

5. align 属性

align 属性可用于定义元素的水平对齐方式，其可选属性值为 left、center、right。

需要注意的是，当对<table>标签应用 align 属性时，控制的是表格在页面中的水平对齐方式，单元格中的内容不受影响。例如，对例 7-1 中的<table>标签应用 align="center"，则第 8 行代码如下：

```
<table border="20" cellspacing="20" cellpadding="20" width="600" height="600" align="center">
```

保存 HTML 文件，刷新页面，效果如图 7-7 所示。

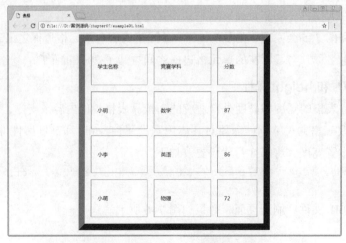

图7-7　设置表格align属性的使用

通过图 7-7 看出，表格位于浏览器的水平居中位置，而单元格中的内容不受影响，位置保持不变。

6. bgcolor 属性

在\<table\>标签中，bgcolor 属性用于设置表格的背景颜色，例如，将例 7-1 中表格的背景颜色设置为灰色，可以将第 8 行代码更改如下：

```
<table border="20" cellspacing="20" cellpadding="20" width="600" height="600" align="center" bgcolor="CCCCCC">
```

保存 HTML 文件，刷新页面，效果如图 7-8 所示。

通过图 7-8 看出，使用 bgcolor 属性后表格内部所有的背景颜色都变为灰色。

7. background 属性

在\<table\>标签中，background 属性用于设置表格的背景图像。例如，为例 7-1 中的表格添加背景图像，则第 8 行代码如下：

```
<table border="20" cellspacing="20" cellpadding="20" width="600" height="600" align="center" bgcolor="#CCCCCC" background="images/1.jpg" >
```

保存 HTML 文件，刷新页面，效果如图 7-9 所示。

图7-8 设置表格bgcolor属性的使用

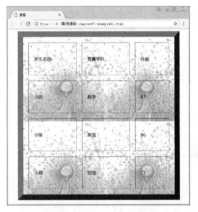

图7-9 设置表格background属性的使用

通过图 7-9 看出，图像在表格中沿着水平和竖直两个方向平铺，充满表格。

7.1.3 \<tr\>标签的属性

通过对\<table\>标签应用各种属性，可以控制表格的整体显示样式，但是制作网页时，有时需要表格中的某一行特殊显示，这时就可以为行标签\<tr\>定义属性，其常用属性如表 7-2 所示。

表 7-2 \<tr\>标签的常用属性

属 性	描 述	常用属性值
height	设置行高度	像素值
align	设置一行内容的水平对齐方式	left、center、right
valign	设置一行内容的垂直对齐方式	top、middle、bottom
bgcolor	设置行背景颜色	预定义的颜色值、十六进制#RGB、rgb(r,g,b)
background	设置行背景图像	url 地址

表 7-2 中列出了<tr>标签的常用属性，其中大部分属性与<table>标签的属性相同，用法类似。为了加深初学者对这些属性的理解，接下来通过一个案例演示行标签<tr>的常用属性效果，如例 7-2 所示。

例 7-2　example02.html

```
1  <!doctype html>
2  <html>
3  <head>
4  <meta charset="utf-8">
5  <title>tr标签的属性</title>
6  </head>
7  <body>
8  <table border="1" width="400" height="240" align="center">
9    <tr height="80" align="center" valign="top" bgcolor="#00CCFF">
10       <td>姓名</td>
11       <td>性别</td>
12       <td>电话</td>
13       <td>住址</td>
14    </tr>
15    <tr>
16       <td>小王</td>
17       <td>女</td>
18       <td>11122233</td>
19       <td>海淀区</td>
20    </tr>
21    <tr>
22       <td>小李</td>
23       <td>男</td>
24       <td>55566677</td>
25       <td>朝阳区</td>
26    </tr>
27    <tr>
28       <td>小张</td>
29       <td>男</td>
30       <td>88899900</td>
31       <td>西城区</td>
32    </tr>
33 </table>
34 </body>
35 </html>
```

在例 7-2 的第 8 行和第 9 行代码中，分别对表格标签<table>和第一个行标签<tr>应用相应的属性，用来控制表格和第一行内容的显示样式。运行例 7-2，效果如图 7-10 所示。

通过图 7-10 看出，表格按设置的宽高显示，且位于浏览器的水平居中位置，其中，第一行内容按

图7-10　行标签的属性使用

照设置的高度显示、文本内容水平居中垂直居上，且添加了背景颜色。

上面通过对行标签<tr>应用属性，可以单独控制表格中一行内容的显示样式。学习<tr>的属性时需要注意以下几点：

- <tr>标签无宽度属性 width，其宽度取决于表格标签<table>。
- 可以对<tr>标签应用 valign 属性，用于设置一行内容的垂直对齐方式。
- 虽然可以对<tr>标签应用 background 属性，但是在<tr>标签中此属性兼容问题严重。

注意：对于<tr>标签的属性了解即可，均可用相应的 CSS 样式属性进行替代。

7.1.4 <td>标签的属性

通过对行标签<tr>应用属性，可以控制表格中一行内容的显示样式。但是，在网页制作过程中，有时仅仅需要对某一个单元格进行控制，这时就可以为单元格标签<td>定义属性，其常用属性如表 7-3 所示。

表 7-3　<td>标签的常用属性

属 性 名	含　义	常用属性值
width	设置单元格的宽度	像素值
height	设置单元格的高度	像素值
align	设置单元格内容的水平对齐方式	left、center、right
valign	设置单元格内容的垂直对齐方式	top、middle、bottom
bgcolor	设置单元格的背景颜色	预定义的颜色值、十六进制#RGB、rgb(r,g,b)
background	设置单元格的背景图像	url 地址
colspan	设置单元格横跨的列数（用于合并水平方向的单元格）	正整数
rowspan	设置单元格竖跨的行数（用于合并竖直方向的单元格）	正整数

表 7-3 中列出了<td>标签的常用属性，其中大部分属性与<tr>标签的属性相同，用法类似。与<tr>标签不同的是，可以对<td>标签应用 width 属性，用于指定单元格的宽度，同时<td>标签还拥有 colspan 和 rowspan 属性，用于对单元格进行合并。

对于<td>标签的 colspan 和 rowspan 属性，初学者可能不是很理解，下面来演示如何使用 rowspan 属性合并竖直方向的单元格，将"出生地"下方的 3 个单元格合并为 1 个单元格，如例 7-3 所示。

例 7-3　example03.html

```
1  <!doctype html>
2  <html>
3  <head>
4  <meta charset="utf-8">
5  <title>单元格的合并</title>
6  </head>
7  <body>
8    <table border="1" width="400" height="240" align="center">
9      <tr height="80" align="center" valign="top" bgcolor="#00CCFF">
```

```
10          <td>姓名</td>
11          <td>性别</td>
12          <td>电话</td>
13          <td>住址</td>
14      </tr>
15      <tr>
16          <td>小王</td>
17          <td>女</td>
18          <td>11122233</td>
19          <td rowspan="3">北京</td>          <!--rowspan设置单元格竖跨的行数-->
20      </tr>
21      <tr>
22          <td>小李</td>
23          <td>男</td>
24          <td>55566677</td>
25                                              <!--删除了<td>朝阳区</td>-->
26      </tr>
27      <tr>
28          <td>小张</td>
29          <td>男</td>
30          <td>88899900</td>
31                                              <!--删除了 <td>西城区</td>-->
32      </tr>
33 </table>
34 </body>
35 </html>
```

在例 7-3 的第 19 行代码中，将<td>标签的 rowspan 属性值设置为 "3"，这个单元格就会竖跨 3 行，同时，由于第 19 行的单元格将占用其下方两个单元格的位置，所以应该注释或删掉其下方的两对<td></td>标签，即注释或删掉第 25 行和 31 行代码。

运行例 7-3，效果如图 7-11 所示。

在图 7-11 中，设置了 rowspan="3"样式的单元格"北京"竖直跨 3 行，占用了其下方两个单元格的位置。

除了竖直相邻的单元格可以合并外，水平相邻的单元格也可以合并，例如将例 7-3 中的"性别"和"年龄"两个单元格合并，只需对第 11 行代码中的<td>标签应用 colspan="2"，同时注释或删掉第 12 行代码即可。

这时，保存 HTML 文件，刷新网页，效果如图 7-12 所示。

图7-11　合并竖列方向的单元格

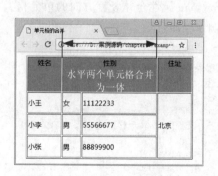

图7-12　合并水平方向相邻的单元格

在图 7-12 中，设置了 colspan="2"样式的单元格"性别"水平跨 2 列，占用了其右方一个单元格的位置。

总结例 7-3，可以得出合并单元格的规则：想合并哪些单元格就注释或删除它们，并在预留的单元格中设置相应的 colspan 或 rolspan 值，这个值即为预留单元格水平跨的列数或竖直跨的行数。

注意：

1. 在<td>标签的属性中，重点掌握 colspan 和 rolspan，其他属性了解即可，不建议使用，均可用 CSS 样式属性替代。

2. 当对某一个<td>标签应用 width 属性设置宽度时，该列中的所有单元格均会以设置的宽度显示。

3. 当对某一个<td>标签应用 height 属性设置高度时，该行中的所有单元格均会以设置的高度显示。

7.1.5 <th>标签

应用表格时经常需要为表格设置表头，以使表格的格式更加清晰，方便查阅。表头一般位于表格的第一行或第一列,其文本加粗居中,如图 7-13 所示。设置表头非常简单，只需用表头标签<th></th>替代相应的单元格标签<td></td>即可。

<th></th>标签与<td></td>标签的属性、用

图7-13　设置了表头的表格

法完全相同，但是它们具有不同的语义。<th></th>用于定义表头单元格，其文本默认加粗居中显示，而<td></td>定义的为普通单元格，其文本为普通文本且水平左对齐显示。

7.2　CSS控制表格样式

除了表格标签自带的属性外，还可用 CSS 的边框、宽高、颜色等来控制表格样式。另外，CSS 中还定义了表格专用属性，以便控制表格样式。

7.2.1　CSS控制表格边框

使用<table>标签的 border 属性可以为表格设置边框，但是这种方式设置的边框效果并不理想，如果要更改边框的颜色，或改变单元格的边框大小，就会很困难。而使用 CSS 边框样式属性 border 可以轻松地控制表格的边框。

接下来通过一个具体的案例演示设置表格边框的具体方法，如例 7-4 所示。

例 7-4　example04.html

```
1 <!doctype html>
2 <html>
3 <head>
```

```
4 <meta charset="utf-8">
5 <title>CSS控制表格边框</title>
6 <style type="text/css">
7 table{
8     width:400px;
9     height:300px;
10    border:1px solid #30F;          /*设置table的边框*/
11}
12th,td{border:1px solid #30F;}        /*为单元格单独设置边框*/
13</style>
14</head>
15<body>
16<table>
17<caption>知识点表格</caption>     <!--caption定义表格的标题-->
18 <tr>
19    <th>知识点编号</th>
20    <th>知识点名称</th>
21    <th>掌握程度</th>
22    <th>重点难点</th>
23 </tr>
24 <tr>
25    <th>1</th>
26    <td>表格</td>
27    <td>掌握</td>
28    <td>重点</td>
29 </tr>
30 <tr>
31    <th>2</th>
32    <td>表单</td>
33    <td>掌握</td>
34    <td>重点</td>
35 </tr>
36 <tr>
37    <th>3</th>
38    <td>表单控件</td>
39    <td>熟悉</td>
40    <td>难点</td>
41 </tr>
42 <tr>
43    <th>4</th>
44    <td>表单新属性</td>
45    <td>了解</td>
46    <td>难点</td>
47 </tr>
48 <tr>
49    <th>5</th>
50    <td>表格的结构</td>
51    <td>掌握</td>
52    <td>难点</td>
53 </tr>
54</table>
55</body>
56</html>
```

在例 7-4 中，定义了一个 6 行 4 列的表格，然后使用内嵌式 CSS 样式表为表格标签<table>

定义宽、高和边框样式，并为单元格单独设置相应的边框。如果只设置<table>样式，则只显示外边框的样式，内部不显示边框。

运行例 7-4，效果如图 7-14 所示。

通过图 7-14 可以发现，单元格与单元格的边框之间存在一定的空白距离。如果要去掉单元格之间的空白距离，得到常见的细线边框效果，就需要使用<table>标签的 border-collapse 属性，使单元格的边框合并，具体代码如下：

```
table{
  width:400px;
  height:300px;
  border:1px solid #30F;        /*设置table的边框*/
  border-collapse:collapse;     /*边框合并*/
}
```

保存 HTML 文件，再次刷新网页，效果如图 7-15 所示。 

图7-14　CSS控制表格边框 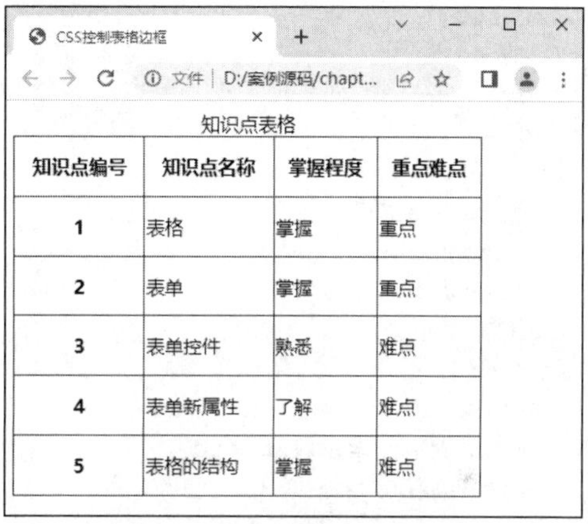　　　　　图7-15　表格的边框合并

通过图 7-15 可以看出，单元格的边框发生了合并，出现了常见的单线边框效果。

注意：

1. border-collapse 属性的属性值除了 collapse（合并）之外，还有一个属性值为 separate（分离），通常表格中边框都默认为 separate。

2. 当表格的 border-collapse 属性设置为 collapse 时，HTML 中设置的 cellspacing 属性值无效。

3. 行标签<tr>无 border 样式属性。

7.2.2　CSS控制单元格边距

使用<table>标签的属性美化表格时，可以通过 cellpadding 和 cellspacing 分别控制单元格内容与边框之间的距离以及相邻单元格边框之间的距离。这种方式与盒子模型中设置内外边距非常类似，那么使用 CSS 对单元格设置内边距 padding 和外边距 margin 样式能不能实现这种效果呢？

新建一个 3 行 3 列的简单表格，使用 CSS 控制表格样式，具体如例 7-5 所示。

例 7-5　example05.html

```
1 <!doctype html>
2 <html>
3 <head>
4 <meta charset="utf-8">
5 <title>CSS控制单元格边距</title>
6 <style type="text/css">
7 table{
8     border:1px solid #30F;     /*设置table的边框*/
9 }
10th,td{
11    border:1px solid #30F;     /*为单元格单独设置边框*/
12    padding:50px;              /*为单元格内容与边框设置20px的内边距*/
13    margin:50px;               /*为单元格与单元格边框之间设置20px的外边距*/
14}
15</style>
16</head>
17<body>
18<table>
19 <tr>
20    <th>书籍名称</th>
21    <th>出版社</th>
22    <th>类型</th>
23 </tr>
24 <tr>
25    <th>《Java基础入门》</th>
26    <td>清华大学出版社</td>
27    <td>编程</td>
28 </tr>
29 <tr>
30    <th>《网页设计与制作项目教程》</th>
31    <td>人民邮电出版社</td>
32    <td>前端</td>
33 </tr>
34</table>
35</body>
36</html>
```

运行例 7-5，效果如图 7-16 所示。

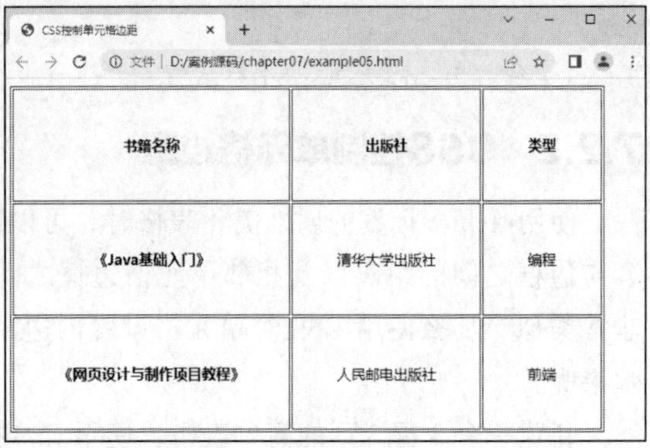

从图 7-16 可以看出，单元格内容与边框之间拉开了一定的距离，但是相邻单元格边框之间的距离没有任何变化，也就是说对单元格设置的外边距属性 margin 没有生效。

总结例 7-5 可以得出，设置单元格内容与边框之间的距离，可以对<th>和<td>标签应用内边距样式属性 padding，或对<table>标签应用 HTML 标签属性 cellpadding。而<th>和<td>标签

图7-16　CSS控制单元格边距

无外边距属性 margin，要想设置相邻单元格边框之间的距离，只能对<table>标签应用 HTML 标签属性 cellspacing。

注意：行标签<tr>无内边距属性 padding 和外边距属性 margin。

7.2.3 CSS控制单元格宽高

单元格的宽度和高度，有着和其他标签不同的特性，主要表现在单元格之间的互相影响上。接下来通过一个具体的案例进行说明，如例 7-6 所示。

例 7-6　example06.html

```
1 <!doctype html>
2 <html>
3 <head>
4 <meta charset="utf-8">
5 <title>CSS控制单元格的宽高</title>
6 <style type="text/css">
7 table{
8    border:1px solid #30F;          /*设置table的边框*/
9    border-collapse:collapse;       /*边框合并*/
10 }
11 th,td{
12    border:1px solid #30F;          /*为单元格单独设置边框*/
13 }
14 .one{ width:100px; height:80px;}   /*定义"东"单元格的宽度与高度*/
15 .two{ height:40px;}                /*定义"西"单元格的高度*/
16 .three{ width:200px; }             /*定义"南"单元格的宽度*/
17 </style>
18 </head>
19 <body>
20 <table>
21  <tr>
22    <td class="one"> A房间</td>
23    <td class="two"> B房间</td>
24  </tr>
25  <tr>
26    <td class="three"> C房间</td>
27    <td class="four"> D房间</td>
28  </tr>
29 </table>
30 </body>
31 </html>
```

在例 7-6 中，定义了一个 2 行 2 列的简单表格，将"A 房间"的宽度和高度设置为 100px 和 80px，同时将"B 房间"单元格的高度设置为 40px，"C 房间"单元格的宽度设置为 200px。

运行例 7-6，效果如图 7-17 所示。

通过图 7-17 看出，"A 房间"单元格和"B 房间"单元格的高度均为 80px，而"A 房间"单元格

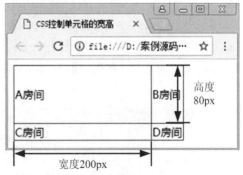

图7-17　CSS控制单元格宽高

和"C 房间"单元格的宽度均为 200px。可见对同一行中的单元格定义不同的高度，或对同一列中的单元格定义不同的宽度时，最终的宽度或高度将取其中的较大者。

7.3　认识表单

表单可以通过网络接收其他用户数据的平台，如注册页面的账户密码输入、网上订货页等，都是以表单的形式来收集用户信息，并将这些信息传递给后台服务器，实现网页与用户间的沟通。本节将对表单进行详细的讲解。

7.3.1　表单的构成

在 HTML 中，一个完整的表单通常由表单控件、提示信息和表单域 3 部分构成，如图 7-18 所示。

对于表单构成中的表单控件、提示信息和表单域的具体解释如下：

图7-18　表单的构成

- 表单控件：包含了具体的表单功能项，如单行文本输入框、密码输入框、复选框、提交按钮、搜索框等。
- 提示信息：一个表单中通常还需要包含一些说明性的文字，提示用户进行填写和操作。
- 表单域：相当于一个容器，用来容纳所有的表单控件和提示信息，可以通过它定义、处理表单数据所用程序的 url 地址以及数据提交到服务器的方法。如果不定义表单域，则表单中的数据无法传送到后台服务器。

7.3.2　创建表单

在 HTML5 中，\<form>\</form>标签被用于定义表单域，即创建一个表单，以实现用户信息的收集和传递，\<form>\</form>中的所有内容都会被提交给服务器。创建表单的基本语法格式如下：

```
<form action="url地址" method="提交方式" name="表单名称">
    各种表单控件
</form>
```

在上面的语法中，\<form>与\</form>之间的表单控件是由用户自定义的，action、method 和 name 为表单标签\<form>的常用属性，分别用于定义 url 地址、提交方式及表单名称（表单中具有 name 属性的元素会将用户填写的内容提交给服务器，这里了解即可）。创建表单的示例代码如下：

```
<form action="http://www.mysite.cn/index.asp" method="post">  <!--表单域-->
    账号：       <!--提示信息-->
    <input type="text" name="zhanghao" />                      <!--表单控件-->
    密码：       <!--提示信息-->
    <input type="password" name="mima" />                      <!--表单控件-->
    <input type="submit" value="提交"/>                        <!--表单控件-->
</form>
```

上述示例代码即为一个完整的表单结构，对于其中的表单标签和标签的属性，在本章后面的小节中将会具体讲解，这里了解即可。示例代码对应效果如图 7-19 所示。

图7-19　创建表单

7.3.3　表单属性

表单拥有多个属性，通过设置表单属性可以实现提交方式、自动完成、表单验证等不同的表单功能，下面将对表单标签的相关属性进行讲解。

1. action 属性

在表单收集到信息后，需要将信息传递给服务器进行处理，action 属性用于指定接收并处理表单数据的服务器程序的 url 地址。例如：

```
<form action="form_action.asp">
```

表示当提交表单时，表单数据会传送到名为 "form_action.asp" 的页面去处理。

action 的属性值可以是相对路径或绝对路径，还可以为接收数据的 E-mail 邮箱地址。例如：

```
<form action=mailto:htmlcss@163.com>
```

表示当提交表单时，表单数据会以电子邮件的形式传递出去。

2. method 属性

method 属性用于设置表单数据的提交方式，其取值为 get 或 post。在 HTML5 中，可以通过 <form>标签的 method 属性指明表单处理服务器数据的方法，示例代码如下：

```
<form action="form_action.asp" method="get">
```

在上面的代码中，get 为 method 属性的默认值，采用 get 方法，浏览器会与表单处理服务器建立连接，然后直接在一个传输步骤中发送所有的表单数据。

如果采用 post 方法，浏览器将会按照下面两步来发送数据。首先，浏览器将与 action 属性中指定的表单处理服务器建立联系；然后，浏览器按分段传输的方法将数据发送给服务器。

另外，采用 get 方法提交的数据将显示在浏览器的地址栏中，保密性差，且有数据量的限制。而 post 方式的保密性好，并且无数据量的限制，所以使用 method="post"可以大量提交数据。

3. name 属性

name 属性用于指定表单的名称，具有 name 属性的元素会将用户填写的内容提交给服务器。

4. autocomplete 属性

autocomplete 属性用于指定表单是否有自动完成功能，所谓"自动完成"，是指将表单控件输入的内容记录下来，当再次输入时，会将输入的历史记录显示在一个下拉列表里，以实现自动完成输入。

autocomplete 属性有两个值，对它们的解释如下：

- on：表单有自动完成功能。
- off：表单无自动完成功能。

autocomplete 属性示例代码如下：

```
<form id="formBox" autocomplete="on">
```

值得一提的是，autocomplete 属性不仅可以用于<form>标签，还可以用于所有输入类型的<input />标签。

5. novalidate 属性

novalidate 属性指定在提交表单时取消对表单进行有效的检查。为表单设置该属性时，可以关闭整个表单的验证，这样可以使<form>标签内的所有表单控件不被验证，示例代码如下：

```
<form action="form_action.asp" method="get" novalidate="true">
```

上述示例代码对 form 标签应用 "novalidate="true"" 样式，以取消表单验证。

注意：<form>标签的属性并不会直接影响表单的显示效果。要想让一个表单有意义，就必须在<form>与</form>之间添加相应的表单控件。

▌7.4　表单控件

学习表单的核心就是学习表单控件，HTML 语言提供了一系列的表单控件，用于定义不同的表单功能，如密码输入框、文本域、下拉列表、复选框等，本节将对这些表单控件进行详细的讲解。

7.4.1　input控件

浏览网页时经常会看到单行文本输入框、单选按钮、复选框、提交按钮、重置按钮等，要想定义这些元素就需要使用 input 控件，其基本语法格式如下：

```
<input type="控件类型"/>
```

在上面的语法中，<input />标签为单标签，type 属性为其最基本的属性，其取值有多种，用于指定不同的控件类型。除了 type 属性之外，<input />标签还可以定义很多其他属性，其常用属性如表 7-4 所示。

表 7-4　<input />标签的常用属性

属　　性	属　性　值	描　　述
type	text	单行文本输入框
	password	密码输入框
	radio	单选按钮
	checkbox	复选框
	button	普通按钮
	submit	提交按钮
	reset	重置按钮
	image	图像形式的提交按钮
	hidden	隐藏域

续表

属　　性	属　性　值	描　　述
type	file	文件域
	email	E-mail 地址的输入域
	url	URL 地址的输入域
	number	数值的输入域
	range	一定范围内数字值的输入域
	Date pickers (date, month, week, time, datetime, datetime-local)	日期和时间的输入类型
	search	搜索域
	color	颜色输入类型
	tel	电话号码输入类型
name	由用户自定义	控件的名称
value	由用户自定义	input 控件中的默认文本值
size	正整数	input 控件在页面中的显示宽度
readonly	readonly	该控件内容为只读（不能编辑修改）
disabled	disabled	第一次加载页面时禁用该控件（显示为灰色）
checked	checked	定义选择控件默认被选中的项
maxlength	正整数	控件允许输入的最多字符数
autocomplete	on/off	设定是否自动完成表单字段内容
autofocus	autofocus	指定页面加载后是否自动获取焦点
form	form 元素的 id	设定字段隶属于哪一个或多个表单
list	datalist 元素的 id	指定字段的候选数据值列表
multiple	multiple	指定输入框是否可以选择多个值
min、max 和 step	数值	规定输入框所允许的最大值、最小值及间隔
pattern	字符串	验证输入的内容是否与定义的正则表达式匹配
placeholder	字符串	为 input 类型的输入框提供一种提示
required	required	规定输入框填写的内容不能为空

7.4.2　<input />标签的type属性

在 HTML5 中，<input>元素拥有多个 type 属性值，用于定义不同的控件类型。下面对不同的 input 控件进行讲解。

1.　单行输入框< input type="text"/ >

单行文本输入框常用来输入简短的信息，如用户名、账号等，常用的属性有 name、value、maxlength。

2.　密码输入框< input type="password"/ >

密码输入框用来输入密码，其内容将以圆点的形式显示。

3.　单选按钮<input type="radio" />

单选按钮用于单项选择，如选择性别、是否操作等。需要注意的是，在定义单选按钮时，必须为同一组中的选项指定相同的 name 值，这样"单选"才会生效。此外，可以对单选按钮应用 checked 属性，指定默认选中项。

4. 复选框<input type="checkbox" />

复选框常用于多项选择，如个人调查问卷中的兴趣、爱好等，可对其应用 checked 属性，指定默认选中项。

5. 普通按钮<input type="button" />

普通按钮常常配合 JavaScript 脚本语言使用，初学者了解即可。

6. 提交按钮<input type="submit" />

提交按钮是表单中的核心控件，用户完成信息的输入后，一般都需要单击提交按钮才能完成表单数据的提交。可以对其应用 value 属性，改变提交按钮上的默认文本。

7. 重置按钮<input type="reset" />

当用户输入的信息有误时，可单击重置按钮取消已输入的所有表单信息。可以对其应用 value 属性，改变重置按钮上的默认文本。

8. 图像形式的提交按钮<input type="image" />

图像形式的提交按钮与普通的提交按钮在功能上基本相同，只是它用图像替代了默认的按钮，外观上更加美观。需要注意的是，必须为其定义 src 属性指定图像的 url 地址。

9. 隐藏域<input type=" hidden" />

隐藏域对于用户是不可见的，通常用于后台的程序，初学者了解即可。

10. 文件域<input type="file" />

当定义文件域时，页面中将出现一个"选择文件"的按钮和提示信息文本，用户可以通过单击按钮然后直接选择文件的方式，将文件提交给后台服务器。

了解<input />标签中的多个 type 属性值之后，接下来通过一个案例演示它们的用法和效果，如例 7-7 所示。

例 7-7　example07.html

```
1 <!doctype html>
2 <html>
3 <head>
4 <meta charset="utf-8">
5 <title>input控件</title>
6 </head>
7 <body>
8 <form action="#" method="post">
9 用户名:                 <!--text单行文本输入框-->
10<input type="text" value="张三" maxlength="6" /><br /><br />
11密码:                  <!--password密码输入框-->
12<input type="password" size="40" /><br /><br />
13性别:                  <!--radio单选按钮-->
```

```
14<input type="radio" name="sex" checked="checked" />男
15<input type="radio" name="sex" />女<br /><br />
16兴趣:                      <!--checkbox复选框-->
17<input type="checkbox" />唱歌
18<input type="checkbox" />跳舞
19<input type="checkbox" />游泳<br /><br />
20上传头像:
21<input type="file" /><br /><br />           <!--file文件域-->
22<input type="submit" />                     <!--submit提交按钮-->
23<input type="reset" />                      <!--reset重置按钮-->
24<input type="button" value="普通按钮" />     <!--button普通按钮-->
25<input type="image" src="images/2.jpg" />  <!--image图像域-->
26<input type="hidden" />                     <!--hidden隐藏域-->
27</form>
28</body>
29</html>
```

在例 7-7 中，通过对<input />元素应用不同的 type 属性值，来定义不同类型的 input 控件，并对其中的一些控件应用<input />标签的其他可选属性。例如，在第 10 行代码中，通过 maxlength 和 value 属性定义单行文本输入框中允许输入的最多字符数和默认显示文本；在第 12 行代码中，通过 size 属性定义密码输入框的宽度；在第 14 行代码中，通过 name 和 checked 属性定义单选按钮的名称和默认选中项。

运行例 7-7，效果如图 7-20 所示。

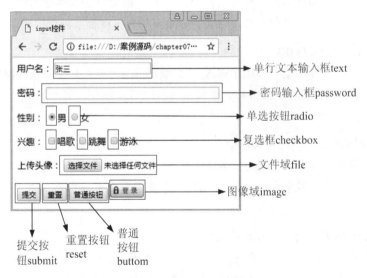

图7-20　input控件效果展示

在图 7-20 中，不同类型的 input 控件外观不同，当对它们进行具体的操作时，如输入用户名和密码、选择性别和兴趣等，显示的效果也不一样。例如，当在密码输入框中输入内容时，其中的内容将以圆点的形式显示，而不会像用户名中的内容一样显示为明文，如图 7-21 所示。

图7-21　密码框中内容显示为圆点

值得一提的是，<input />控件也常常联合<label>标签一起使用，以扩大控件的选择范围，从而提供更好的用户体验。例如在选择性别时，不仅只依靠单击单选按钮才能选中，同时也希望单击提示文字"男"或者"女"时可以选中相应的单选按钮。

接下来在例 7-7 的基础上，重新编辑第 14 行和第 15 行代码，来演示<label>标签在 input 控件中的使用，示例代码如下：

```
<input type="radio" name="sex" checked="checked" id="man" /><label for="man">男</label>
<input type="radio" name="sex" id="woman"/><label for="woman">女</label>
```

保存 HTML 页面，再次刷新网页。通过鼠标单击测试可以发现，只要单击性别中的"男"和"女"文字就可以选中按钮。

注意：使用<label>标签包裹表单中的文本信息，并且将其 for 属性的值设置为相应表单控件的 id 名称，这样<label>标签标注的内容就绑定到了指定 id 的表单控件上，当单击<label>标签中的内容时，相应的表单控件就会处于选中状态。

11. email 类型< input type="email" />

email 类型的<input />标签是一种专门用于输入 E-mail 地址的文本输入框，用来验证 email 输入框的内容是否符合 E-mail 邮件地址格式；如果不符合，将提示相应的错误信息。

12. url 类型<input type="url" />

url 类型的<input />标签是一种用于输入 URL 地址的文本框。如果所输入的内容是 URL 地址格式的文本，则会提交数据到服务器；如果输入的值不符合 URL 地址格式，则不允许提交，并且会有提示信息。

13. tel 类型<input type="tel" />

tel 类型用于提供输入电话号码的文本框，由于电话号码的格式千差万别，很难实现一个通用的格式。因此，tel 类型通常会和 pattern 属性配合使用，关于 pattern 属性将在下面的小节中进行讲解。

14. search 类型<input type="search" />

search 类型是一种专门用于输入搜索关键词的文本框，它能自动记录一些字符，例如站点搜索或者 Google 搜索。在用户输入内容后，其右侧会附带一个删除图标，单击这个图标按钮可以快速清除内容。

15. color 类型<input type="color" />

color 类型用于提供设置颜色的文本框，用于实现一个 RGB 颜色输入。其基本形式是 #RRGGBB，默认值为#000000，通过 value 属性值可以更改默认颜色。单击 color 类型文本框，可以快速打开拾色器面板，方便用户可视化选取一种颜色。

16. number 类型<input type="number" />

number 类型的<input />标签用于提供输入数值的文本框。在提交表单时，会自动检查该输入框中的内容是否为数字。如果输入的内容不是数字或者数字不在限定范围内，则会出现错误提示。

number 类型的输入框可以对输入的数字进行限制，规定允许的最大值和最小值、合法的数字间隔或默认值等。具体属性说明如下：

- value：指定输入框的初始值。
- max：指定输入框可以接收的最大的输入值。
- min：指定输入框可以接收的最小的输入值。
- step：输入域合法的数字间隔，如果不设置，默认值是 1。

17. range 类型<input type="range" />

range 类型的<input />标签用于提供一定范围内数值的输入范围，在网页中显示为滑动条，如图 7-22 所示。它的常用属性与 number 类型一样，通过 min 属性和 max 属性，可以设置最小值与最大值，通过 step 属性指定每次滑动的步幅。如果想要改变 range 的 value 值时，则可以通过直接拖动滑动块或者单击滑动条来改变。

图7-22　滑动条

18. Date pickers 类型<input type= date, month, week..." />

Date pickers 类型是指时间日期类型，HTML5 中提供了多个可供选取日期和时间的输入类型，用于验证输入的日期，具体如表 7-5 所示。

表 7-5　时间和日期类型

时间和日期类型	描　　　述
date	选取日、月、年
month	选取月、年
week	选取周、年
time	选取时间（小时和分钟）
datetime	选取时间、日、月、年（UTC 时间）
datetime-local	选取时间、日、月、年（本地时间）

在表 7-5 中，UTC 是 Universal Time Coordinated 的英文缩写，即"协调世界时"，又称世界标准时间。简单地说，UTC 时间就是 0 时区的时间。例如，如果北京时间为早上 8 点，则 UTC 时间为 0 点，即 UTC 时间比北京时间晚 8 小时。

用户可以直接向输入框中输入内容，也可以单击输入框之后的按钮进行选择。例如，当单击选取年、月、日的时间日期按钮时，效果如图 7-23 所示。选取年和周的时间日期类型按钮时，效果如图 7-24 所示。

图7-23　选取日、月、年的时间日期类型　　　　图7-24　选取周和年的时间日期类型

注意：对于浏览器不支持的<input />标签输入类型，则会在网页中显示为一个普通输入框。

7.4.3　<input />标签的其他属性

<input />标签不仅仅只有 type 属性，还有 autofocus 属性、form 属性、list 属性、multiple 等属性，具体介绍如下：

1. autofocus 属性

在访问百度主页时，页面中的文字输入框会自动获得光标焦点，以方便输入关键词。在HTML5 中，autofocus 属性用于指定页面加载后是否自动获取焦点，将标签的属性值设置为 true 时，表示页面加载完毕后会自动获取该焦点。

2. form 属性

在 HTML5 之前，如果用户要提交一个表单，必须把相关的控件标签都放在表单内部，即<form>和</form>标签之间。在提交表单时，会将页面中不是表单子标签的控件直接忽略掉。

HTML5 中的 form 属性，可以把表单内的子标签写在页面中的任一位置，只需为这个标签指定 form 属性并设置属性值为该表单的 id 即可。此外，form 属性还允许规定一个表单控件从属于多个表单。

接下来通过一个案例演示 form 属性的使用，如例 7-8 所示。

例 7-8　example08.html

```
1 <!doctype html>
2 <html>
3 <head>
4 <meta charset="utf-8">
5 <title>form属性的使用</title>
6 </head>
7 <body>
8 <form action="#" method="get" id="user_form">
9 请输入您的姓名: <input type="text" name="first_name"/>
10<input type="submit" value="提交"/>
11</form>
12<p>下面的输入框在form标签外，但因为指定了form属性为表单的id，所以该输入框仍然属于表单的一部分。</p>
13 请输入您的昵称: <input type="text" name="last_name" form="user_form"/><br>
14</body>
15</html>
```

在例 7-8 中，分别添加两个<input />标签，并且第二个<input />标签不在<form> </form>标签中。另外，指定第二个<input />标签的 form 属性值为该表单的 id。

此时，如果在输入框中分别输入姓名和昵称，则 first_name 和 last_name 将分别被赋值为输入的值。例如，在姓名处输入"键盘"，昵称处输入"鼠标"，效果如图 7-25 所示。

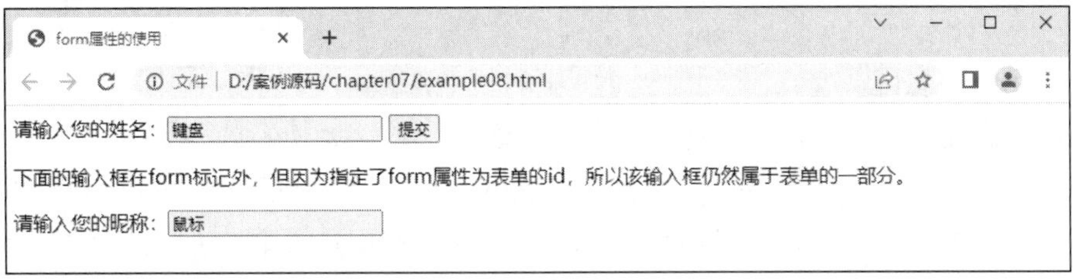

图7-25　form属性的使用

单击"提交"按钮，在浏览器的地址栏中可以看到"first_name=键盘&last_name=鼠标#"的字样，表示服务器端接收到"name="键盘""和"name="鼠标""的数据，如图 7-26 所示。

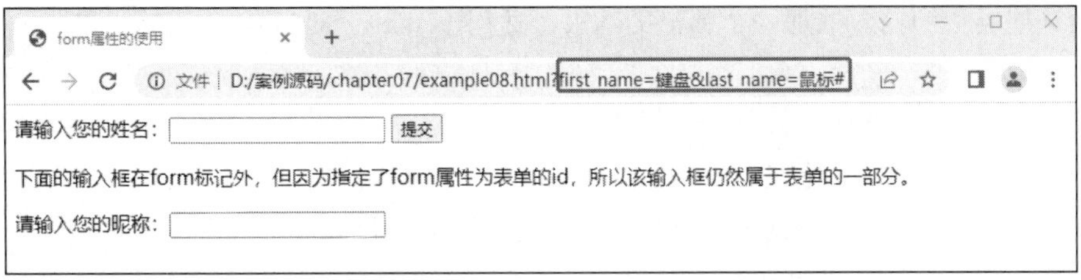

图7-26　地址中提交的数据

注意：form 属性适用于所有的 input 输入类型。在使用时，只需引用所属表单的 id 即可。

3. list 属性

list 属性用于指定输入框所绑定的<datalist>标签，其属性值是某个<datalist>标签的 id。下面通过一个案例进一步学习 list 属性的使用，如例 7-9 所示。

例 7-9　example09.html

```
1  <!doctype html>
2  <html>
3  <head>
4  <meta charset="utf-8">
5  <title>list属性的使用</title>
6  </head>
7  <body>
8  <form action="#" method="get">
9  请输入网址<input type="url" list="url_list" name="weburl"/>
10 <datalist id="url_list">
11 <option label="百度" value="https://www.baidu.com/"></option>
12 <option label="博学谷" value="https://www.boxuegu.com/"></option>
13 <option label="新浪" value="http://www.sina.com.cn/"></option>
14 </datalist>
15 <input type="submit" value="提交"/>
16 </form>
17 </body>
18 </html>
```

在例 7-9 中，分别向表单中添加<input />和<datalist>标签，并且将<input />标签的 list 属性指定为<datalist>标签的 id 值。

运行例 7-9，双击输入框就会弹出已定义的网址列表，效果如图 7-27 所示。

图7-27　list属性的使用

4. multiple 属性

multiple 属性指定输入框可以选择多个值，该属性适用于 email 和 file 类型的<input />标签。multiple 属性用于 email 类型的<input />标签时，表示可以向文本框中输入多个 E-mail 地址，多个地址之间通过逗号隔开；multiple 属性用于 file 类型的<input />标签时，表示可以选择多个文件。

5. min、max 和 step 属性

HTML5 中的 min、max 和 step 属性用于为包含数字或日期的<input />输入类型规定限值，也就是给这些类型的输入框加一个数值的约束，适用于 date、pickers、number 和 range 标签。具体属性说明如下：

- max：规定输入框所允许的最大输入值。
- min：规定输入框所允许的最小输入值。
- step：为输入框规定合法的数字间隔，如果不设置，默认值是 1。

由于前面介绍<input />标签的 number 类型时，已经讲解过 min、max 和 step 属性的使用，这里不再举例说明。

6. pattern 属性

pattern 属性用于验证<input />类型输入框中，用户输入的内容是否与所定义的正则表达式相匹配。pattern 属性适用于的类型是 text、search、url、tel、email 和 password 的<input/>标签。常用的正则表达式如表 7-6 所示。

表 7-6　常用的正则表达式和说明

正则表达式	描　　述
^[0-9]*$	数字
^\d{n}$	n 位的数字
^\d{n,}$	至少 n 位的数字
^\d{m,n}$	m-n 位的数字
^(0|[1-9][0-9]*)$	零和非零开头的数字
^([1-9][0-9]*)+(.[0-9]{1,2})?$	非零开头的最多带两位小数的数字
^(\-|\+)?\d+(\.\d+)?$	正数、负数、和小数
^\d+$ 或 ^[1-9]\d*|0$	非负整数
^-[1-9]\d*|0$ 或 ^((-\d+)|(0+))$	非正整数
^[\u4e00-\u9fa5]{0,}$	汉字
^[A-Za-z0-9]+$ 或 ^[A-Za-z0-9]{4,40}$	英文和数字
^[A-Za-z]+$	由 26 个英文字母组成的字符串

续表

正则表达式	描 述
^[A–Za–z0–9]+$	由数字和 26 个英文字母组成的字符串
^\w+$ 或 ^\w{3,20}$	由数字、26 个英文字母或者下画线组成的字符串
^[\u4E00–\u9FA5A–Za–z0–9_]+$	中文、英文、数字包括下画线
^\w+([-+.]\w+)*@\w+([-.]\w+)*\.\w+([-.]\w+)*$	E-mail 地址
[a–zA–z]+://[^\s]*或 ^http://([\w–]+\.)+[\w–]+(/([\w–./?%&=]*)?$	URL 地址
^\d{15}|\d{18}$	身份证号（15 位、18 位数字）
^([0-9]){7,18}(x|X)?$ 或 ^\d{8,18}|[0-9x]{8,18}|[0-9X]{8,18}?$	以数字、字母 x 结尾的短身份证号码
^[a–zA–Z][a–zA–Z0–9_]{4,15}$	账号是否合法（字母开头，允许 5 ~ 16 字节，允许字母数字下画线）
^[a–zA–Z]\w{5,17}$	密码（以字母开头，长度在 6~18 之间，只能包含字母、数字和下画线）

7. placeholder 属性

placeholder 属性用于为输入框提供相关提示信息，以描述输入框期待用户输入何种内容。在输入框为空时显式出现，而当输入框获得焦点时则会消失。

注意：placeholder 属性适用于 type 属性值为 text、search、url、tel、email 以及 password 的<input />标签。

8. required 属性

HTML5 中的输入类型，会自动判断用户是否在输入框中输入了内容，如果开发者要求输入框中的内容是必须填写的，那么需要为<input />标签指定 required 属性。required 属性用于规定输入框填写的内容不能为空，否则不允许用户提交表单，具体示例代码如下：

```
<input type="text" name="bank_card" required="required" />
```

在上述代码中，required 属性值为它本身。

7.4.4 textarea控件

当定义 input 控件的 type 属性值为 text 时，可以创建一个单行文本输入框。但是，如果需要输入大量的信息，单行文本输入框就不再适用，为此 HTML 语言提供了<textarea></textarea>标签。通过 textarea 控件可以轻松地创建多行文本输入框，其基本语法格式如下：

```
<textarea cols="每行中的字符数" rows="显示的行数">
    文本内容
</textarea>
```

在上述代码中，cols 和 rows 为<textarea>标签的必须属性，其中 cols 用来定义多行文本输入框每行中的字符数，rows 用来定义多行文本输入框显示的行数，它们的取值均为正整数。

值得一提的是，<textarea>标签除了 cols 和 rows 属性外，还拥有几个可选属性，分别为 disabled、name 和 readonly，如表 7-7 所示。

表 7-7　textarea 可选属性

属　　性	属　性　值	描　　　述
name	由用户自定义	控件的名称
readonly	readonly	该控件内容为只读（不能编辑修改）
disabled	disabled	第一次加载页面时禁用该控件（显示为灰色）

下面通过示例代码说明\<textarea\>标签的使用方法：

```
<form action="#" method="get">
文明上网理性发言<br />
<textarea cols="60" rows="6">
说两句吧...
</textarea><br />
<input type="submit" value="提交"/>
</form>
```

在上述代码中，通过\<textarea\>\</textarea\>标签定义一个多行文本输入框，并对其应用 clos 和 rows 属性来设置多行文本输入框每行中的字符数和显示的行数。示例代码对应效果如图 7-28 所示。

在图 7-28 中，出现了一个多行文本输入框，用户可以对其中的内容进行编辑和修改。

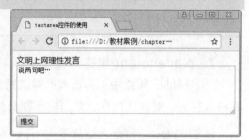

图7-28　textarea控件的使用

注意：各浏览器对 cols 和 rows 属性的理解不同，当对 textarea 控件应用 cols 和 rows 属性时，多行文本输入框在各浏览器中的显示效果可能会有差异。所以在实际工作中，更常用的方法是使用 CSS 的 width 和 height 属性来定义多行文本输入框的宽高。

7.4.5　select控件

浏览网页时，经常会看到包含多个选项的下拉菜单，例如选择所在的城市、出生年月、兴趣爱好等。图 7-29 所示即为一个下拉菜单，当单击下拉符号"▼"时，会出现一个选择列表。要想制作这种下拉菜单效果，就需要使用 select 控件。

图7-29　下拉菜单

使用\<select\>标签定义下拉菜单的基本语法格式如下：

```
<select>
    <option>选项1</option>
    <option>选项2</option>
    <option>选项3</option>
    ...
</select>
```

在上面的语法中，\<select\>\</select\>标签用于在表单中添加一个下拉菜单，\<option\>\</option\>标签嵌套在\<select\>\</select\>标签中，用于定义下拉菜单中的具体选项，每对\<select\>\</select\>中至少应包含一对\<option\>\</option\>。

值得一提的是，在 HTML 中，可以为\<select\>和\<option\>标签定义属性，以改变下拉菜单的外观显示效果，具体如表 7-8 所示。

表 7-8 <select>和<option>标签的常用属性

标 记 名	常 用 属 性	描 述
<select>	size	指定下拉菜单的可见选项数（取值为正整数）
	multiple	定义 multiple="multiple"时，下拉菜单将具有多项选择的功能，方法为按住【Ctrl】键的同时选择多项
<option>	selected	定义 selected =" selected "时，当前项即为默认选中项

在实际网页制作过程中，有时候需要对下拉菜单中的选项进行分组，这样当存在很多选项时，要想找到相应的选项就会更加容易。图 7-30 所示即为选项分组后的下拉菜单中选项的展示效果。

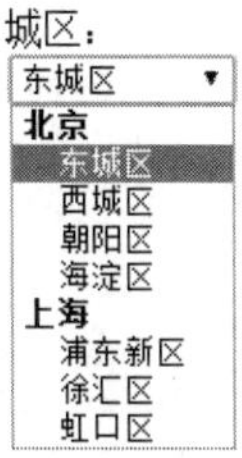

图7-30 选项分组后的
下拉菜单选项展示

要想实现如图 7-30 所示的效果，可以在下拉菜单中使用 <optgroup></optgroup>标签，具体示例代码如下：

```
选择地址:
<select>
    <optgroup label="省">
      <option>河北省</option>
    </optgroup>
    <optgroup label="市">
      <option>秦皇岛市</option>
    </optgroup>
     <optgroup label="县">
      <option>卢龙县</option>
      <option>青龙县</option>
    </optgroup>
    <optgroup label="镇">
      <option>潘庄镇</option>
      <option>燕河营镇</option>
      <option>…</option>
      <option>刘田庄镇</option>
    </optgroup>
  </select>
```

示例代码对应效果如图 7-31 所示；当单击下拉符号"▼"时，效果如图 7-32 所示，下拉菜单中的选项被清晰地分组了。

选择地址: 河北省 ▼

图7-31 选项分组后的下拉菜单1

图7-32 选项分组后的下拉菜单2

7.4.6　datalist控件

datalist 控件用于定义输入框的选项列表，列表通过<datalist>标签内的<option>标签进行创建。如果用户不希望从列表中选择某项，也可以自行输入其他内容。<datalist>标签通常与<input>标签配合使用，来定义 input 的取值。

在使用<datalist>标签时，需要通过 id 属性为其指定一个唯一的标识。当为<input />标签指定的 list 属性值与<datalist>标签的 id 属性值一致时，才能让两个标签内容组合在一起。具体示例代码如下：

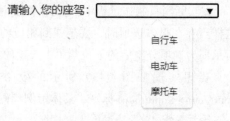

```
请输入您的座驾: <input type="text" list=
"namelist" />
<datalist id="namelist">
    <option>自行车</option>
    <option>电动车</option>
    <option>摩托车</option>
</datalist>
```

示例代码对应效果如图 7-33 所示。

图7-33　datalist控件的使用

7.5　CSS控制表单样式

使用表单的目的是为了提供更好的用户体验，在网页设计时，不仅需要设置表单相应的功能，而且希望表单控件的样式更加美观。使用 CSS 可以轻松控制表单控件的样式。本节将通过一个具体的案例来讲解 CSS 对表单样式的控制，其效果如图 7-34 所示。

图7-34　CSS控制表单样式效果图

图 7-34 所示的表单界面内部可以分为左右两部分，其中左边为提示信息，右边为表单控件。可以通过在<p>标签中嵌套<span>标签和<input />标签进行布局。HTML 结构代码如例 7-10 所示。

例 7-10　　example10.html

```
1 <!doctype html>
2 <html>
3 <head>
4 <meta charset="utf-8">
5 <title>CSS控制表单样式</title>
6 <link href="style.css" type="text/css" rel="stylesheet" />
7 </head>
```

```
8 <body>
9 <form action="#" method="post">
10  <p>
11    <span>账号: </span>
12    <input type="text" name="username" class="num" pattern="^[a-zA-Z][a-zA-
Z0-9_]{4,15}$" />
13  </p>
14  <p>
15    <span>密码: </span>
16    <input type="password" name="pwd" class="pass" pattern="^[a-zA-Z]\w{5,
17}$"/>
17  </p>
18  <p>
19    <input type="button" class="btn01" value="登录"/>
20  </p>
21</form>
22</body>
23</html>
```

在例 7-10 中，使用表单<form>嵌套<p>标签进行
整体布局，并分别使用<span>标签和<input />标签来定
义提示信息及不同类型的表单控件。

运行例 7-10，效果如图 7-35 所示。

在图 7-35 中，出现了具有相应功能的表单控件。
为了使表单界面更加美观，接下来引入外链式 CSS 样
式表对其进行修饰，CSS 样式表中的具体代码如下：

图7-35 搭建表单界面的结构

```
1 @charset "utf-8";
2 /* CSS Document */
3 body{font-size:18px; font-family:"微软雅黑"; background:url(images/timg.jpg)
no-repeat top center; color:#FFF;}
4 form,p{ padding:0; margin:0; border:0;}      /*重置浏览器的默认样式*/
5 form{
6    width:420px;
7    height:200px;
8    padding-top:60px;
9    margin:250px auto;                          /*使表单在浏览器中居中*/
10   background:rgba(255,255,255,0.1);           /*为表单添加背景颜色*/
11   border-radius:20px;
12   border:1px solid rgba(255,255,255,0.3);
13}
14p{
15   margin-top:15px;
16   text-align:center;
17}
18p span{
19   width:60px;
20   display:inline-block;
21   text-align:right;
```

```
22}
23.num,.pass{                    /*对文本框设置共同的宽、高、边框、内边距*/
24  width:165px;
25  height:18px;
26  border:1px solid rgba(255,255,255,0.3);
27   padding:2px 2px 2px 22px;
28  border-radius:5px;
29  color:#FFF;
30}
31.num{                          /*定义第一个文本框的背景、文本颜色*/
32  background:url(images/3.png) no-repeat 5px center rgba(255,255,255,0.1);
33}
34.pass{                         /*定义第二个文本框的背景*/
35   background: url(images/4.png) no-repeat 5px center rgba(255,255,255,0.1);
36}
37.btn01{
38  width:190px;
39  height:25px;
40  border-radius:3px;           /*设置圆角边框*/
41  border:2px solid #000;
42  margin-left:65px;
43  background:#57b2c9;
44  color:#FFF;
45  border:none;
46}
```

保存文件，刷新页面，效果如图 7-34 所示。

在例 7-10 中，使用 CSS 轻松实现了对表单控件的字体、边框、背景和内边距的控制。

▌习题

一、判断题

1. 通过 cellpadding 可以控制单元格内容与边框之间的距离。　　　　　　（　　）

2. <td></td>用于定义表格中的单元格，必须嵌套在<tr></tr>标签中。　　（　　）

3. HTML 语言提供了一系列的表单控件，用于定义不同的表单功能，如密码输入框、文本域、下拉列表、复选框等。（　　）

4. 使用 input 控件可以定义文本输入框、单选按钮、复选框、提交按钮、重置按钮。（　　）

5. 默认情况下，表格的宽度和高度必须依靠 width 属性和 height 属性进行设定。（　　）

二、选择题

1. （单选）下列选项中，表头标签正确的是（　　）。

　A. <tr></tr>　　　　　　B. <td></td>　　　　　C. <thead></thead>　　D. <th></th>

2. （多选）下列选项中，属于表格基本标签的是（　　）。

　A. <table></table>　　B. <tr></tr>　　　　　C. <td></td>　　　　　D. <dd></dd>

3. （多选）下列选项中，属于表单构成的是（　　）。

　　A．表单控件　　　　　　B．视频信息　　　　　C．提示信息　　　　　　D．表单域

4．（多选）下列选项中，关于表单描述正确的是（　　　）。

　　A．表单标签是<form></form>　　　　　　　B．表单可以实现用户信息的收集和传递

　　C．表单中的所有内容都会被提交给服务器　　D．表单中的控件可以自定义

5．（多选）下列选项中，属于表单标签属性的是（　　　）。

　　A．action　　　　　　　B．method　　　　　　C．name　　　　　　　D．class

三、简答题

1．简要描述表格的基本语法格式。

2．简要描述表单的基本语法格式。

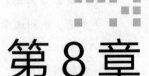

第8章
运用浮动和定位布局网页

学习目标

- 掌握标签的浮动属性，能够为标签设置和清除浮动。
- 掌握标签的定位属性，能够理解不同类型定位之间的差别。
- 掌握 div+css 的布局技巧，能够运用 div+css 为网页布局。

在网页设计中，如果按照从上到下的默认方式进行排版，网页版面看起来会显得单调、混乱。这时就可以运用 div+css 对页面进行布局，将各部分模块有序排列，使网页的排版变得丰富、美观。什么是 div+css 布局？该如何运用 div+css 布局呢？本章将对 div+css 布局的相关知识进行具体讲解。

▌ 8.1 布 局 概 述

读者在阅读报纸时会发现，虽然报纸中的内容很多，但是经过合理的排版，版面依然清晰、易读，例如图 8-1 所示的报纸排版。同样，在制作网页时，也需要对网页进行"排版"。网页的"排版"主要是通过布局来实现的。在网页设计中，布局是指对网页中的模块进行合理的排布，使页面排列清晰、美观易读。

网页设计中布局主要依靠 div+css 技术来实现。说到 div 大家肯定非常熟悉，但是在本章它不仅指前面讲到过的<div>标签，还包括所有能

图8-1　报纸排版

够承载内容的容器标签（如 p、li 等）。在 div+css 布局技术中，div 负责内容区域的分配，css 负责样式效果的呈现，因此网页中的布局，也常被称作 div+css 布局。

需要注意的是，为了提高网页制作的效率，布局时通常需要遵循一定的布局流程，具体如下：

1）确定页面的版心宽度

"版心"一般在浏览器窗口中水平居中显示，常见的宽度值为 960px、980px、1000px、1200px 等（关于"版心"的知识，在本书第 1 章已做过介绍，这里不再赘述）。

2）分析页面中的模块

在运用 CSS 布局之前，首先要对页面有一个整体的规划，包括页面中有哪些模块，以及模块之间关系（关系分为并列关系和包含关系）。例如，图 8-2 所示为最简单的页面布局，该页面主要由头部（header）、导航栏（nav）、焦点图（banner）、内容（content）、页面底部（footer）五部分组成。

图8-2　页面模块分析

3）控制网页的各个模块

当分析完页面模块后，就可以运用盒子模型的原理，通过 div+css 布局来控制网页的各个模块。初学者在制作网页时，一定要养成分析页面布局的习惯，这样可以提高网页制作的效率。

8.2 布局常用属性

在使用 div+css 进行网页布局时，经常会使用一些属性对标签进行控制，常见的属性有浮动属性（float 属性）和定位属性（position 属性）。接下来，本节将对这两种布局常用属性进行具体介绍。

8.2.1 标签的浮动属性

初学者在设计一个页面时，默认的排版方式是将页面中的标签从上到下一一罗列。例如，图 8-3 展示的就是采用默认排版方式的效果。

通过这样的布局制作出来的页面看起参差不齐。然而大家在浏览网页时，会发现页面中的标签通常会按照左、中、右的结构进行排版，如图 8-4 所示。

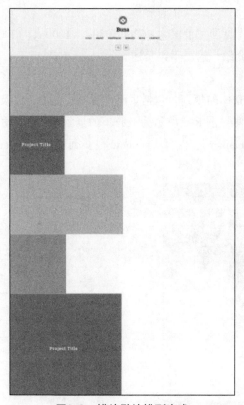

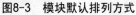

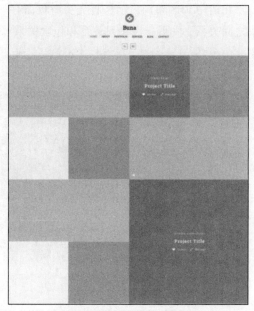

图8-3　模块默认排列方式　　　　　　　　　图8-4　模块浮动后的排列方式

通过这样的布局，页面会变得整齐。想要实现图 8-4 所示的效果，就需要为标签设置浮动属性。下面将对浮动属性的相关知识进行详细讲解。

1. 认识浮动

浮动作为 CSS 的重要属性，被频繁地应用在网页制作中，它是指设置了浮动属性的标签会脱离标准文档流（标准文档流是指内容元素排版布局过程中，会自动从左往右、从上往下进行流式排列）的控制，移动到其父标签中指定位置的过程。在 CSS 中，通过 float 属性来定义浮动，定义浮动的基本语法格式如下。

选择器{float:属性值;}

在上面的语法中，常用的 float 属性值有 3 个，具体如表 8-1 所示。

表 8-1　float 的常用属性值

属　性　值	描　　　述
left	标签向左浮动
right	标签向右浮动
none	标签不浮动（默认值）

了解 float 属性的属性值及含义之后，接下来通过一个案例学习 float 属性的用法，如例 8-1 所示。

例 8-1　example01.html

```
1 <!doctype html>
2 <html>
3 <head>
4 <meta charset="utf-8">
5 <title>标签的浮动</title>
6 <style type="text/css">
7 .father{                            /*定义父标签的样式*/
8    background:#eee;
9    border:1px dashed #999;
10 }
11 .box01,.box02,.box03{               /*定义box01、box02、box03三个盒子的样式*/
12    height:50px;
13    line-height:50px;
14    border:1px dashed #999;
15    margin:15px;
16    padding:0px 10px;
17 }
18 .box01{ background:#FF9;}
19 .box02{ background:#FC6;}
20 .box03{ background:#F90;}
21 p{                                  /*定义段落文本的样式*/
22    background:#ccf;
23    border:1px dashed #999;
24    margin:15px;
25    padding:0px 10px;
26 }
27 </style>
28 </head>
29 <body>
30 <div class="father">
31    <div class="box01">box01</div>
32    <div class="box02">box02</div>
33    <div class="box03">box03</div>
34    <p>梦想总是在失败后成功。当你回想之前的经历，你会感动不已，因为你的脑海里又浮现出从前
       的辛酸经历，能想到之前要放弃的想法是多么不对，所以梦想不能放弃！</p>
35 </div>
36 </body>
37 </html>
```

在例 8-1 中，第 31～33 行代码定义了 3 个盒子 box01、box02、box03，第 34 行代码设置了一段文本，所有的标签均不应用 float 属性，让它们按照默认方式进行排序。

运行例 8-1，效果如图 8-5 所示。

在图 8-5 中，box01、box02、box03 以及段落文本从上到下一一罗列。可见如果不对标签设置浮动，则该标签及其内部的子标签将按照标准文档流的样式显示。

接下来，在例 8-1 的基础上演示标签的左浮动效果，为 box01、box02、box03 设置左浮动，具体 CSS 代码如下。

```
.box01,.box02,.box03{               /*定义box01、box02、box03左浮动*/
  float:left;
}
```

保存 HTML 文件，刷新页面，效果如图 8-6 所示。

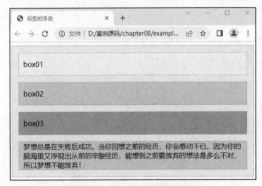 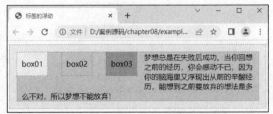

图8-5　标签未设置浮动　　　　　　　图8-6　box01、box02、box03同时设置左浮动的效果

从图 8-6 可以看出，box01、box02、box03 三个盒子脱离标准文档流，排列在同一行。同时，周围的段落文本将环绕盒子，出现图文混排的网页效果。

值得一提的是，float 还有另一个属性值 right，该属性值在网页布局时也会经常用到，它与 left 属性值的用法相同但浮动方向相反。应用了"float:right;"样式的标签将向右侧浮动。

2. 清除浮动

由于浮动标签不再占用原文档流的位置，所以它会对页面中其他标签的排版产生影响。例如，图 8-6 中的段落文本受到其周围标签浮动的影响，产生了图文混排的效果。这时，如果要避免浮动对段落文本的影响，就需要在<p>标签中清除浮动。在 CSS 中，常用 clear 属性清除浮动。运用 clear 属性清除浮动的基本语法格式如下：

```
选择器{clear:属性值;}
```

上述语法中，clear 属性的常用值有 3 个，具体如表 8-2 所示。

表 8-2　clear 的常用属性值

属 性 值	描　　述
left	不允许左侧有浮动标签（清除左侧浮动的影响）
right	不允许右侧有浮动标签（清除右侧浮动的影响）
both	同时清除左右两侧浮动的影响

了解 clear 属性的 3 个属性值及其含义之后，接下来通过对例 8-1 中的<p>标签应用 clear 属性，来清除周围浮动标签对段落文本的影响。在<p>标签的 CSS 样式中添加如下代码：

```
clear:left;                         /*清除左浮动*/
```

上面的 CSS 代码用于清除左侧浮动对段落文本的影响。添加"clear:left;"样式后，保存 HTML 文件，刷新页面，效果如图 8-7 所示。

从图 8-7 可以看出，清除段落文本左侧的浮动后，段落文本会独占一行，排列在浮动标签 box01、box02、box03 的下面。

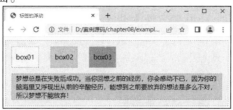

图8-7 清除左浮动影响后的布局效果

需要注意的是，clear 属性只能清除标签左右两侧浮动的影响。然而在制作网页时，经常会受到一些特殊的浮动影响，例如，对子标签设置浮动时，如果不对其父标签定义高度，则子标签的浮动会对父标签产生影响，那么究竟会产生什么影响呢？下面看一个例子，具体如例 8-2 所示。

例 8-2 example02.html

```
1 <!doctype html>
2 <html>
3 <head>
4 <meta charset="utf-8">
5 <title>清除浮动</title>
6 <style type="text/css">
7 .father{                    /*没有给父标签定义高度*/
8    background:#ccc;
9    border:1px dashed #999;
10}
11.box01,.box02,.box03{
12   height:50px;
13   line-height:50px;
14   background:#f9c;
15   border:1px dashed #999;
16   margin:15px;
17   padding:0px 10px;
18   float:left;                /*定义box01、box02、box03三个盒子左浮动*/
19}
20</style>
21</head>
22<body>
23<div class="father">
24   <div class="box01">box01</div>
25   <div class="box02">box02</div>
26   <div class="box03">box03</div>
27</div>
28</body>
29</html>
```

在例 8-2 中，第 18 行代码为 box01、box02、box03 三个子盒子定义左浮动，第 7～10 行代码用于为父盒子添加样式，但是并未给父盒子设置高度。

运行例 8-2，效果如图 8-8 所示。

在图 8-8 中，受到子标签浮动的影响，没有设置高度的父标签变成了一条直线，即父标签不能自适应子标签的高度了。由于子标签和父标签为嵌套关系，不存在左右位置，所以使用 clear 属性并不能清除子标签浮动对父标签的影响。那么对于这种情况该如何清除浮动呢？为了使初学者在以后的工作中能够轻松地清除

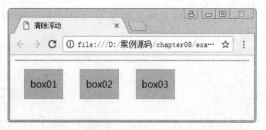

图8-8　子标签浮动对父标签的影响

一些特殊的浮动影响，本书总结了常用的 3 种清除浮动的方法，具体介绍如下。

1）使用空标签清除浮动

在浮动标签之后添加空标签，并对该标签应用 "clear:both" 样式，可清除标签浮动所产生的影响，这个空标签可以是<div>、<p>、<hr />等任何标签。接下来，在例 8-2 的基础上，演示使用空标签清除浮动的方法，如例 8-3 所示。

例 8-3　example03.html

```
1 <!doctype html>
2 <html>
3 <head>
4 <meta charset="utf-8">
5 <title>空标签清除浮动</title>
6 <style type="text/css">
7 .father{                          /*不为父标签定义高度*/
8     background:#ccc;
9     border:1px dashed #999;
10}
11.box01,.box02,.box03{
12    height:50px;
13    line-height:50px;
14    background:#f9c;
15    border:1px dashed #999;
16    margin:15px;
17    padding:0px 10px;
18    float:left;                   /*为box01、box02、box03三个盒子设置左浮动*/
19}
20.box04{ clear:both;}             /*对空标签应用clear:both;*/
21</style>
22</head>
23<body>
24<div class="father">
25    <div class="box01">box01</div>
26    <div class="box02">box02</div>
27    <div class="box03">box03</div>
28    <div class="box04"></div>        <!--在浮动标签后添加空标签-->
29</div>
30</body>
31</html>
```

例 8-3 中，第 28 行代码在浮动标签 box01、
box02、box03 之后添加类名为"box04"的空 div，
然后对 box04 应用"clear:both;"样式清除浮动
对父盒子的影响。

运行例 8-3，效果如图 8-9 所示。

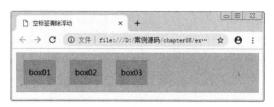

图8-9 空标签清除浮动

在图 8-9 中，父标签又被子标签撑开了，
也就是说子标签浮动对父标签的影响已经不存在。需要注意的是，上述方法虽然可以清除浮动，
但是增加了毫无意义的结构标签，因此在实际工作中不建议使用。

2）使用 overflow 属性清除浮动

对标签应用"overflow:hidden;"样式，也可以清除浮动对该标签的影响。另外，这种方式还
弥补了空标签清除浮动的不足。接下来，继续在例 8-2 的基础上，演示使用 overflow 属性清除
浮动，如例 8-4 所示。

例 8-4 example04.html

```
1 <!doctype html>
2 <html>
3 <head>
4 <meta charset="utf-8">
5 <title>overflow属性清除浮动</title>
6 <style type="text/css">
7 .father{                           /*没有给父标签定义高度*/
8    background:#ccc;
9    border:1px dashed #999;
10   overflow:hidden;                 /*对父标签应用overflow:hidden;*/
11 }
12 .box01,.box02,.box03{
13   height:50px;
14   line-height:50px;
15   background:#f9c;
16   border:1px dashed #999;
17   margin:15px;
18   padding:0px 10px;
19   float:left;                      /*定义box01、box02、box03三个盒子左浮动*/
20 }
21 </style>
22 </head>
23 <body>
24 <div class="father">
25   <div class="box01">box01</div>
26   <div class="box02">box02</div>
27   <div class="box03">box03</div>
28 </div>
29 </body>
30 </html>
```

在例 8-4 中，第 10 行代码对父标签应用
"overflow:hidden;"样式，来清除子标签浮动对父标
签的影响。

运行例 8-4，效果如图 8-10 所示。

在图 8-10 中，父标签又被子标签撑开了，也
就是说子标签浮动对父标签的影响已经不存在。需
要注意的是，在使用 "overflow:hidden;"样式清除

图8-10　overflow属性清除浮动

浮动时，一定要将该样式写在被影响的标签中。除了 hidden，overflow 属性还有其他属性值，将
会在 8.3.1 小节中详细讲解。

3）使用 after 伪对象清除浮动

使用 after 伪对象也可以清除浮动，但是该方法只适用于 IE8 及以上版本浏览器和其他非 IE
浏览器。使用 after 伪对象清除浮动时需要注意以下两点。

● 必须为需要清除浮动的标签伪对象设置 "height:0;"样式，否则该标签会比其实际高度高
　出若干像素。

● 必须在伪对象中设置 content 属性，属性值可以为空，如 "content:"";"。

接下来，继续在例 8-2 的基础上，演示使用 after 伪对象清除浮动，如例 8-5 所示。

例 8-5　example05.html

```
1 <!doctype html>
2 <html>
3 <head>
4 <meta charset="utf-8">
5 <title>使用after伪对象清除浮动</title>
6 <style type="text/css">
7 .father{                        /*没有给父标签定义高度*/
8     background:#ccc;
9     border:1px dashed #999;
10}
11.father:after{                  /*对父标签应用after伪对象样式*/
12    display:block;
13    clear:both;
14    content:"";
15    visibility:hidden;
16    height:0;
17}
18.box01,.box02,.box03{
19    height:50px;
20    line-height:50px;
21    background:#f9c;
22    border:1px dashed #999;
23    margin:15px;
24    padding:0px 10px;
25    float:left;                  /*定义box01、box02、box03三个盒子左浮动*/
26}
```

```
27</style>
28</head>
29<body>
30<div class="father">
31    <div class="box01">box01</div>
32    <div class="box02">box02</div>
33    <div class="box03">box03</div>
34</div>
35</body>
36</html>
```

在例 8-5 中，第 11～17 行代码用于为需要清除浮动的父标签应用 after 伪对象样式。

运行例 8-5，效果如图 8-11 所示。

在图 8-11 中，父标签又被子标签撑开了，也就是说子标签浮动对父标签的影响已经不存在。

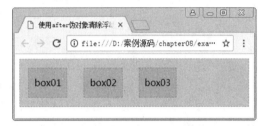

图8-11 使用after伪对象清除浮动

8.2.2 标签的定位属性

浮动布局虽然灵活，但是却无法对标签的位置进行精确控制。在 CSS 中，通过定位属性（position）可以实现网页标签的精确定位。下面将对标签的定位属性以及常用的几种定位方式进行详细的讲解。

1. 认识定位属性

制作网页时，如果希望标签内容出现在某个特定的位置，就需要使用定位属性对标签进行精确定位。标签的定位属性主要包括定位模式和边偏移两部分，对它们的具体介绍如下。

1）定位模式

在 CSS 中，position 属性用于定义标签的定位模式，使用 position 属性定位标签的基本语法格式如下：

```
选择器{position:属性值;}
```

在上面的语法中，position 属性的常用值有 4 个，分别表示不同的定位模式，具体如表 8-3 所示。

表 8-3   position 属性的常用值

值	描 述
static	自动定位（默认定位方式）
relative	相对定位，相对于其原文档流的位置进行定位
absolute	绝对定位，相对于其上一个已经定位的父标签进行定位
fixed	固定定位，相对于浏览器窗口进行定位

2）边偏移

定位模式仅仅用于定义标签以哪种方式定位，并不能确定标签的具体位置。在 CSS 中，通过边偏移属性 top、bottom、left 或 right，可以精确定义定位标签的位置，边偏移属性取值为数值或百分比，对它们的具体解释如表 8-4 所示。

表 8-4　边偏移设置方式

边偏移属性	描　　述
top	顶端偏移量，定义标签相对于其父标签上边线的距离
bottom	底部偏移量，定义标签相对于其父标签下边线的距离
left	左侧偏移量，定义标签相对于其父标签左边线的距离
right	右侧偏移量，定义标签相对于其父标签右边线的距离

2. 定位类型

标签的定位类型主要包括静态定位、相对定位、绝对定位和固定定位，对它们的具体介绍如下。

1）静态定位

静态定位是标签的默认定位方式，当 position 属性的取值为 static 时，可以将标签定位于静态位置。所谓静态位置，就是各个标签在 HTML 文档流中默认的位置。

任何标签在默认状态下都会以静态定位来确定自己的位置，所以当没有定义 position 属性时，并不是说明该标签没有自己的位置，它会遵循默认值显示为静态位置。在静态定位状态下，无法通过边偏移属性（top、bottom、left 或 right）改变标签的位置。

2）相对定位

相对定位是将标签相对于它在标准文档流中的位置进行定位，当 position 属性的取值为 relative 时，可以将标签相对定位。对标签设置相对定位后，可以通过边偏移属性改变标签的位置，但是它在文档流中的位置仍然保留。

为了使初学者更好地理解相对定位，接下来通过一个案例演示对标签设置相对定位的方法和效果，如例 8-6 所示。

例 8-6　example06.html

```
1  <!doctype html>
2  <html>
3  <head>
4  <meta charset="utf-8">
5  <title>标签的定位</title>
6  <style type="text/css">
7  body{ margin:0px; padding:0px; font-size:18px; font-weight:bold;}
8  .father{
9     margin:10px auto;
10    width:300px;
11    height:300px;
12    padding:10px;
13    background:#ccc;
14    border:1px solid #000;
15 }
16 .child01,.child02,.child03{
17    width:100px;
18    height:50px;
19    line-height:50px;
20    background:#ff0;
```

```
21    border:1px solid #000;
22    margin:10px 0px;
23    text-align:center;
24 }
25 .child02{
26    position:relative;            /*相对定位*/
27    left:150px;                   /*距左边线150px*/
28    top:100px;                    /*距顶部边线100px*/
29 }
30 </style>
31 </head>
32 <body>
33 <div class="father">
34    <div class="child01">child-01</div>
35    <div class="child02">child-02</div>
36    <div class="child03">child-03</div>
37 </div>
38 </body>
39 </html>
```

在例 8-6 中，第 25～29 行代码用于对 child02 设置相对定位模式，并通过边偏移属性 left 和 top 改变 child02 的位置。

运行例 8-6，效果如图 8-12 所示。

从图 8-12 可以看出，对 child02 设置相对定位后，child02 会相对于其自身的默认位置进行偏移，但是它在文档流中的位置仍然保留。

3）绝对定位

绝对定位是将标签依据最近的已经定位（绝对、固定或相对定位）的父标签进行定位，若所有父标签都没有定位，设置绝对定位的标签会依据 body 根标签（也可以看作浏览器窗口）进行定位。当 position 属性的取值为 absolute 时，可以将标签的定位模式设置为绝对定位。

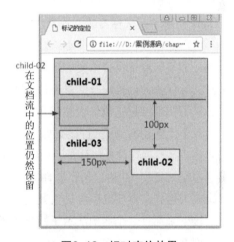

图8-12　相对定位效果

为了使初学者更好地理解绝对定位，接下来，在例 8-6 的基础上，将 child02 的定位模式设置为绝对定位，即将第 25～29 行代码更改如下。

```
.child02{
    position:absolute;            /*绝对定位*/
    left:150px;                   /*距左边线150px*/
    top:100px;                    /*距顶部边线100px*/
}
```

保存 HTML 文件，刷新页面，效果如图 8-13 所示。

在图 8-13 中，设置为绝对定位的 child02，会依据浏览器窗口进行定位。为 child02 设置绝对定位后，child03 占据了 child02 的位置，也就是说 child02 脱离了标准文档流的控制，同时不再占据标准文档流中的空间。

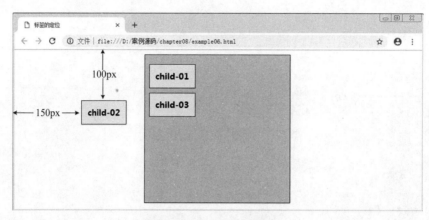

图8-13　绝对定位效果

在上面的案例中，对 child02 设置了绝对定位，当浏览器窗口放大或缩小时，child02 相对于其父标签的位置都将发生变化。图 8-14 所示为缩小浏览器窗口时的页面效果，很明显 child02 相对于其父标签的位置发生了变化。

然而在网页设计中，一般需要子标签相对于其父标签的位置保持不变，也就是让子标签依据其父标签的位置进行绝对定位，此时如果父标签不需要定位，该怎么办呢？

对于上述情况，可将直接父标签设置为相对定位，但不对其设置偏移量，然后再对子标签应用绝对定位，并通过偏移属性对其进行精

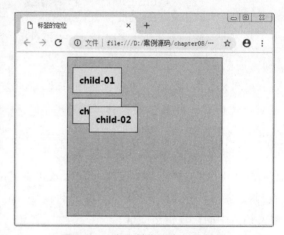

图8-14　缩小浏览器窗口的效果

确定位。这样父标签既不会失去其空间，同时还能保证子标签依据父标签准确定位。

接下来通过一个案例演示子标签依据其父标签准确定位，如例 8-7 所示。

例 8-7　example07.html

```
1  <!doctype html>
2  <html>
3  <head>
4  <meta charset="utf-8">
5  <title>子标签相对于直接父标签定位</title>
6  <style type="text/css">
7  body{ margin:0px; padding:0px; font-size:18px; font-weight:bold;}
8  .father{
9      margin:10px auto;
10     width:300px;
11     height:300px;
12     padding:10px;
13     background:#ccc;
14     border:1px solid #000;
```

```
15   position:relative;              /*相对定位，但不设置偏移量*/
16}
17.child01,.child02,.child03{
18   width:100px;
19   height:50px;
20   line-height:50px;
21   background:#ff0;
22   border:1px solid #000;
23   border-radius:50px;
24   margin:10px 0px;
25   text-align:center;
26}
27.child02{
28   position:absolute;              /*绝对定位*/
29   left:150px;                     /*距左边线150px*/
30   top:100px;                      /*距顶部边线100px*/
31}
32</style>
33</head>
34<body>
35<div class="father">
36   <div class="child01">child-01</div>
37   <div class="child02">child-02</div>
38   <div class="child03">child-03</div>
39</div>
40</body>
41</html>
```

在例 8-7 中，第 15 行代码用于对父标签设置相对定位，但不对其设置偏移量；第 27～31 行代码用于对子标签 child02 设置绝对定位，并通过偏移属性对其进行精确定位。

运行例 8-7，效果如图 8-15 所示。

在图 8-15 中，子标签相对于父标签进行偏移。无论如何缩放浏览器的窗口，子标签相对于其直接父标签的位置都将保持不变。

注意：

1. 如果仅对标签设置绝对定位，不设置边偏移，则标签的位置不变，但该标签不再占用标准文档流中的空间，会与上移的后续标签重叠。

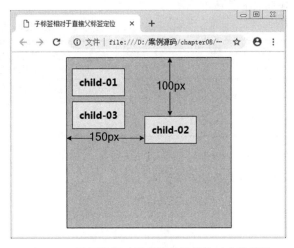

图8-15　子标签相对于直接父标签绝对定位效果

2. 定义多个边偏移属性时，如果 left 和 right 参数值冲突，以 left 参数值为准；如果 top 和 bottom 参数值冲突，以 top 参数值为准。

4）固定定位

固定定位是绝对定位的一种特殊形式，它以浏览器窗口作为参照物来定义网页标签。当 position 属性的取值为 fixed 时，即可将标签的定位模式设置为固定定位。

当对标签设置固定定位后，该标签将脱离标准文档流的控制，始终依据浏览器窗口来定义自己的显示位置。不管浏览器滚动条如何滚动，也不管浏览器窗口的大小如何变化，该标签都会始终显示在浏览器窗口的固定位置。

8.3 布局其他属性

布局其他属性没有浮动和定位这两种属性应用得频繁，但是在制作一些特殊需求的页面时会用到。接下来，本节将重点介绍两个属性，分别是 overflow 属性和 z-index 属性。

8.3.1 overflow属性

当盒子内的标签超出盒子自身的大小时，内容就会溢出，如图 8-16 所示。

这时如果想要处理溢出内容的显示样式，就需要使用 CSS 的 overflow 属性。overflow 属性用于规定溢出内容的显示状态，其基本语法格式如下：

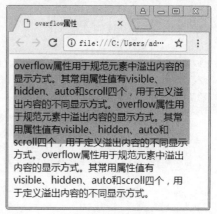

图8-16 内容溢出

选择器{overflow:属性值;}

在上面的语法中，overflow 属性的常用值有 4 个，具体如表 8-5 所示。

表 8-5 overflow 的常用属性值

属 性 值	描 述
visible	内容不会被修剪，会呈现在标签框之外（默认值）
hidden	溢出内容会被修剪，并且被修剪的内容是不可见的
auto	在需要时产生滚动条，即自适应所要显示的内容
scroll	溢出内容被修剪，且浏览器会始终显示滚动条

了解 overflow 属性的几个常用属性值及其含义之后，接下来通过一个案例演示它们的具体的用法和效果，如例 8-8 所示。

例 8-8   example08.html

```
1 <!doctype html>
2 <html>
3 <head>
4 <meta charset="utf-8">
5 <title>overflow属性</title>
6 <style type="text/css">
7 div{
8    width:260px;
```

```
9     height:176px;
10    background:url(images/bg.png) center center  no-repeat;
11    overflow:visible;     /*溢出内容呈现在标签框之外*/
12}
13</style>
14</head>
15<body>
16<div>
17晨曦浮动着诗意，流水倾泻着悠然。大自然本就是我的乐土。我曾经迷路，被纷扰的世俗淋湿而模糊
了双眼。归去来兮！我回归恬淡，每一日便都是晴天。晨曦，从阳光中飘洒而来，唤醒了冬夜的静美和沉
睡的花草林木，鸟儿出巢，双双对对唱起欢乐的恋歌，脆声入耳漾心，滑过树梢回荡在闽江两岸。婆娑的
垂柳，在晨风中轻舞，恰似你隐约在烟岚中，轻甩长发向我微笑莲步走来。栏杆外的梧桐树傲岸繁茂，紫
燕穿梭其间，是不是因为有了凤凰栖息之地呢？
18</div>
19</body>
20</html>
```

在例 8-8 中，第 11 行代码通过 "overflow:visible;" 样式，使溢出的内容不会被修剪，呈现在 div 盒子之外。

运行例 8-8，效果如图 8-17 所示。

如果希望溢出的内容被修剪，且不可见，可将 overflow 的属性值修改为 hidden。接下来，在例 8-8 的基础上进行演示，将第 11 行代码更改如下：

```
overflow:hidden;          /*溢出内容被修剪，且不可见*/
```

保存 HTML 文件，刷新页面，效果如图 8-18 所示。

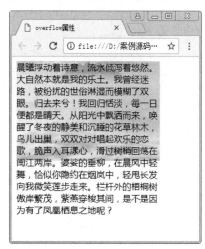

图 8-17 "overflow:visible;" 效果

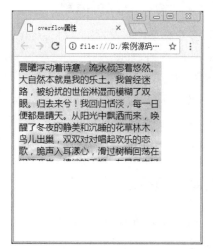

图 8-18 "overflow:hidden;" 效果

如果希望标签框能够自适应内容的多少，并且在内容溢出时产生滚动条，未溢出时不产生滚动条，可以将 overflow 的属性值设置为 auto。接下来，继续在例 8-8 的基础上进行演示，将第 11 行代码更改如下：

```
overflow:auto;            /*根据需要产生滚动条*/
```

保存 HTML 文件，刷新页面，效果如图 8-19 所示。

在图 8-19 中，标签框的右侧产生了滚动条，拖动滚动条即可查看溢出的内容。如果将文本内容减少到盒子可全部呈现时，滚动条就会自动消失。

值得一提的是，当定义 overflow 的属性值为 scroll 时，标签框中也会产生滚动条。接下来，继续在例 8-8 的基础上进行演示，将第 11 行代码更改如下：

```
overflow:scroll;    /*始终显示滚动条*/
```

保存 HTML 文件，刷新页面，效果如图 8-20 所示。

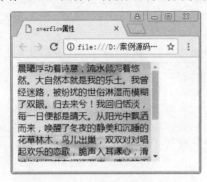
图8-19　"overflow:visible;"效果

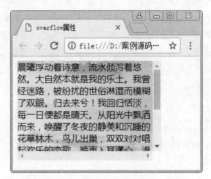
图8-20　"overflow:scroll;"效果

在图 8-20 中，标签框中出现了水平和竖直方向的滚动条。与"overflow: auto;"不同，当定义"overflow: scroll;"时，不论标签是否溢出，标签框中的水平和竖直方向的滚动条都始终存在。

8.3.2　Z-index标签层叠

当对多个标签同时设置定位时，定位标签之间有可能会发生重叠，如图 8-21 所示。

在 CSS 中，要想调整重叠定位标签的堆叠顺序，可以对定位标签应用 z-index 层叠等级属性。z-index 属性取值可为正整数、负整数和 0，默认状态下 z-index 属性值是 0，并且 z-index 属性取值越大，设置该属性的定位标签在层叠标签中越居上。

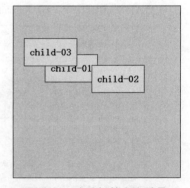
图8-21　定位标签发生重叠

8.4　布局类型

在使用 div+css 布局时，网页的布局类型通常分为单列布局、双列布局、三列布局 3 种类型，本节将对这 3 种布局进行详细讲解。

8.4.1　单列布局

"单列布局"是网页布局的基础，所有复杂的布局都是在此基础上演变而来的。图 8-22 展示的就是一个"单列布局"页面的结构示意图。

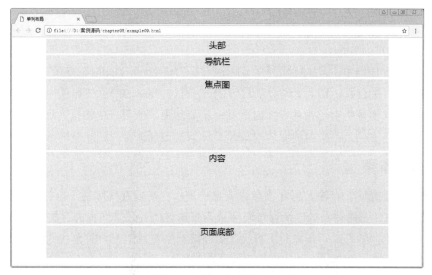

图8-22 单列布局展示页

从图 8-22 可以看出，单列布局页面从上到下分别为头部、导航栏、焦点图、内容和页面底部，每个模块单独占据一行，且宽度与版心相等。

分析完效果图，接下来就可以使用相应的 HTML 标签搭建页面结构，如例 8-9 所示。

例 8-9 example09.html

```
1 <!doctype html>
2 <html>
3 <head>
4 <meta charset="utf-8">
5 <title>单列布局</title>
6 </head>
7 <body>
8 <div id="top">头部</div>
9 <div id="nav">导航栏</div>
10<div id="banner">焦点图</div>
11<div id="content">内容</div>
12<div id="footer">页面底部</div>
13</body>
14</html>
```

在例 8-9 中，第 8～12 行代码定义了 5 对<div></div>标签，分别用于控制页面的头部（top）、导航栏（nav）、焦点图（banner）、内容（content）和页面底部（footer）。

搭建完页面结构，接下来书写相应的 CSS 样式，具体代码如下：

```
1 body{margin:0; padding:0;font-size:24px;text-align:center;}
2 div{
3     width:980px;              /*设置所有模块的宽度为980px、居中显示*/
4     margin:5px auto;
5     background:#D2EBFF;
6 }
7 #top{height:40px;}            /*分别设置各个模块的高度*/
8 #nav{height:60px;}
```

```
9 #banner{height:200px;}
10#content{height:200px;}
11#footer{height:90px;}
```

在上面的 CSS 代码中，第 4 行代码对 div 定义了 "margin:5px auto;" 样式，该样式表示盒子在浏览器中水平居中位置，且上下外边距均为 5px。通过 "margin:5px auto;" 样式既可以使盒子水平居中，又可以使各个盒子在垂直方向上有一定的间距。值得一提的是，通常给标签定义 id 或者类名时，都会遵循一些常用的命名规范，具体请参照 8.5 节。

8.4.2 两列布局

单列布局虽然统一、有序，但常常会让人觉得呆板。所以在实际网页制作过程中，通常使用另一种布局方式——两列布局。两列布局和单列布局类似，只是网页内容被分为左右两部分，通过这样的分割，打破了统一布局的呆板，让页面看起来更加活跃。图 8-23 所示就是一个 "两列布局" 页面的结构示意图。

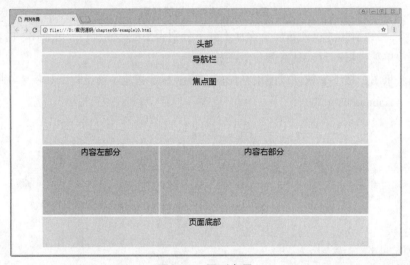

图8-23　两列布局

在图 8-23 中，内容模块被分为了左右两部分，实现这一效果的关键是在内容模块所在的大盒子中嵌套两个小盒子，然后对两个小盒子分别设置浮动。

分析完效果图，接下来使用相应的 HTML 标签搭建页面结构，如例 8-10 所示。

例 8-10　example10.html

```
1 <!doctype html>
2 <html>
3 <head>
4 <meta charset="utf-8">
5 <title>两列布局</title>
6 </head>
7 <body>
8 <div id="top">头部</div>
9 <div id="nav">导航栏</div>
10<div id="banner">焦点图</div>
```

```
11<div id="content">
12   <div class="content_left">内容左部分</div>
13   <div class="content_right">内容右部分</div>
14</div>
15<div id="footer">页面底部</div>
16</body>
17</html>
```

例 8-9 与例 8-10 的大部分代码相同，不同之处在于，例 8-10 中主体内容所在的盒子中嵌套了类名为 content_left 和 content_right 的两个小盒子，如第 11～14 行代码所示。

搭建完页面结构，接下来书写相应的 CSS 样式。由于网页的内容模块被分为了左右两部分，所以，只需在例 8-10 样式的基础上，单独控制 class 为 content_left 和 content_right 的两个小盒子的样式即可，具体代码如下：

```
1 body{margin:0; padding:0;font-size:24px;text-align:center;}
2 div{
3     width:980px;              /*设置所有模块的宽度为980px、居中显示*/
4     margin:5px auto;
5     background:#D2EBFF;
6 }
7 #top{height:40px;}            /*分别设置各个模块的高度*/
8 #nav{height:60px;}
9 #banner{height:200px;}
10#content{height:200px;}
11.content_left{               /*左侧内容左浮动*/
12    width:350px;
13    height:200px;
14    background-color:#CCC;
15    float:left;
16    margin:0;
17}
18.content_right{              /*右侧内容右浮动*/
19    width:625px;
20    height:200px;
21    background-color:#CCC;
22    float:right;
23    margin:0;
24}
25#footer{height:90px;}
```

在上面的代码中，第 15 行代码和第 22 行代码分别为内容中左侧的盒子和右侧的盒子设置了浮动。

8.4.3 三列布局

对于一些大型网站，特别是电子商务类网站，由于内容分类较多，通常需要采用"三列布局"的页面布局方式。这种布局方式是两列布局的演变，只是将主体内容分成了左、中、右三部分。图 8-24 所示就是一个"三列布局"页面的结构示意图。

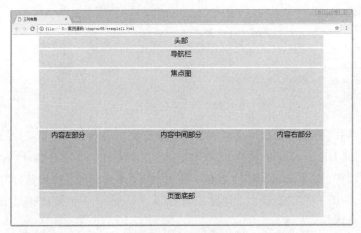

图8-24　三列布局

在图 8-24 中，内容模块被分为了左、中、右三部分，实现这一效果的关键是在内容模块所在的大盒子中嵌套三个小盒子，然后对三个小盒子分别设置浮动。

接下来使用相应的 HTML 标签搭建页面结构，如例 8-11 所示。

例 8-11　example11.html

```
1  <!doctype html>
2  <html>
3  <head>
4  <meta charset="utf-8">
5  <title>三列布局</title>
6  </head>
7  <body>
8  <div id="top">头部</div>
9  <div id="nav">导航栏</div>
10 <div id="banner">焦点图</div>
11 <div id="content">
12    <div class="content_left">内容左部分</div>
13    <div class="content_middle">内容中间部分</div>
14    <div class="content_right">内容右部分</div>
15 </div>
16 <div id="footer">页面底部</div>
17 </body>
18 </html>
```

和例 8-10 对比，本案例的不同之处在于主体内容所在的盒子中增加了类名为 content_middle 的小盒子（第 13 行代码）。

搭建完页面结构，接下来书写相应的 CSS 样式。由于内容模块被分为了左、中、右三部分，所以，只需在例 8-10 样式的基础上，单独控制类名为 content_middle 的小盒子的样式即可，具体代码如下：

```
1 body{margin:0; padding:0;font-size:24px;text-align:center;}
2 div{
3    width:980px;                          /*设置所有模块的宽度为980px、居中显示*/
4    margin:5px auto;
5    background:#D2EBFF;
6 }
```

```
 7 #top{height:40px;}                    /*分别设置各个模块的高度*/
 8 #nav{height:60px;}
 9 #banner{height:200px;}
10#content{height:200px;}
11.content_left{                          /*左侧部分左浮动*/
12    width:200px;
13    height:200px;
14    background-color:#CCC;
15     float:left;
16    margin:0;
17}
18.content_middle{                        /*中间部分左浮动*/
19    width:570px;
20    height:200px;
21    background-color:#CCC;
22    float:left;
23    margin:0 0 0 5px;
24}
25.content_right{                         /*右侧部分右浮动*/
26    width:200px;
27    background-color:#CCC;
28    float:right;
29    height:200px;
30    margin:0;
31}
32#footer{height:90px;}
```

本案例的核心在于如何分配左、中、右三个盒子的位置。在案例中将类名为 content_left 和 content_middle 的盒子设置为左浮动，类名为 content_right 的盒子设置右浮动，通过 margin 属性设置盒子之间的间隙。

值得一提的是，无论布局类型是单列布局、两列布局还是多列布局，为了网站的美观，网页中的一些模块，例如头部、导航、焦点图或页面底部等经常需要通栏显示。将模块设置为通栏后，无论页面放大或缩小，该模块都将横铺于浏览器窗口中。图 8-25 所示就是一个应用"通栏布局"页面的结构示意图。

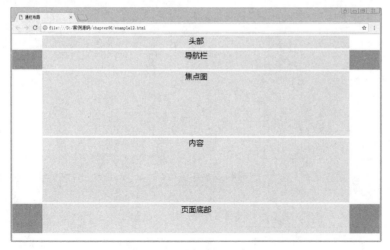

图8-25 通栏布局示意图

在图 8-25 中，导航栏和页面底部均为通栏模块，它们将始终横铺于浏览器窗口中。通栏布局的关键是在相应模块的外面添加一层 div，并且将外层 div 的宽度设置为 100%。

接下来通过一个案例演示通栏布局的设置技巧，如例 8-12 所示。

例 8-12   example12.html

```
1  <!doctype html>
2  <html>
3  <head>
4  <meta charset="utf-8">
5  <title>通栏布局</title>
6  </head>
7  <body>
8  <div id="top">头部</div>
9  <div id="topbar">
10     <div class="nav">导航栏</div>
11 </div>
12 <div id="banner">焦点图</div>
13 <div id="content">内容</div>
14 <div id="footer">
15     <div class="inner">页面底部</div>
16 </div>
17 </body>
18 </html>
```

在例 8-12 中，第 9~11 行代码定义了类名为 topbar 的一对 \<div\>\</div\>，用于将导航模块设置为通栏；第 14~16 行代码定义了一对类名为 footer 的 \<div\>\</div\>，用于将页面底部设置为通栏。

搭建完页面结构，接下来书写相应的 CSS 样式，具体代码如下：

```
1  body{margin:0; padding:0;font-size:24px;text-align:center;}
2  div{
3      width:980px;              /*设置所有模块的宽度为980px、居中显示*/
4      margin:5px auto;
5      background:#D2EBFF;
6  }
7  #top{height:40px;}            /*分别设置各个模块的高度*/
8  #topbar{                      /*通栏显示宽度为100%, 此盒子为nav导航栏盒子的父盒子*/
9      width:100%;
10     height:60px;
11     background-color:#3CF;
12 }
13 .nav{height:60px;}
14 #banner{height:200px;}
15 #content{height:200px;}
16 .inner{height:90px;}
17 #footer{                      /*通栏显示宽度为100%, 此盒子为inner盒子的父盒子*/
18     width:100%;
19     height:90px;
20     background-color:#3CF;
21 }
```

在上面的 CSS 代码中，第 8～12 行代码和第 17～21 行代码分别用于将 topbar 和 footer 两个父盒子的宽度设置为 100%。

需要注意的是，前面所讲的几种布局是网页中的基本布局。在实际工作中，通常需要综合运用这几种基本布局，实现多行多列的布局样式。

注意：初学者在制作网页时，一定要养成实时测试页面的好习惯，避免完成页面的制作后，出现难以调试的 bug 或兼容性问题。

8.5　网页模块命名规范

网页模块的命名，看似无足轻重，但如果没有统一的命名规范进行必要约束，随意命名就会使整个网站的后续工作很难进行。因此，网页模块命名规范非常重要，需要引起初学者的足够重视。通常网页模块的命名需要遵循以下几个原则：

- 避免使用中文字符命名（例如 id="导航栏"）。
- 不能以数字开头命名（例如 id="1nav"）。
- 不能占用关键字（例如 id="h3"）。
- 用最少的字母达到最容易理解的意义。

在网页中，常用的命名方式有"驼峰式命名"和"帕斯卡命名"两种，对它们的具体解释如下：

- 驼峰式命名：除了第一个单词外其余单词首写字母都要大写（例如 partOne）。
- 帕斯卡命名：每一个单词之间用"_"连接（例如 content_one）。

了解命名原则和命名方式之后，接下来为大家列举网页中常用的一些命名，具体如表 8-6 所示。

表 8-6　常用命名规则

相　关　模　块	命　　　名	相　关　模　块	命　　　名
头部	header	内容	content/container
导航栏	nav	页面底部	footer
侧栏	sidebar	栏目	column
左边、右边、中间	left　right　center	登录条	loginbar
标志	logo	广告	banner
页面主体	main	热点	hot
新闻	news	下载	download
子导航	subnav	菜单	menu
子菜单	submenu	搜索	search
友情链接	frIEndlink	版权	copyright
滚动	scroll	标签页	tab
文章列表	list	提示信息	msg
小技巧	tips	栏目标题	title
加入	joinus	指南	guild

续表

相 关 模 块	命 名	相 关 模 块	命 名
服务	service	注册	regsiter
状态	status	投票	vote
合作伙伴	partner		
CSS 文件	**命 名**	**CSS 文件**	**命 名**
主要样式	master	基本样式	base
模块样式	module	版面样式	layout
主题	themes	专栏	columns
文字	font	表单	forms
打印	print		

▌ 习题

一、判断题

1. "单列布局"是网页布局的基础，所有复杂的布局都是在此基础上演变而来的。

（   ）

2. 绝对定位是将标签相对于它在标准文档流中的位置进行定位。（   ）

3. 浮动可以对标签的位置进行精确控制。（   ）

4. 标准文档流是指内容元素排版布局过程中，会自动浮动进行流式排列。（   ）

5. 网页模块的命名应使用中文字符或拼音。（   ）

二、选择题

1. （单选）通栏布局需要将外层 div 的宽度设置为（   ）。

    A. 100%　　　　　　　B. 1920px　　　　　　　C. 150%　　　　　　　D. 1000px

2. （多选）下列选项中，网页中常见版心的宽度值是（   ）。

    A. 960px　　　　　　　B. 980px　　　　　　　C. 1000px　　　　　　　D. 500px

3. （多选）下列选项中，属于标签的定位类型的是（   ）。

    A. 静态定位　　　　　B. 相对定位　　　　　C. 绝对定位　　　　　D. 固定定位

4. （多选）下列选项中，属于 clear 清除浮动的属性值的是（   ）。

    A. left　　　　　　　B. right　　　　　　　C. none　　　　　　　D. both

5. （多选）下列选项中，属于 float 浮动的属性值的是（   ）。

    A. left　　　　　　　B. right　　　　　　　C. none　　　　　　　D. both

三、简答题

1. 简要描述网页中常用的命名方式。

2. 简要描述什么是绝对定位。

第 9 章
全新的网页视听技术

学习目标

- 掌握 HTML5 中视频的相关属性，能够在 HTML5 页面中添加视频文件。
- 掌握 HTML5 中音频的相关属性，能够在 HTML5 页面中添加音频文件。
- 理解过渡属性，能够控制过渡时间、动画快慢等常见过渡效果。
- 掌握 CSS3 中的变形属性，能够制作 2D 转换、3D 转换效果。
- 掌握 CSS3 中的动画，能够熟练制作网页中常见的动画效果。

在网络飞速发展的今天，互动、互联、互通的网页多媒体新生态正在形成。声音、视频、动画已经被越来越广泛地应用在网页设计中。比起静态的图片和文字，音频、视频、动画可以为用户提供更直观、丰富的信息，为浏览者带来全新的感受。本章将对网页中的音频、视频、动画等视听技术做详细讲解。

9.1 音频、视频嵌入技术

9.1.1 传统音频、视频嵌入方式

在 HTML5 出现之前并没有将视频和音频嵌入到页面的标准方式，多媒体内容在大多数情况下都是通过第三方插件或集成在 Web 浏览器的应用程序置于页面中。例如，目前最流行的方法是通过 Adobe 的 FlashPlayer 插件将视频和音频嵌入到网页中。图 9-1 所示为网页中 FlashPlayer 插件的安装对话框。

图9-1　FlashPlayer插件对话框

通过这种方式嵌入音视频，不仅需要借助第三方插件，而且实现代码复杂冗长。运用 HTML5 中新增的 video 标签和 audio 标签可以避免这样的问题。在 HTML5 语法中，video 标签用于为页

面添加视频，audio 标签用于为页面添加音频，这样用户不用下载第三方插件，就可以直接观看网页中的多媒体内容。

9.1.2 使用<video>嵌入视频

在 HTML5 中，video 标签用于定义播放视频文件的标准，它支持 3 种视频格式，分别为 Ogg、WebM 和 MPEG4，其基本语法格式如下：

```
<video src="视频文件路径" controls="controls"></video>
```

在上面的语法格式中，src 属性用于设置视频文件的路径，controls 属性用于为视频提供播放控件，这两个属性是 video 元素的基本属性。并且<video>和</video>之间还可以插入文字，用于在不支持 video 元素的浏览器中显示。

下面通过一个案例来演示嵌入视频的方法，如例 9-1 所示。

例 9-1　example01

```
1 <!doctype html>
2 <html>
3 <head>
4 <meta charset="utf-8">
5 <title>在HTML5中嵌入视频</title>
6 </head>
7 <body>
8 <video src="video/pian.mp4" controls="controls">浏览器不支持video标签</video>
9 </body>
10</html>
```

在例 9-1 中，第 8 行代码通过使用 video 标签来嵌入视频。

运行例 9-1，效果如图 9-2 所示。

图 9-2 显示的是视频未播放的状态，界面底部是浏览器添加的视频控件，用于控制视频播放的状态，当单击"播放"按钮时，即可播放视频，如图 9-3 所示。

图9-2　嵌入视频

图9-3　播放视频

值得一提的是，在 video 元素中还可以添加其他属性，来进一步优化视频的播放效果，具体如表 9-1 所示。

表 9-1 video 元素常见属性

属 性	值	描 述
autoplay	autoplay	当页面载入完成后自动播放视频
loop	loop	视频结束时重新开始播放
preload	preload	如果出现该属性,则视频在页面加载时进行加载,并预备播放。如果使用 "autoplay",则忽略该属性
poster	url	当视频缓冲不足时,该属性值链接一个图像,并将该图像按照一定的比例显示出来

下面在例 9-1 的基础上,对 video 标签应用新属性,来优化视频播放效果,代码如下:

```
<video src="video/pian.mp4" controls="controls" autoplay="autoplay" loop="loop">浏览器不支持video标签</video>
```

在上面的代码中,为 video 元素增加了"autoplay=
"autoplay""和"loop="loop""两个样式。

保存 HTML 文件,刷新页面,效果如图 9-4
所示。

在图 9-4 所示的视频播放界面中,实现了页
面加载后自动播放视频和循环播放视频的效果。
需要注意的是,使用的浏览器不同,显示视频控
件的效果也不同。图 9-5 和图 9-6 所示分别为视
频在 Firefox(火狐)和 Chrome(谷歌)浏览器
中显示的样式。

图9-4 自动和循环播放视频

图9-5 Firefox浏览器

图9-6 Chrome浏览器

对比图 9-5 和图 9-6 容易看出,在不同的浏览器中,视频播放控件的显示样式不同。这是
因为每一个浏览器对内置视频控件样式的定义不同,这也就导致了在不同浏览器中会显示不同
的控件样式。

9.1.3 使用<audio>嵌入音频

在 HTML5 中,audio 标签用于定义播放音频文件的标准,它支持 3 种音频格式,分别为 Ogg
Vorbis、MP3 和 Wav,其基本格式如下:

```
<audio src="音频文件路径" controls="controls"></audio>
```

在上面的基本格式中,src 属性用于设置音频文件的路径,controls 属性用于为音频提供播

放控件，这和 video 元素的属性非常相似。同样，< audio >和</ audio >之间也可以插入文字，用于不支持 audio 元素的浏览器显示。

下面通过一个案例演示嵌入音频的方法，如例 9-2 所示。

例 9-2　example02

```
1 <!doctype html>
2 <html>
3 <head>
4 <meta charset="utf-8">
5 <title>在HTML5中嵌入音频</title>
6 </head>
7 <body>
8 <audio src="music/1.mp3" controls="controls">浏览器不支持audio标签</audio>
9 </body>
10</html>
```

在例 9-2 中，第 8 行代码的 audio 标签用于嵌入音频。
运行例 9-2，效果如图 9-7 所示。

图 9-7 显示的是音频控件，用于控制音频文件的播放状态，点击"播放"按钮时，即可播放音频文件。值得一提的是，在 audio 元素中还可以添加其他属性，来进一步优化音频的播放效果，具体如表 9-2 所示。

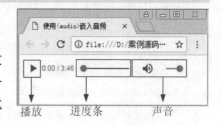

图9-7　播放音频

表 9-2　audio 元素常见属性

属　　性	值	描　　述
autoplay	autoplay	当页面载入完成后自动播放音频
loop	loop	音频结束时重新开始播放
preload	preload	如果出现该属性，则音频在页面加载时进行加载，并预备播放。如果使用 "autoplay"，则忽略该属性

表 9-2 列举的 audio 元素的属性和 video 元素是相同的，这些相同的属性在嵌入音视频时是通用的。

9.1.4　浏览器对音视频文件的兼容性

虽然 html5 支持 Ogg、MPEG 4 和 WebM 的视频格式以及 Ogg Vorbis、MP3 和 Wav 的音频格式，但各浏览器对这些格式却不完全支持。表 9-3 所示为各浏览器对音视频文件的支持情况。

表 9-3　浏览器支持的视频音频格式

视频格式				
格式	IE 9	Firefox 4.0	Opera 10.6	Chrome 6.0	Safari 3.0
Ogg		支持	支持	支持	
MPEG 4	支持			支持	支持
WebM		支持	支持	支持	

续表

音频格式				
Ogg Vorbis		支持	支持	支持	
MP3	支持			支持	支持
Wav		支持	支持		支持

为了使音视频能够在各个浏览器中正常播放，往往需要提供多种格式的音视频文件。在 HTML5 中，运用 source 元素可以为 video 元素或 audio 元素提供多个备用文件。运用 source 元素添加音频的基本格式如下：

```
<audio controls="controls">
  <source src="音频文件地址" type="媒体文件类型/格式">
  <source src="音频文件地址" type="媒体文件类型/格式">
  …
</audio>
```

在上面的语法格式中，可以指定多个 source 元素为浏览器提供备用的音频文件。source 元素一般设置两个属性：

- src：用于指定媒体文件的 URL 地址。
- type：指定媒体文件的类型。

例如，为页面添加一个在 Firefox 4.0 和 Chrome 6.0 中都可以正常播放的音频文件，代码如下：

```
<audio controls="controls">
  <source src="music/1.mp3" type="audio/mp3">
  <source src="music/1.wav" type="audio/wav">
</audio>
```

在上面的示例代码中，由于 Firefox 4.0 不支持 MP3 格式的音频文件，因此在网页中嵌入音频文件时，还需要通过 source 元素指定一个 wav 格式的音频文件，使其能够在 Firefox 4.0 中正常播放。

source 元素添加视频的方法和音频类似，只需要把 audio 标签换成 video 标签即可，具体格式如下：

```
<video controls="controls">
  <source src="视频文件地址" type="媒体文件类型/格式">
  <source src="视频文件地址" type="媒体文件类型/格式">
  …
</video>
```

例如，为页面添加一个在 Firefox 4.0 和 IE9 中都可以正常播放的视频文件，代码如下：

```
<video controls="controls">
  <source src="video/1.ogg" type="video/ogg">
  <source src="video/1.mp4" type="video/mp4">
</video>
```

在上面的示例代码中， Firefox 4.0 支持 Ogg 格式的视频文件，IE9 支持 MPEG4 格式的视频文件。

多学一招：调用网页多媒体文件

在网页中调用多媒体文件的方法主要有两种，一种是调用本地多媒体文件，另一种是调用指定 URL 地址的互联网多媒体文件。在网页设计中，运用 src 属性即可调用多媒体文件，该属性不仅可以指定相对路径的多媒体文件，还可以指定一个完整的 URL 地址。示例代码如下：

```
<audio src="音乐文件所在的网络路径"  controls="controls">调用网络音频文件
</audio>
```

在不同的网站中，音乐文件的路径也各不相同。当网站删除该音乐文件时，调用的 URL 地址就会失效。例如 "http://yinyueshiting.baidu.com/data2/music/247912224/24791165410800064.mp3?xcode=8b646dd1d51bff5805ffee87c3adb48c" 就是一个失效的互联网音频文件的 URL 地址。此时音乐文件将无法播放，如图 9-8 所示。

单击图 9-8 中的 "播放" 按钮，无法播放网络音频文件。

图9-8　调用网络音频文件

调用网络视频文件的方法和调用音频文件方法类似，也需要获取相关视频文件的 URL 地址，然后通过相关代码插入视频文件即可，示例代码如下：

```
<video src="http://www.w3school.com.cn/i/movie.
ogg"  controls="controls">调用网络视频文件</video>
```

在上面的示例代码中 "http://www.w3school.com.cn/i/movie.ogg" 即为当前可以访问的互联网视频文件的 URL 地址。

示例代码对应效果如图 9-9 所示。

单击图 9-9 中的 "播放" 按钮，就可以播放视频文件。可见只有当互联网音视频文件的 URL 地址确实存在时，音视频才能够正常播放。

图9-9　调用网络视频文件

9.1.5　控制视频的宽高

在 HTML5 中，经常会通过为 video 元素添加宽高的方式给视频预留一定的空间，这样浏览器在加载页面时就会预先确定视频的尺寸，为其保留合适的空间，使页面的布局不产生变化。运用 width 和 height 属性可以设置视频文件的宽度和高度，如例 9-3 所示。

例 9-3　example03

```
1 <!doctype html>
2 <html>
3 <head>
4 <meta charset="utf-8">
5 <title>CSS控制视频的宽高</title>
6 <style type="text/css">
7 *{
8     margin:0;
9     padding:0;
10}
11div{
```

```
12    width:600px;
13    height:300px;
14    border:1px solid #000;
15}
16video{
17    width:200px;
18    height:300px;
19    background:#F90;
20    float:left;
21}
22p{
23    width:200px;
24    height:300px;
25    background:#999;
26    float:left;
27}
28</style>
29</head>
30<body>
31<h2>视频布局样式</h2>
32<div>
33<p>占位色块</p>
34<video src="video/pian.mp4" controls="controls">浏览器不支持video标签</video>
35<p>占位色块</p>
36</div>
37</body>
38</html>
```

在例 9-3 中，设置大盒子 div 的宽度为 600px，高度为 300px。在其内部嵌套一个 video 标签和 2 个 p 标签，设置宽度均为 200px，高度均为 300px，并运用浮动属性让它们排列在一排显示。

运行例 9-3，效果如图 9-10 所示。

在图 9-10 中，由于定义了视频的宽高，因此浏览器在加载时会为其预留合适的空间，此时视频和段落文本成一行排列在大盒子的内部，页面布局没有变化。

如果更改例 9-3 中的代码，删除视频的宽度和高度属性，代码如下：

```
video{
   background:#F90;
   float:left;
}
```

保存 HTML 文件，刷新页面，效果如图 9-11 所示。

通过图 9-11 容易看出，视频和其中一个灰色文本模块被挤到了大盒子下面。这是因为未定义视频宽度和高度时，视频按原始大小显示，此时浏览器因为没有办法预定义视频尺寸，只能按照正常尺寸加载视频，导致页面布局混乱。

注意：通过 width 和 height 属性来缩放视频，这样的视频即使在页面上看起来很小，但它的原始大小依然没变，因此需要运用相关软件对视频进行压缩。

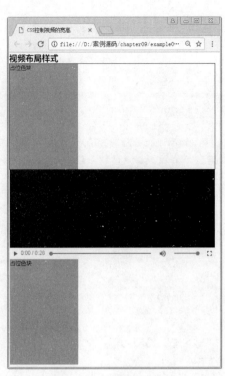

图9-10 定义视频宽高   图9-11 删除视频宽高

9.2 过渡

在网页设计中，过渡效果可以让元素从一种状态慢慢转换到另一种状态，例如渐显、渐隐、动画的加快减慢等。想要让元素实现过渡效果，就需要为元素设置过渡属性，在CSS3中提供了transition-property、transition-duration、transition-timing-function、transition-delay等多种过渡属性，本节将分别对这些过渡属性进行详细讲解。

9.2.1 transition-property属性

transition-property 属性用于指定应用过渡效果的 CSS 属性的名称，其过渡效果通常在用户将指针移动到元素上时发生。当指定的 CSS 属性改变时，过渡效果才开始。其基本语法格式如下：

```
transition-property: none | all | property;
```

在上面的语法格式中，transition-property 属性的取值包括 none、all 和 property 三个，具体说明如表 9-4 所示。

表 9-4 transition-property 属性值

属 性 值	描　　述
none	没有属性会获得过渡效果
all	所有属性都将获得过渡效果
property	定义应用过渡效果的 CSS 属性名称，多个名称之间以逗号分隔

下面通过一个案例演示 transition-property 属性的用法，如例 9-4 所示。

例 9-4　example04.html

```
1 <!doctype html>
2 <html>
3 <head>
4 <meta charset="utf-8">
5 <title>transition-property属性</title>
6 <style type="text/css">
7 div{
8     width:400px;
9     height:100px;
10    background-color:orange;
11    font-weight:bold;
12    color:#FFF;
13 }
14 div:hover{
15    width:700px;
16    /*指定动画过渡的CSS属性*/
17    -webkit-transition-property:width;       /*兼容老版本的Chrome浏览器*/
18    -moz-transition-property:width;          /*兼容老版本的Firefox浏览器*/
19 }
20 </style>
21 </head>
22 <body>
23 <div>使用transition-property属性改变元素宽度</div>
24 </body>
25 </html>
```

在例 9-4 中，通过 transition-property 属性指定产生过渡效果的 CSS 属性为 width，并设置了鼠标移上时盒子宽度变为 700px。同时为了解决各类老版本浏览器的兼容性问题，在第 17 和 18 行代码分别添加了 -webkit-、-moz- 等不同的浏览器前缀兼容代码。

当鼠标指针悬浮到图 9-12 所示网页中的 `<div>` 区域时，盒子会立刻变宽，如图 9-13 所示，而不会产生过渡。这是因为在设置 "过渡" 效果时，必须使用 transition-duration 属性设置过渡时间，否则不会产生过渡效果。

图9-12　400px宽度的盒子

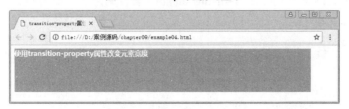

图9-13　700px宽度的盒子

9.2.2 transition-duration属性

transition-duration 属性用于定义完成过渡效果需要花费的时间，默认值为 0，常用单位是秒（s）或者毫秒（ms）。其基本语法格式如下：

```
transition-duration:时间;
```

在例 9-4 中，用下面的示例代码替换 div:hover 样式。

```
div:hover{
  width:700px;
  /*指定动画过渡的CSS属性*/
  -webkit-transition-property:width;
  -moz-transition-property:width;
  /*指定动画过渡的CSS属性*/
  -webkit-transition-duration:5s;
  -moz-transition-duration:5s;
}
```

在上述示例代码中，使用 transition-duration 属性来定义完成过渡效果需要花费 5s 的时间。运行例 9-4，当鼠标指针悬浮到网页中的<div>区域时，橙色的盒子将逐渐变宽。

9.2.3 transition-timing-function属性

transition-timing-function 属性规定过渡效果中速度的变化，例如，先慢速后快速、先快速后慢速等速度变化效果。transition-timing-function 属性默认属性值为"ease"，其基本语法格式如下：

```
transition-timing-function:linear|ease|ease-in|ease-out|ease-in-out|cubic-bezier(n,n,n,n);
```

从上述语法可以看出，transition-timing-function 属性的取值有很多，常见属性值及说明如表 9-5 所示。

表 9-5　transition-timing-function 属性值

属 性 值	描　　述
linear	指定以相同速度开始至结束的过渡效果，等同于 cubic-bezier(0,0,1,1)
ease	指定以慢速开始，然后加快，最后慢慢结束的过渡效果，等同于 cubic-bezier(0.25,0.1,0.25,1)
ease-in	指定以慢速开始，然后逐渐加快（淡入效果）的过渡效果，等同于 cubic-bezier(0.42,0,1,1)
ease-out	指定以慢速结束（淡出效果）的过渡效果，等同于 cubic-bezier(0,0,0.58,1)
ease-in-out	指定以慢速开始和结束的过渡效果，等同于 cubic-bezier(0.42,0,0.58,1)
cubic-bezier(n,n,n,n)	定义用于加速或者减速的贝塞尔曲线的形状，它们的值在 0~1 之间

下面通过一个案例演示 transition-timing-function 属性的用法，如例 9-5 所示。

例 9-5　example05.html

```
1 <!doctype html>
2 <html>
3 <head>
4 <meta charset="utf-8">
5 <title>transition-timing-function属性</title>
```

```
6 <style type="text/css">
7 div{
8    width:424px;
9    height:406px;
10   margin:0 auto;
11   background:url(images/HTML5.png) center center no-repeat;
12   border:5px solid #333;
13   border-radius:0px;
14}
15div:hover{
16   border-radius:105px;
17   /*指定动画过渡的CSS属性*/
18   -webkit-transition-property:border-radius;      /*Chrome浏览器兼容代码*/
19   -moz-transition-propertyborder-radius;          /*Firefox浏览器兼容代码*/
20   /*指定动画过渡的时间*/
21   -webkit-transition-duration:1s;                 /*Chrome浏览器兼容代码*/
22   -moz-transition-duration:1s;                    /*Firefox浏览器兼容代码*/
23   /*指定动画过以慢速开始和结束的过渡效果*/
24   -webkit-transition-timing-function:ease-in-out;   /*Chrome浏览器兼容代码*/
25   -moz-transition-timing-function:ease-in-out;      /*Firefox浏览器兼容代码*/
26}
27</style>
28</head>
29<body>
30<div></div>
31</body>
32</html>
```

在例 9-5 中，通过 transition-property 属性指定产生过渡效果的 CSS 属性为 border-radius，并指定过渡动画由正方形变为正圆形。然后使用 transition-duration 属性定义过渡效果需要花费 1s 的时间，同时使用 transition-timing-function 属性规定过渡效果以慢速开始和结束。

运行例 9-5，当鼠标指针悬浮到网页中的<div>区域时，过渡的动作将会被触发，正方形将慢速开始变化，然后逐渐加速，随后慢速变为圆角矩形，效果如图 9-14 所示。

图9-14　正方形逐渐过渡变为圆角距形效果

9.2.4 transition-delay属性

transition-delay 属性规定过渡效果何时开始，默认值为 0，常用单位是秒（s）或者毫秒（ms）。transition-delay 的属性值可以为正整数、负整数和 0。当设置为负数时，过渡动作会从该时间点开始，之前的动作被截断；设置为正数时，过渡动作会延迟触发。其基本语法格式如下：

```
transition-delay:time;
```
下面在例 9-5 的基础上演示 transition-delay 属性的用法，在第 25 行代码后增加如下样式：
```
/*指定动画延迟触发*/
  -webkit-transition-delay:2s;            /*Chrome浏览器兼容代码*/
  -moz-transition-delay:2s;               /*Firefox浏览器兼容代码*/
```
上述代码使用 transition-delay 属性指定过渡的动作会延迟 2s 触发。

保存例 9-5，刷新页面，当鼠标指针悬浮到网页中的<div>区域时，经过 2s 后过渡的动作会被触发，正方形慢速开始变化，然后逐渐加速，随后慢速变为正圆形。

9.2.5　transition属性

transition 属性是一个复合属性，用于在一个属性中设置 transition-property、transition-duration、transition-timing-function、transition-delay 四个过渡属性。其基本语法格式如下：
```
transition: property duration timing-function delay;
```
在使用 transition 属性设置多个过渡效果时，它的各个参数必须按照顺序进行定义，不能颠倒。如例 9-5 中设置的 4 个过渡属性，可以直接通过如下代码实现：
```
transition:border-radius 1s ease-in-out 2s;
```
注意：无论是单个属性还是简写属性，使用时都可以实现多个过渡效果。如果使用 transition 简写属性设置多种过渡效果，需要为每个过渡属性集中指定所有的值，并且使用逗号进行分隔。

▌9.3　变形

在网页设计中，变形效果可以让元素实现位置、形状的变化，例如移动、倾斜、缩放以及翻转等效果。想要实现变形效果，就需要为元素设置变形属性，通过 CSS3 中 transform 属性就可以实现变形效果。根据变形效果的不同，可以将变形分为 2D 变形和 3D 变形，本节将分别对这两种变形做具体讲解。

9.3.1　2D变形

2D 变形也称平面变形，是指在视觉平面内的变化。2D 变形主要包括 4 种变形效果，分别是平移、缩放、倾斜和旋转。下面将分别针对这些变形效果进行讲解。

1. 平移

平移是指元素位置的变化。在 CSS3 中，使用 translate()可以实现平移效果，基本语法格式如下：
```
transform:translate(x-value,y-value);
```
在上述语法中，translate()包含两个参数值，分别用于定义水平（X 轴）和垂直（Y 轴）坐标。其中 x-value 指元素在水平方向上移动的距离，y-value 指元素在垂直方向上移动的距离。如果省略了第二个参数，则取默认值 0。当值为负数时，表示反方向移动元素。

在使用 translate()方法移动元素时，基点默认为元素中心点，然后根据指定的 X 坐标和 Y 坐标进行移动，效果如图 9-15 所示。在该图中，①表示平移前的元素，②表示平移后的元素。

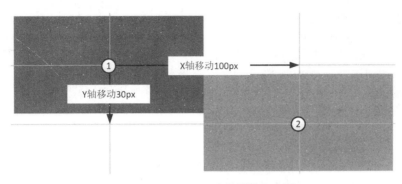

图9-15 translate()方法平移示意图

下面通过一个案例来演示 translate()方法的使用，如例 9-6 所示。

例 9-6 example06.html

```
1 <!doctype html>
2 <html>
3 <head>
4 <meta charset="utf-8">
5 <title>translate()方法</title>
6 <style type="text/css">
7 div{
8     width:100px;
9     height:50px;
10    background-color:#0CC;
11}
12#div2{
13    transform:translate(100px,30px);
14    -webkit-transform:translate(100px,30px);      /*Chrome浏览器兼容代码*/
15    -moz-transform:translate(100px,30px);         /*Firefox浏览器兼容代码*/
16}
17</style>
18</head>
19<body>
20<div>盒子1未平移</div>
21<div id="div2">盒子2平移</div>
22</body>
23</html>
```

在例 9-6 中，使用<div>标签定义两个样式完全相同的盒子。然后，通过 translate()方法将第二个盒子沿 X 坐标向右移动 100px，沿 Y 坐标向下移动 30px。

运行例 9-6，效果如图 9-16 所示。

2. 缩放

在 CSS3 中，使用 scale()可以实现元素缩放效果，基本语法格式如下：

```
transform:scale(x-axis,y-axis);
```

在上述语法中，x-axis 和 y-axis 参数值可以是正数、负数和小数。其中正数用于放大元素，负数翻转缩放元素，小于 1 的小数用于缩小元素。如果第二个参数省略，则第二个参数等于第一个参数值。scale()方法缩放示意图如图 9-17 所示。其中，实线表示放大前的元素，虚线表示放大后的元素。

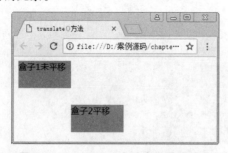

图9-16　translate()方法实现平移效果

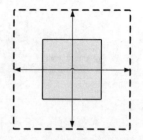

图9-17　scale()方法缩放示意图

例如，对某个 div 元素设置宽度放大两倍，高度放大三倍，具体示例代码如下：

```
div{
    transform:scale(2,3);
    -webkit-transform:scale(2,3);      /*Chrome浏览器兼容代码*/
    -moz-transform:scale(2,3);         /*Firefox浏览器兼容代码*/
}
```

3. 倾斜

在 CSS3 中，使用 skew()可以实现元素倾斜效果，基本语法格式如下：

```
transform:skew(x-angle,y-angle);
```

在上述语法中，参数 x-angle 和 y-angle 表示角度值，第一个参数表示相对于 X 轴进行倾斜,第二个参数表示相对于 Y 轴进行倾斜，如果省略了第二个参数，则取默认值 0。skew()方法倾斜示意图如图 9-18 所示。其中，实线表示倾斜前的元素，虚线表示倾斜后的元素。

下面通过一个案例演示 skew()方法的使用，如例 9-7 所示。

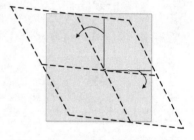

图9-18　skew()方法倾斜示意图

例 9-7　example07.html

```
1 <!doctype html>
2 <html>
3 <head>
4 <meta charset="utf-8">
5 <title>skew()方法</title>
6 <style type="text/css">
7 div{
8     width:100px;
9     height:50px;
10    background-color:#0CC;
11    border:1px solid black;
12}
13#div2{
14    transform:skew(30deg,10deg);
15    -webkit-transform:skew(30deg,10deg);      /*Chrome浏览器兼容代码*/
16    -moz-transform:skew(30deg,10deg);         /*Firefox浏览器兼容代码*/
17}
18</style>
```

```
19</head>
20<body>
21<div>盒子1未倾斜</div>
22<div id="div2">盒子2倾斜</div>
23</body>
24</html>
```

在例 9-7 中，使用<div>标签定义了两个样式相同的
盒子。并通过 skew()将第二个<div>元素沿 X 轴倾斜 30°，
沿 Y 轴倾斜 10°，其中 deg 表示角度单位。

运行例 9-7，效果如图 9-19 所示。

图9-19 skew()方法实现倾斜效果

4. 旋转

在 CSS3 中，使用 rotate()可以旋转指定的元素对象，
基本语法格式如下：

```
transform:rotate(angle);
```

在上述语法中，参数 angle 表示要旋转的角度值。如果角度
为正数值，则按照顺时针进行旋转，否则，按照逆时针旋转，rotate()
方法旋转示意图如图 9-20 所示。其中，实线表示旋转前的元素，
虚线表示旋转后的元素。

例如对某个 div 元素设置顺时针方向旋转 30 度，具体示例
代码如下：

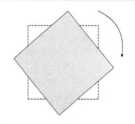

图9-20 rotate()方法旋转示意图

```
div{
    transform:rotate(30deg);
    -webkit-transform:rotate(30deg);      /*Chrome浏览器兼容代码*/
    -moz-transform:rotate(30deg);         /*Firefox浏览器兼容代码*/
}
```

注意：如果一个元素需要设置多种变形效果，可以使用空格把多个变形属性值隔开。

5. 更改变换的基点

通过 transform 属性可以实现元素的平移、缩放、倾斜以及旋转效果，这些变形操作都是以
元素的基点为参照。默认情况下，基点就是元素的中心点，或者是元素 X 轴和 Y 轴的 50%位置
处。如果需要改变这个中心点，可以使用 transform-origin 属性，其基本语法格式如下：

```
transform-origin: x-axis y-axis z-axis;
```

在上述语法中，transform-origin 属性包含 3 个参数，其默认值分别为 50%、50%、0px，各
参数的具体含义如表 9-6 所示。

表 9-6 transform-origin 参数说明

参 数	描 述
x-axis	定义视图被置于 X 轴的何处。属性值可以是百分比、em、px 等具体的值，也可以是 top、right、bottom、left 和 center 这样的关键词
y-axis	定义视图被置于 Y 轴的何处。属性值可以是百分比、em、px 等具体的值，也可以是 top、right、bottom、left 和 center 这样的关键词
z-axis	定义视图被置于 Z 轴的何处。需要注意的是，该值不能是一个百分比值，否则将会视 为无效值，一般为像素单位

下面通过一个案例来演示 transform-origin 属性的使用，如例 9-8 所示。

例 9-8　example08.html

```
1  <!doctype html>
2  <html>
3  <head>
4  <meta charset="utf-8">
5  <title>transform-origin属性</title>
6  <style>
7  #div1{
8      position:relative;
9      width: 200px;
10     height: 200px;
11     margin: 100px auto;
12     padding:10px;
13     border: 1px solid black;
14 }
15 #box02{
16     padding:20px;
17     position:absolute;
18     border:1px solid black;
19     background-color: red;
20     transform:rotate(45deg);                /*旋转45°*/
21     -webkit-transform:rotate(45deg);        /*Chrome浏览器兼容代码*/
22     transform-origin:20% 40%;               /*更改原点坐标的位置*/
23     -webkit-transform-origin:20% 40%;       /*Chrome浏览器兼容代码*/
24 }
25 #box03{
26     padding:20px;
27     position:absolute;
28     border:1px solid black;
29     background-color:#FF0;
30     transform:rotate(45deg);                /*旋转45°*/
31     -webkit-transform:rotate(45deg);        /*Chrome浏览器兼容代码*/
32 }
33 </style>
34 </head>
35 <body>
36 <div id="div1">
37     <div id="box02">更改基点位置</div>
38     <div id="box03">未更改基点位置</div>
39 </div>
40 </body>
41 </html>
```

在例 9-8 中，通过 transform 的 rotate() 方法将 box02、box03 盒子分别旋转 45°。然后，通过 transform-origin 属性来更改 box02 盒子原点坐标的位置。

运行例 9-8，效果如图 9-21 所示。

通过图 9-21 可以看出，box02、box03 盒子的位置产

图9-21　transform-origin属性的使用

生了错位。两个盒子的初始位置相同,并且旋转角度相同,发生错位的原因是 transform-origin 属性改变了 box02 盒子的旋转基点。

9.3.2 3D变形

2D 变形是元素在 X 轴和 Y 轴的变化,而 3D 变形是元素围绕 X 轴、Y 轴、Z 轴的变化。相比于平面化 2D 变形,3D 变形更注重空间位置的变化。下面将对网页中一些常用的 3D 变形效果做具体介绍。

1. 围绕 X 轴旋转

在 CSS3 中,rotateX()可以让指定元素围绕 X 轴旋转,基本语法格式如下:

```
transform:rotateX(a);
```

在上述语法格式中,参数 a 用于定义旋转的角度值,单位为 deg,取值可以是正数也可以是负数。如果值为正,元素将围绕 X 轴顺时针旋转;如果值为负,元素围绕 X 轴逆时针旋转。

下面通过一个案例演示 rotateX()函数的使用,如例 9-9 所示。

例 9-9　example09.html

```
1 <!doctype html>
2 <html>
3 <head>
4 <meta charset="utf-8">
5 <title>rotateX()方法</title>
6 <style type="text/css">
7 div{
8     width:250px;
9     height:50px;
10    background-color:#FF0;
11    border:1px solid black;
12}
13div:hover{
14    transition:all 1s ease 2s;              /*设置过渡效果*/
15    -webkit-transition:all 1s ease 0s;      /*Chrome浏览器兼容代码*/
16    -moz-transition:all 1s ease 0s;         /*Firefox浏览器兼容代码*/
17    transform:rotateX(60deg);
18    -webkit-transform:rotateX(60deg);       /*Chrome浏览器兼容代码 */
19    -moz-transform:rotateX(60deg);          /*Firefox浏览器兼容代码*/
20}
21</style>
22</head>
23<body>
24<div>元素旋转后的位置</div>
25</body>
26</html>
```

在例 9-9 中,第 17~19 行代码用于设置 div 围绕 X 轴旋转 60°。

运行例 9-9,效果如图 9-22 所示。

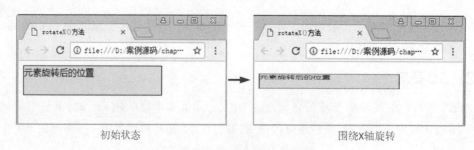

初始状态　　　　　　　　　　　　　　　　　　围绕X轴旋转

图9-22　元素围绕X轴顺时针旋转

当光标悬浮于初始状态时，盒子将围绕 X 轴旋转。

2. 围绕 Y 轴旋转

在 CSS3 中，rotateY()可以让指定元素围绕 Y 轴旋转，基本语法格式如下：

```
transform:rotateY(a);
```

在上述语法中，参数 a 与 rotateX(a)中的 a 含义相同，用于定义旋转的角度。如果值为正，元素围绕 Y 轴顺时针旋转；如果值为负，元素围绕 Y 轴逆时针旋转。

接下来，在例 9-9 的基础上演示元素围绕 Y 轴旋转的效果。将例 9-9 中的第 17～19 行代码更改为：

```
transform:rotateY(60deg);
-webkit-transform:rotateY(60deg);          /*Chrome浏览器兼容代码 */
-moz-transform:rotateY(60deg);             /*Firefox浏览器兼容代码*/
```

此时，刷新浏览器页面，元素将围绕 Y 轴顺时针旋转 60°，效果如图 9-23 所示。

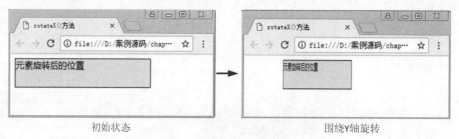

初始状态　　　　　　　　　　　　　　　　　　围绕Y轴旋转

图9-23　元素围绕Y轴顺时针旋转

注意：rotateZ()函数和 rotateX()函数、rotateY()函数功能一样，区别在于 rotateZ()函数用于指定一个元素围绕 Z 轴旋转。如果仅从视觉角度上看，rotateZ()函数让元素顺时针或逆时针旋转，与 rotate()效果等同，但 rotateZ 不是在 2D 平面上的旋转。

3. 3D 旋转

rotated3d ()是 rotateX()、rotateY()和 rotateZ()演变的综合属性，用于设置多个轴的 3D 旋转，例如要同时设置 X 轴和 Y 轴的旋转，就可以使用 rotated3d ()，其基本语法格式如下：

```
rotate3d(x,y,z,angle);
```

在上述语法格式中，x、y、z 可以取值 0 或 1，当要沿着某一轴转动，就将该轴的值设置为 1，否则设置为 0。Angle 为要旋转的角度。例如设置元素在 X 轴和 Y 轴均旋转 45°，可以书写下面的示例代码：

```
transform:rotate3d(1,1,0,45deg);
```

4. perspective 属性

perspective 属性对于 3D 变形来说至关重要，该属性主要用于呈现良好的 3D 透视效果。例如前面设置的 3D 环绕效果并不明显，就是没有设置 perspective 的原因。其实对于 perspective 属性，可以简单地理解为视距，用来设置透视效果。Perspective 属性的透视效应由属性值来决定，属性值越小，透视效果越突出。perspective 属性包括两个属性值：none 和具有单位的数值（一般单位为像素）。

下面通过一个透视旋转的案例，演示 perspective 属性的使用方法，如例 9-10 所示。

例 9-10 example09.html

```
1 <!doctype html>
2 <html>
3 <head>
4 <meta charset="utf-8">
5 <title>perspective属性</title>
6 <style type="text/css">
7 div{
8    width:250px;
9    height:50px;
10   border:1px solid #666;
11   perspective:250px;                /*设置透视效果*/
12   margin:0 auto;
13   }
14.div1{
15   width:250px;
16   height:50px;
17   background-color:#0CC;
18}
19.div1:hover{
20   transition:all 1s ease 2s;
21   -webkit-transition:all 1s ease 0s;
22   -moz-transition:all 1s ease 0s;
23   transform:rotateX(60deg);
24   -webkit-transform:rotateX(60deg);
25   -moz-transform:rotateX(60deg);
26
27}
28</style>
29</head>
30<body>
31<div>
32   <div class="div1">元素透视</div>
33</div>
34</body>
35</html>
```

在例 9-10 中第 31～33 行代码定义一个大的 div 内部嵌套一个 div 子盒子。第 11 行代码为大 div 添加 perspective 属性。

运行例 9-10，效果如图 9-24 所示，当鼠标悬浮在盒子上时，小 div 将围绕 X 轴旋转，并出现透视效果，如图 9-25 所示。

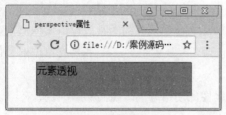

图9-24　默认样式

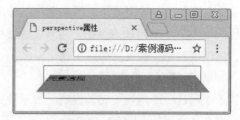

图9-25　鼠标悬浮样式

值得一提的是，在 CSS3 中还包含很多转换的属性，通过这些属性可以设置不同的转换效果，表 9-7 列举了一些常见的属性。

表 9-7　转换的属性

属 性 名 称	描　　述	属 性 值
transform-style	规定被嵌套元素如何在 3D 空间中显示	flat：子元素将不保留其 3D 位置
		preserve-3d 子元素将保留其 3D 位置
backface-visibility	定义元素在不面对屏幕时是否可见	visible：背面是可见的
		Hidden：背面是不可见的

除了前面提到的旋转，3D 变形还包括移动和缩放，运用这些方法可以实现不同的转换效果，具体方法如表 9-8 所示。

表 9-8　转换的方法

方 法 名 称	描　　述
translate3d(x,y,z)	定义 3D 位移
translateX(x)	定义 3D 位移，仅使用用于 X 轴的值
translateY(y)	定义 3D 位移，仅使用用于 Y 轴的值
translateZ(z)	定义 3D 位移，仅使用用于 Z 轴的值
scale3d(x,y,z)	定义 3D 缩放
scaleX(x)	定义 3D 缩放，通过给定一个 X 轴的值
scaleY(y)	定义 3D 缩放，通过给定一个 Y 轴的值
scaleZ(z)	定义 3D 缩放，通过给定一个 Z 轴的值

下面，通过一个综合案例演示 3D 变形属性和方法的使用，如例 9-11 所示。

例 9-11　example11.html

```
1 <!doctype html>
2 <html>
3 <head>
4 <meta charset="utf-8">
5 <title>translate3D ( ) 方法</title>
6 <style type="text/css">
7 div{
```

```
8      width:200px;
9      height:200px;
10     border:2px solid #000;
11     position:relative;
12     transition:all 1s ease 0s;              /*设置过渡效果*/
13     transform-style:preserve-3d;            /*规定被嵌套元素如何在3D空间中显示*/
14 }
15 img{
16     position:absolute;
17     top:0;
18     left:0;
19     transform:translateZ(100px);
20 }
21 .no2{
22     transform:rotateX(90deg) translateZ(100px);
23 }
24 div:hover{
25     transform:rotateX(-90deg);               /*设置旋转角度*/
26 }
27 div:visited{
28     transform:rotateX(-90deg);               /*设置旋转角度*/
29     transition:all 1s ease 0s;               /*设置过渡效果*/
30     transform-style:preserve-3d;             /*规定被嵌套元素如何在3D空间中显示*/
31 }
32 </style>
33 </head>
34 <body>
35 <div>
36     <img class="no1" src="images/1.png" alt="1">
37     <img class="no2" src="images/2.png" alt="2">
38 </div>
39 </body>
40 </html>
```

在例 9-11 中, 第 13 行代码通过 transform-style 属性规定元素在 3D 空间中的显示方式; 同时在整个案例中分别针对<div>和<img>设置不同的旋转轴和旋转角度。

运行例 9-11, 鼠标移上和移出时的动画效果如图 9-26 所示。

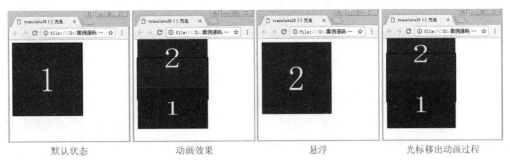

默认状态　　　　　　　动画效果　　　　　　　悬浮　　　　　光标移出动画过程

图9-26　元素默认效果

9.4 动画

在 CSS3 中，过渡效果只能定义元素过程动画，并不能对过程中的某一环节进行控制。为了实现更加丰富的动画效果，CSS3 提供了 animation 属性。使用 animation 属性可以定义复杂的动画效果。本节将详细讲解使用 animation 属性设置动画的技巧。

9.4.1 @keyframes

animation 属性只有配合@keyframes 规则才能实现动画效果，因此在学习 animation 属性之前，首先要学习@keyframes 规则。@keyframes 规则的语法格式如下：

```
@keyframes animationname {
    keyframes-selector{css-styles;}
}
```

在上面的语法格式中，@keyframes 规则包含的参数具体含义如下：

- animationname：表示当前动画的名称，它将作为引用时的唯一标识，因此不能为空。
- keyframes-selector：关键帧选择器，即指定当前关键帧要应用到整个动画过程中的位置，值可以是一个百分比、from 或者 to。其中，from 和 0%效果相同表示动画的开始，to 和 100%效果相同表示动画的结束。
- css-styles：定义执行到当前关键帧时对应的动画状态，由 CSS 样式属性进行定义，多个属性之间用分号分隔，不能为空。

例如，使用@keyframes 规则可以定义一个淡入动画，示例代码如下：

```
@keyframes 'appear'
{
  0%{opacity:0;}          /*动画开始时的状态，完全透明*/
  100%{opacity:1;}        /*动画结束时的状态，完全不透明*/
}
```

上述代码创建了一个名为 appear 的动画，该动画在开始时 opacity 为 0（透明），动画结束时 opacity 为 1（不透明）。该动画效果还可以使用等效代码来实现，具体如下：

```
@keyframes 'appear'
{
  from{opacity:0;}        /*动画开始时的状态，完全透明*/
  to{opacity:1;}          /*动画结束时的状态，完全不透明*/
}
```

另外，如果需要创建一个淡入淡出的动画效果，可以通过如下代码实现，具体如下：

```
@keyframes 'appeardisappear'
{
  from,to{opacity:0;}     /*动画开始和结束时的状态，完全透明*/
  20%,80%{opacity:1;}     /*动画的中间状态，完全不透明*/
}
```

在上述代码中，为了实现淡入淡出的效果，需要定义动画开始和结束时元素不可见，然后渐渐淡出，在动画的 20%处变得可见，然后动画效果持续到 80%处，再慢慢淡出。

注意：Internet Explorer 9 以及更早的版本不支持@keyframe 规则或 animation 属性。Internet

Explorer 10、Firefox 以及 Opera 支持@keyframes 规则和 animation 属性。

9.4.2 animation-name属性

animation-name 属性用于定义要应用的动画名称，为@keyframes 动画规定名称，其基本语法格式如下：

```
animation-name: keyframename | none;
```

在上述语法中，animation-name 属性初始值为 none，适用于所有块元素和行内元素。keyframename 参数用于规定需要绑定到选择器的 keyframe 的名称，如果值为 none 则表示不应用任何动画。

9.4.3 animation-duration属性

animation-duration 属性用于定义整个动画效果完成所需的时间，以秒或毫秒计。其基本语法格式如下：

```
animation-duration: time;
```

在上述语法中，animation-duration 属性初始值为 0。time 参数是以秒（s）或者毫秒（ms）为单位的时间。当设置为 0 时，表示没有任何动画效果。当值为负数时，会被视为 0。

下面通过一个盒子移动的案例演示 animation-name 及 animation-duration 属性的用法，如例 9-12 所示。

例 9-12 example12.html

```
1 <!doctype html>
2 <html>
3 <head>
4 <meta charset="utf-8">
5 <title>animation-duration 属性</title>
6 <style type="text/css">
7 img{
8    position:relative;
9    animation-name:mymove;              /*定义动画名称*/
10   animation-duration:5s;              /*定义动画时间*/
11   -webkit-animation-name:mymove;      /*Chrome浏览器兼容代码*/
12   -webkit-animation-duration:5s;
13 }
14@keyframes mymove{
15   from {left:0px; width:200px;}
16   to {left:200px; width:400px;}
17 }
18@-webkit-keyframes mymove{            /*Chrome浏览器兼容代码*/
19   from {left:0px;  width:200px;}     /*动画开始和结束时的状态*/
20   to {left:200px;  width:400px;}     /*动画中间时的状态*/
21 }
22</style>
23</head>
24<body>
```

```
25<img src="images/box.jpg" >
26</body>
27</html>
```

在例 9-12 中，第 9 行代码使用 animation-name 属性定义要应用的动画名称，第 10 行代码使用 animation-duration 属性定义整个动画效果完成所需要的时间。第 14～17 行代码使用 from 和 to 函数指定当前关键帧要应用动画过程中的位置。同时为了兼容 Chrome 浏览器，单独书写了带有-webkit 私有前缀的属性。

运行例 9-12，图片会有一个从左向右移动，并逐渐变大的动画，效果如图 9-27 所示。

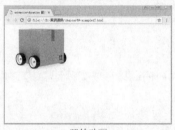  

开始动画　　　　　　　　　　　中间过程　　　　　　　　　　　结束动画

图9-27　动画效果

需要注意的是，如果动画元素有位置的移动，需要为元素设置定位属性，这样后续的位置设置才会生效。

9.4.4　animation-timing-function属性

animation-timing-function 用来规定动画的速度曲线，可以定义使用哪种方式来执行动画速率。animation-timing-function 属性的语法格式如下：

```
animation-timing-function:value;
```

在上述语法中，animation-timing-function 的默认属性值为 ease。另外，animation-timing-function 还包括 linear、ease-in、ease-out、ease-in-out、cubic-bezier(n,n,n,n)等常用属性值。具体如表 9-9 所示。

表 9-9　animation-timing-function 的常用属性值

属　性　值	描　　述
linear	动画从头到尾的速度是相同的
ease	默认属性值。动画以低速开始，然后加快，在结束前变慢
ease-in	动画以低速开始
ease-out	动画以低速结束
ease-in-out	动画以低速开始和结束
cubic-bezier(n,n,n,n)	在 cubic-bezier 函数中自己的值。可能的值是从 0 到 1 的数值

例如，想要让元素匀速运动，可以为元素添加以下示例代码：

```
animation-timing-function:linear; /*定义匀速运动*/
```

9.4.5　animation-delay属性

animation-delay 属性用于定义执行动画效果延迟的时间，也就是规定动画什么时候开始。

其基本语法格式如下：

```
animation-delay:time;
```

在上述语法中，参数 time 用于定义动画开始前等待的时间，其单位是秒或者毫秒，默认属性值为 0。animation-delay 属性适用于所有的块元素和行内元素。

例如，想要让添加动画的元素在 2s 后播放动画效果，可以在该元素中添加如下代码：

```
animation-delay:2s;
```

此时，刷新浏览器页面，动画开始前将会延迟 2s 的时间，然后才开始执行动画。

9.4.6 animation-iteration-count属性

animation-iteration-count 属性用于定义动画的播放次数，其基本语法如下：

```
animation-iteration-count: number | infinite;
```

在上述语法格式中，animation-iteration-count 属性初始值为 1。如果属性值为 number，则用于定义播放动画的次数；如果是 infinite，则指定动画循环播放。例如下面的示例代码：

```
animation-iteration-count:3;
-webkit-animation-iteration-count:3;
```

在上面的代码中，使用 animation-iteration-count 属性定义动画效果需要播放 3 次，动画效果将连续播放 3 次后停止。

9.4.7 animation-direction属性

animation-direction 属性定义当前动画播放的方向，即动画播放完成后是否逆向交替循环。其基本语法如下：

```
animation-direction: normal | alternate;
```

在上述语法格式中，animation-direction 属性包括 normal 和 alternate 两个属性值。其中，normal 为默认属性值，动画会正常播放，alternate 属性值会使动画在奇数次数（1、3、5 等等）正常播放，而在偶数次数（2、4、6 等）逆向播放。因此，要想使 animation-direction 属性生效，首先要定义 animation-iteration-count 属性（播放次数），只有动画播放次数大于等于 2 次时，animation-direction 属性才会生效。

下面通过一个案例演示 animation-direction 属性的用法，如例 9-13 所示。

例 9-13 example13.html

```
1 <!doctype html>
2 <html>
3 <head>
4 <meta charset="utf-8">
5 <title>animation-duration 属性</title>
6 <style type="text/css">
7 img{
8    position:relative;
9    animation-name:mymove;              /*定义动画名称*/
10   animation-duration:5s;              /*定义动画时间*/
11   -webkit-animation-name:mymove;      /*Chrome浏览器兼容代码 */
12   -webkit-animation-duration:5s;
```

```
13    animation-iteration-count:2;              /*定义动画的播放次数*/
14    animation-direction:alternate;            /*定义动画播放的方向*/
15    -webkit-animation-iteration-count:2;
16    -webkit-animation-direction:alternate;
17 }
18 @keyframes mymove{
19    from {left:0px; width:200px;}
20    to {left:200px; width:400px;}
21 }
22 @-webkit-keyframes mymove{                    /*Chrome浏览器兼容代码*/
23    from {left:0px;  width:200px;}            /*动画开始和结束时的状态*/
24    to {left:200px;  width:400px;}            /*动画中间时的状态*/
25 }
26 </style>
27 </head>
28 <body>
29 <img src="images/box.jpg" >
30 </body>
31 </html>
```

在例 9-13 中，第 13 和 14 行代码设置了动画的播放次数和逆向播放，此时元素第 2 次的动画效果就会逆向播放。

运行例 9-13，元素的两次动画效果如图 9-28 所示。

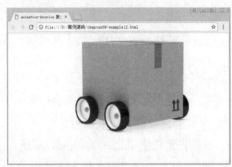

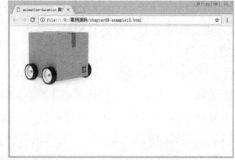

第1次动画　　　　　　　　　　　　　　　　　第2次动画

图9-28　逆向动画效果

9.4.8　animation属性

animation 属性是一个简写属性，用于在一个属性中设置 animation-name、animation-duration、animation-timing-function、animation-delay、animation-iteration-count 和 animation-direction 六个动画属性。其基本语法格式如下：

```
animation: animation-name animation-duration animation-timing-function animation-delay animation-iteration-count animation-direction;
```

在上述语法中，使用 animation 属性时必须指定 animation-name 和 animation-duration 属性，否则动画效果将不会播放。下面的示例代码是一个简写后的动画效果代码：

```
animation: mymove 5s linear 2s 3 alternate;
```

上述代码也可以拆解为：

```
animation-name:mymove;                /*定义动画名称*/
animation-duration:5s;                /*定义动画时间*/
animation-timing-function:linear;     /*定义动画速率*/
animation-delay:2s;                   /*定义动画延迟时间*/
animation-iteration-count:3;          /*定义动画播放次数*/
animation-direction:alternate;        /*定义动画逆向播放*/
```

习题

一、判断题

1. 在 HTML5 中，video 标签用于定义播放视频文件的标准。　　　　　　（　　）
2. 在 HTML5 中，audio 标签的 controls 属性用于为音频提供播放控件。　（　　）
3. transition-property 属性用于指定应用过渡效果的 CSS 属性的名称。　（　　）
4. rotate() 方法能够旋转指定的元素对象，主要在三维空间内进行操作。（　　）
5. animation-delay 属性用于定义整个动画效果完成所需要的时间。　　　（　　）

二、选择题

1.（多选）transition-property 属性用于指定应用过渡效果的 CSS 属性的名称，其属性值有（　　）。

    A. none　　　　　　　　B. true　　　　　　　C. all　　　　　　　D. property

2.（单选）下列选项中，用于定义过渡效果花费时间的属性是（　　）。

    A. transition-property 属性　　　　　　　B. transition-duration 属性

    C. transition-timing-function 属性　　　　D. transition-delay 属性

3.（多选）使用 transform 属性可以实现变形效果。下列选项中，属于 transform 变形效果的是（　　）。

    A. 平移　　　　　　　B. 缩放　　　　　　　C. 倾斜　　　　　　　D. 旋转

4.（单选）下列属性中，用于定义整个动画效果完成所需时间的是（　　）。

    A. animation-duration 属性　　　　　　　B. animation-timing-function 属性

    C. animation-delay 属性　　　　　　　　D. animation-direction 属性

5.（单选）下列选项中，用于定义当前动画播放方向的属性是（　　）。

    A. animation-iteration-count 属性　　　　B. animation-timing-function 属性

    C. animation-delay 属性　　　　　　　　D. animation-direction 属性

三、简答题

1. 简要描述 2D 变形和 3D 变形的差别。
2. 简要描述 animation 属性。

第 10 章
CSS 应用技巧

学习目标

- 掌握 CSS 精灵技术，能够在网页制作中熟练使用。
- 掌握 CSS 滑动门技术，能够运用滑动门技术制作网站导航。
- 掌握压线效果的原理，能够在网页制作中能够熟练运用。

通过前面几章的学习，我们已经掌握了 CSS 的基本原理和使用技巧，但是在实际制作网页的过程中，有时需要使用 CSS 制作一些特殊的技巧，例如使用 margin 负值制作压线效果、CSS 精灵技术等。由于这些技术之间并不存在特定的关联，因此本章将分别对这些 CSS 应用技巧进行详细讲解。

10.1　CSS精灵技术

10.1.1　认识CSS精灵

为什么要学习 CSS 精灵技术呢？首先从网页的请求原理来分析。当用户访问一个网站时，需要向服务器发送请求，服务器接收请求，会返回请求页面，最终将效果展示给用户。图 10-1 所示为网页请求原理示意图。

然而，一个网页中往往会应用很多小的背景图像作为修饰，当网页中的图像过多时，服务器就会频繁地接收和发送请求，这将大大降低页面的加载速度。这时使用 CSS 精灵就可以有效地减少服务器接收和发送请求的次数，提高页面的加载速度。

CSS 精灵（也称 CSS Sprites）是一种处理网页背景图像的方式。在网页设计中，CSS 精灵会将一个页面涉及的所有零星背景图像都集中到一张大图中去，然后将大图应用于网页，当用户访问该页面时，只需向服务器发送一次请求，网页中的背景图像即可全部展示出来。通常情况下，这个由很多小的背景图像合成的大图称为精灵图。图 10-2 展示的就是某网站中的一个精灵图。

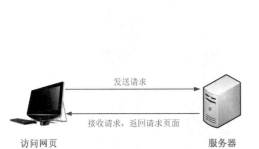

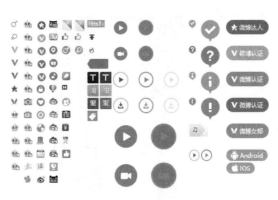

图10-1　网页请求原理示意图　　　　　　　图10-2　精灵图展示

10.1.2　应用CSS精灵

CSS 精灵可以把网页中一些背景图片整合为一张图片。可以利用 CSS 的 background-image、background-repeat、background-position 属性对图片进行背景定位，其中 background-position 可以用像素值精确地定位出背景图片的位置。

为了使初学者更好地理解 CSS 精灵的工作原理，接下来带领大家制作一个简单的精灵图，如图 10-3 所示；然后使用这个精灵图作为背景，制作出一个如图 10-4 所示的页面效果，具体步骤如下。

1．制作精灵图

（1）打开 Photoshop 软件，新建一个 60×300px 的画布，背景设为透明，如图 10-5 所示（关于 Photoshop 的操作技巧，可以参考《Photoshop CS6 图像设计案例教程》）。

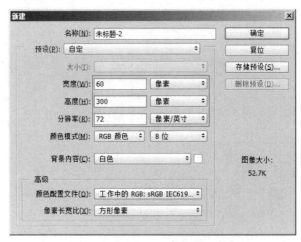

图10-3　精灵图　　图10-4　页面效果图　　　　　　图10-5　新建画布

（2）创建参考线，将画布等分为 5 份，每份高度 60px，如图 10-6 所示。

（3）将"精灵图素材.psd"中的图片拖拽到等分的画布中，排列成图 10-7 所示样式。

（4）将合成的图像另存为 png 格式，保存在 chapter12 下的 images 文件夹中，命名为 jingling.png，完成精灵图的制作工作。

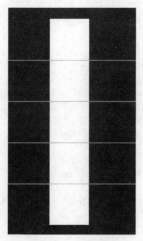
图10-6　等分画布

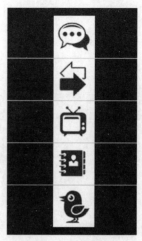
图10-7　调整图片

2．制作页面

1）搭建页面结构

新建 HTML 文档，创建一个包含 5 个列表项的无序列表，分别用于定义每个图标，具体代码如例 10-1 所示。

例 10-1　example01.html

```
1 <!doctype html>
2 <html>
3 <head>
4 <meta charset="utf-8">
5 <title>CSS精灵</title>
6 </head>
7 <body>
8 <ul>
9    <li class="box1">聊天</li>
10   <li class="box2">下载</li>
11   <li class="box3">视频</li>
12   <li class="box4">记事本</li>
13   <li class="box5">博客</li>
14</ul>
15</body>
16</html>
```

运行例 10-1，效果如图 10-8 所示。

2）为两个盒子定义相同的样式

从图 10-4 页面效果图中可以看出，5 个列表项的宽度和高度均可相同，不同的只有列表项的图标。这些不同的图标需要使用精灵图中不同位置的小图标来填充。这里先不考虑精灵图的位置，

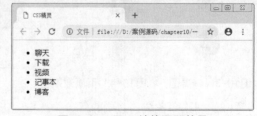
图10-8　HTML结构页面效果

将精灵图直接作为列表项的背景，具体 CSS 代码如下：

```
1 body,ul{margin:0; padding:0; list-style:none; }
```

```
2 ul{width:100px; height:300px;}
3 li{
4    width:100px;
5    height:60px;
6    line-height:60px;
7    color:#FFF;
8    font-size:12px;
9    background:url(images/jingling.png) no-repeat;/*将精灵图作为盒子的背景 */
10   float:left;
11   margin:10px;
12   padding-left:65px;
13   color:#666;
14   font-size:24px;
15}
```

需要注意的是，在上面的样式代码中，列表项的高度要和等分的精灵图高度相同，均设置为 60px，宽度可以任意指定一个大于精灵图的宽度。

将该样式应用于网页文档后，刷新页面，效果如图 10-9 所示。

在图 10-9 中，5 个列表项前的项目符号都是同一个图标，因此需要使用 background-position 属性，通过定位背景图的方式，为各列表项指定合适的背景图像。

3）调整列表项的背景

默认情况下，背景图像的左上角（坐标为 0,0）与 li 列表项的左上角（坐标为 0,0）对齐。如图 10-10 所示，最外层的橙色线框代表 li 外边距。

其中 li 列表项位置是不动的，要想让它们更换背景图像，只需要将背景图像上移，将背景图像每次上移 60px（即更改 li 背景图片的 Y 轴坐标值），如图 10-11 所示。

值得一提的是，根据网页的 X 坐标和 Y 坐标第四象限的原理，背景图像位置上移显示，坐标数值将变小。

根据上面的分析，使用 background-position 属性指定各 li 列表项背景图像的位置。具体 CSS 代码如下：

图10-9　效果图

图10-10　盒子的左上边与背景图像的左上角对齐

```
.box2{background-position:0px -60px;}
.box3{background-position:0px -120px;}
.box4{background-position:0px -180px;}
.box5{background-position:0px -240px;}
```

将该样式应用于网页后，各列表项显示不同的背景图像，效果如图 10-12 所示。

注意：

1. CSS 精灵的关键在于使用 background-position 属性定义背景图像的位置。根据网页的 X 坐标和 Y 坐标原理，背景图像上移时，Y 坐标为负值，图像左移时，X 坐标为负值。

2. 制作精灵图时，需要将其中的多张小图合理地排列，因此在精灵图中最好留有一定的空间，以便以后添加新图片。

3. CSS精灵虽然可以加快网页的加载速度，但也存在一定的劣势，如果页面背景有少许改动，就需要修改精灵图和CSS样式代码。

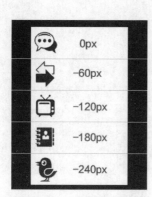

图10-11　设置背景图像

图10-12　设置背景图标

10.2　CSS滑动门技术

在制作网页导航时，经常会碰到导航栏长度不同，但背景相同的情形。如图 10-13 所示。此时如果通过拉伸背景图的方式来适应文本内容，就会造成背景图变形，如图 10-14 所示。

图10-13　正常显示的导航背景

图10-14　变形的导航背景

在制作网页时，为了使各种特殊形状的背景能够自适应元素中的文本内容，并且不会变形，CSS 提供了滑动门技术，本节将对 CSS 滑动门的使用技巧做具体讲解。

10.2.1　认识滑动门

滑动门是 CSS 引入的一项用来创造漂亮实用界面的新技术，之所以命名为"滑动门"，是因为它的工作原理和生活中的滑动推拉门（见图 10-15）类似，通过向两侧滑动门板，来扩大中间的空间。

滑动门技术非常简单，其技术操作的关键在于图片拼接。通常滑动门技术需要将一个不规则的大图切为几个小图（通常为 3 个），然后将每一个小图用一个单独的 HTML 标签来定义，最后将这几个小图拼接在一起，组成一个完整的背景。图 10-16 所示为滑动门技术拆分的 3 张背景图片。

图10-15 滑动推拉门

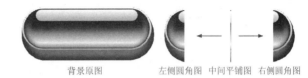

背景原图　　　左侧圆角图 中间平铺图 右侧圆角图

图10-16 滑动门背景图片

在使用滑动门技术时，分别在第一标签个中放入左侧圆角图，在第二个标签中平铺第二图片，第三个标签中放入右侧圆角图片。

在网页设计时，滑动门技术非常有用，其好处体现在以下几个方面：

（1）实用性：滑动门能够根据导航文本长度自动调节宽度。

（2）简洁性：滑动门可以用分割背景图来实现炫彩的导航条风格，提升了图片载入速度。

（3）适用性：滑动门技术既可以用于设计导航条，也可以应用到其他大背景图片的网页模块中。

10.2.2 使用滑动门制作导航条

滑动门技术的使用非常简单，主要分为准备图片和拼接图片两个步骤，具体介绍如下。

1. 准备图片

滑动门技术的关键在于图片拼接，它将一个不规则的大图切为几个小图，每一个小图都需要一个单独的 HTML 标签来定义。需要注意的，在切图的时候，设计师一定要明白哪些是不可平铺的背景，哪些是可以平铺的，对于不可平铺的背景图需要单独切出，可以平铺的背景图，只需切出最小的像素，然后设置平铺即可。

2. 拼接图片

完成切图工作之后，就需要用 HTML 标签来拼接这些图像。定义 3 个盒子，将 3 张小图分别作为盒子的背景。其中左右两个盒子的大小固定，用于定义左侧、右侧的不规则形状的背景，中间的盒子只指定高度，靠文本内容撑开盒子，同时将中间的小图平铺作为盒子的背景。

为了使初学者更好地理解 CSS 滑动门技术，接下来使用滑动门技术制作一个导航栏，如例 10-2 所示。

例 10-2 example02.html

```
1 <!doctype html>
2 <html>
3 <head>
4 <meta charset="utf-8">
5 <title>css滑动门技术</title>
6 </head>
7 <body>
8 <ul class="all">
9    <li>
```

```
10          <span class="one"></span><a href="#">首页</a><span class="two">
</span>
11     </li>
12     <li>
13          <span class="one"></span><a href="#">公司产品</a><span class="two">
</span>
14     </li>
15     <li>
16       <span class="one"></span><a href="#">就业指导信息</a><span
class="two"> </span>
17     </li>
18     <li>
19          <span class="one"></span><a href="#">留言簿</a><span class="two">
</span>
20     </li>
21     <li>
22          <span class="one"></span><a href="#">添加友情链接</a><span class=
"two"></span>
23     </li>
24</ul>
25</body>
26</html>
```

在例 10-2 中，第 8～24 行代码用于定义无序列表，在无序列表中每对<li></li>标签中都包含两对<span></span>标签和一对<a></a>标签，其中第一对<span></span>标签用于定义左侧的小圆角背景图像，第二对<span></span>标签用于定义右侧的尖角背景图像，<a></a>标签用于定义中间的渐变背景。

运行例 10-2，效果如图 10-17 所示。

接下来为例 10-2 所示的页面结构添加 CSS 样式，添加的样式主要包含以下几个部分。

1）清除浏览器的默认样式

首先清除浏览器的默认样式，具体 CSS 代码如下：

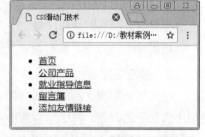

图10-17　HTML结构页面效果

```
body,ul,li{ padding:0; margin:0 ; list-style:none;}
```

2）为列表项添加浮动

在图 10-17 所示的结构效果图中，导航中的所有文本均垂直居中，因此，需要给<ul>指定相同的高度和行高，此外对于横向导航，需要为每个<li>设置左浮动，具体 CSS 代码如下：

```
.all{
  width:500px;
  margin:20px auto;
  height:35px;
  line-height:35px;
}
.all li{ float:left; }
```

3）应用滑动门技术定义不规则背景图像

在应用滑动门技术定义背景图像时，需要将背景图像分成3个小图，其中左侧和右侧的小图可以使用两对<span>标签定义为背景图像，中间的小图可以运用<a>标签定义为背景图像，具体结构如图10-18所示。

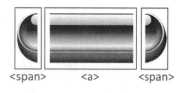

图10-18　滑动门结构图

在图10-18所示的滑动门结构图中，通过<a>标签自适应的宽度，来容纳不同长度的文本内容。需要注意的是，由于<a>和<span>都是行内标签，所以要想为它们定义背景图像，必须将<a>标签和<span>标签转换为行内块元素，具体CSS代码如下：

```
.all a,.all span{
  display:inline-block;
  height:56px;
  float:left;                        /*设置li中的3个盒子左浮动*/
}
.one{
  width:22px;
  background:url(images/left.png);   /*定义左圆角背景图像*/
}
.two{
  width:22px;
  background:url(images/right.png);  /*定义右圆角背景图像*/
}
.all a:link,.all a:visited{
  color:#FFF;
  font-size:18px;
  font-weight:bold;
  font-style:"微软雅黑";
  text-shadow:3px 3px 5px #333;
  text-decoration:none;
  background:url(images/middle.png) repeat-x;  /*定义中间的渐变背景*/
  padding:0 20px;
}
.all a:hover{
  color:#333;
  text-shadow:3px -3px 5px #FFF;
}
```

至此页面样式添加完成，将CSS样式应用于网页后，刷新页面，效果如图10-19所示。

图10-19　导航栏效果

在图10-19所示的页面中，运用了滑动门技术后的背景图可以自适应文本的宽度。默认状态下，导航文本显示白色，并带有一个偏右下方的投影。将光标悬浮在任意一个导航栏上，导航栏文字将变成深灰色，文字投影将变成白色，偏右上方，效果如图10-20所示。

图10-20　导航栏变色

注意：滑动门技术的关键在于不要给中间的盒子指定宽度，其宽度由内部的内容撑开。

‖ 10.3 margin设置负值技巧

制作网页时，为了拉开内容元素之间的距离，常常给标签设置数值为正数的外边距 margin。但是在实际工作中，为了实现一些特殊的效果，例如图 10-21 所示的导航重叠效果，就需要将标签的 margin 值设置为负数，也就是常说的"margin 负值"。接下来，本节将对 margin 负值的应用技巧进行详细的讲解。

图10-21　导航重叠效果

10.3.1 margin负值基本应用

margin 负值应用主要分为两类，一类是在同级别标签下应用 margin 负值，另一类是在子标签中应用 margin 负值。接下来，将对 margin 负值这两种类型的应用做具体讲解。

1. 对同级标签应用 margin 负值

对同级标签应用 margin 负值时，会出现图 10-21 所示的标签重叠效果。接下来通过一个具体的案例来演示对同级标签应用 margin 负值的效果，如例 10-3 所示。

例 10-3　example03.html

```
1 <!doctype html>
2 <html>
3 <head>
4 <meta charset="utf-8">
5 <title>对同级标签应用margin负值</title>
6 <style type="text/css">
7 div{
8     width:120px;
9     height:48px;
10    background:#0CF;
11    float:left;
12    opacity:0.7;
13    border:2px solid #FFF;
14    border-radius:50px;
15    text-align:center;
16    line-height:48px;
17    color:#000;
18}
19.second,.third,.fourth{
20    margin-left:-15px;                 /*将其余盒子的左外边距设置为负值*/
21}
22</style>
23</head>
24<body>
```

```
25<div class="first">首页</div>
26<div class="second">公司简介</div>
27<div class="third">产品</div>
28<div class="fourth">联系我们</div>
29</body>
30</html>
```

在例 10-3 中，第 20 行代码用于为"公司简介""产品""联系我们"3 个盒子设置属性值为负数的左外边距，让盒子重叠排列。

运行例 10-3，效果如图 10-22 所示。

图10-22　同级标签应用margin负值效果

在图 10-22 中，4 个盒子发生了重叠，由于对第 2、3、4 个盒子应用了属性值为负数的左外边距，它们相对于原来的位置会向左移动，压住前一个盒子的部分边缘。

2. 对子标签应用 margin 负值

对于嵌套的盒子，当对子标签应用 margin 负值时，子标签通常会压住父标签的一部分。接下来通过一个具体的案例来演示对子标签应用 margin 负值的效果，如例 10-4 所示。

例 10-4　example04.html

```
1 <!doctype html>
2 <html>
3 <head>
4 <meta charset="utf-8">
5 <title>对子标签应用margin负值</title>
6 <style type="text/css">
7 .big{
8    width:400px;
9    height:50px;
10   border:2px solid #aaa;
11   border-radius:50px;
12   background-color:#F36;
13   margin:40px auto;
14
15}
16.small{
17   width:80px;
18   height:50px;
19   background-color:#FFF;
20   border:2px solid #CCC;
21   margin-top:-30px;              /*设置子标签的上外边距为-30px*/
22   margin-left:30px;
```

```
23}
24</style>
25</head>
26<body>
27<div class="big">
28  <div class="small"></div>
29</div>
30</body>
31</html>
```

在例 10-4 中定义了两对 div，它们为父子嵌套关系，对父 div 应用宽度、高度、边框和背景颜色样式，同时，对子 div 应用宽度、高度、背景颜色和外边距样式。在第 21 行代码中，通过 "margin-top:-30px;" 将子 div 的上外边距设置为负值。

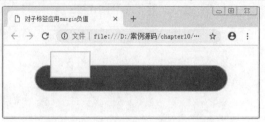

图10-23　子标签应用margin负值效果

运行例 10-4，效果如图 10-23 所示。

注意：对子标签应用 margin 负值时，在大部分浏览器中，都会产生子标签压住父标签的效果，但是，在 IE 老版本浏览器中（例如 IE6），子标签超出的部分将被父标签遮盖。

10.3.2　利用margin负值制作压线效果

通过上一小节的学习，相信初学者已经熟悉 margin 负值所产生的效果。在实际工作中，margin 负值还被用于制作导航的压线效果。什么是压线效果呢？首先来看一个登录注册模块的按钮，如图 10-24 所示。当鼠标移上任意一个按钮时，按钮悬浮样式会显示分割线，如图 10-25 所示。

图10-24　默认效果展示

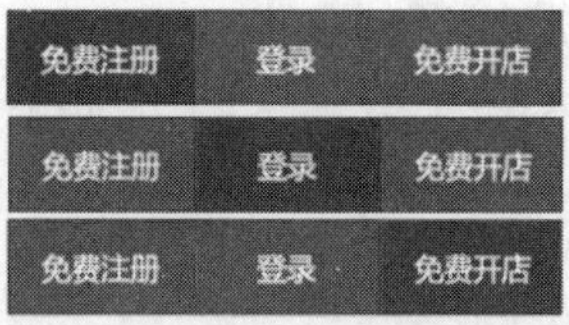

图10-25　压线效果展示

观察图 10-25 所示效果图，会发现当光标移上任意一个按钮时，按钮侧面都会一条长分割线，并且这条长分割线和默认效果的短分割线位置相同。这种鼠标悬浮的效果就是压线效果，该效果主要运用 CSS 精灵技术和 margin 负值来实现，接下来分步骤实现图 10-25 所示的压线效果。

1. 分析效果图

1）结构分析

观察效果图 10-24，容易看出，整个模块由 1 个大盒子和其中的 3 个小盒子构成，并且 3 个小盒子都是可以点击的链接。对于大盒子可以用<div>标签来定义，小盒子可以使用<a>标签定义。效果图 10-24 对应的结构如图 10-26 所示。

2）样式分析

效果图中的文字效果比较特殊，需要为<a>标签设置背景图像来实现，并且可以将<a>标签默认的背景图像和鼠标移上时的背景图像合成为精灵图，如图 10-27 所示。通过调整精灵图的位置，控制不同状态时各个链接的背景。默认状态下，超链接的背景图像为精灵图的上半部分，当鼠标移上超链接时，超链接的背景图像定位到精灵图的下半部分。

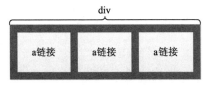

图10-26　登录注册模块结构图　　　　　图10-27　精灵图

2. 搭建 HTML 结构

分析完效果图之后，就可以搭建页面结构了，具体代码如例 10-5 所示。

例 10-5　example05.html

```
1 <!doctype html>
2 <html>
3 <head>
4 <meta charset="utf-8">
5 <title>登录注册模块</title>
6 </head>
7 <body>
8 <div class="yaxian">
9    <a href="#" class="one"></a>
10   <a href="#" class="two"></a>
11   <a href="#" class="three"></a>
12</div>
13</body>
14</html>
```

在例 10-5 中，<div>标签用于定义最外层的大盒子，并且在<div>标签中嵌套 3 对<a></a>标签。

3. 定义 CSS 样式

在定义 CSS 样式时，可以根据分析的结构，分步骤添加 CSS 样式。

1）书写页面的基本样式

根据对效果图的分析，书写页面的基本 CSS 样式，具体代码如下：

```
1 .yaxian{
2    width:300px;
3    height:50px;
4    margin:20px auto;
5 }
6 a{
7    width:102px;
8    height:50px;
9    display:block;                          /*将超链接标签转换为块元素*/
```

```
10    float:left;                                 /*为超链接设置左浮动*/
11    background:url(images/login.png);
12}
13.two{
14    width:100px;
15    background-position:-102px 0;
16}
17.three{
18    width:98px;
19    background-position:-202px 0;
20}
```

在上面的 CSS 代码中，第 6～20 行代码用于控制超链接的默认样式，其中第 9 行代码用于将超链接转换为块元素，第 10 行代码用于设置超链接左浮动，第 15 行和 19 行代码分别用于定义默认状态下后两个超链接中精灵图的位置。

将该样式应用于网页后，效果如图 10-28 所示。

图 10-28 所示为登录注册模块的默认显示效果，当鼠标移上相应的链接时，其背景图像不会发生任何改变。

2）制作鼠标移上时的压线效果

以"登录"所在的盒子为例，默认状态和鼠标移上时，盒子的大小如图 10-29 所示。

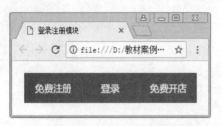

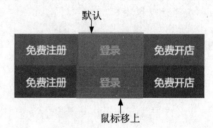

图10-28 登录注册模块默认效果　　　图10-29 默认和鼠标移上时"登录"所在盒子的背景

从图 10-29 可以看出，鼠标移到"登录"盒子时，其宽度将增加，但是最外层 div 的宽度是固定的，如果"登录"盒子的宽度增加，"免费开店"盒子必然会被挤掉。解决这个问题的关键在于为"登录"盒子设置左外边距负值，使"登录"盒子向左移动 2px（测量精灵图得到的数据），这样"登录"盒子将压住"免费注册"盒子右侧的短竖线，产生所谓的"压线效果"。"免费开店"盒子压线效果的制作方法与"登录"盒子相同。

根据上面的分析，书写鼠标移上超链接时的 CSS 样式，具体代码如下：

```
.one:hover{background-position:0 -50px;}
.two:hover{
  width:102px;
    background-position:-100px -50px;
  margin-left:-2px;
}
.three:hover{
  width:100px;
    background-position:-200px -50px;
  margin-left:-2px;
}
```

将该样式应用于网页后，仍然会产生图 10-28 所示的默认效果。当鼠标移上"登录"和"免费开店"盒子时，其背景发生改变，产生"压线效果"，如图 10-30 和图 10-31 所示。

图10-30　鼠标移上"登录"的效果 　　图10-31　鼠标移上"免费开店"的效果

▌习题

一、判断题

1. 使用 CSS 精灵技术时，背景图像位置上移显示，坐标数值将变小。　　　　（　　）

2. 在嵌套标签中，不能应用 margin 负值。　　　　　　　　　　　　　　　（　　）

3. 使用滑动门技术时需要给中间的盒子定义宽度。　　　　　　　　　　　　（　　）

4. 对同级标签应用 margin 负值时，会出现标签重叠效果。　　　　　　　　（　　）

5. 滑动门技术的关键是将图片拼接，指定宽度和高度。　　　　　　　　　　（　　）

二、选择题

1. （单选）在 CSS 精灵中，用于定义背景图像位置的属性是（　　　）。

  A. background-position　　　　　　　　B. background-image

  C. background-repeat　　　　　　　　　D. background-attachment

2. （单选）下列选项中，能够使减少向服务器请求次数的技术是（　　　）。

  A. CSS 响应式技术　　　　　　　　　　B. CSS 精灵技术

  C. CSS 滑动门技术　　　　　　　　　　D. CSS 压线技术

3. （多选）当对嵌套的子标签应用 margin 负值时，会出现（　　　）效果。

  A. 父标签通常会压住子标签的一部分　　B. 子标签通常会压住父标签的一部分

  C. 子标签超出的部分将被父标签遮盖　　D. 正常显示

4. （多选）关于滑动门中背景图的描述，下列说法正确的是（　　　）。

  A. 切分的小图可以是 2 张　　　　　　　B. 切分的小图可以是 3 张

  C. 需要将不规则背景大图切分为小图　　D. 直接使用背景图

5. （多选）下面的选项中，属于使用 CSS 精灵优点的是（　　　）。

  A. 减少服务器接受的次数　　　　　　　B. 增加服务器发送请求的次数

  C. 提高页面的加载速度　　　　　　　　D. 减少服务器发送请求的次数

三、简答题

1. 简要描述什么是 CSS 精灵。

2. 简要描述 CSS 滑动门技术的优势。

第 11 章
JavaScript 基础知识

学习目标

- 了解什么是 JavaScript，掌握 JavaScript 的特点和引入方式。
- 掌握 JavaScript 基本语法，能够编写简单的 JavaScript 程序。
- 掌握 JavaScript 中变量的用法，能够声明变量并为变量赋值。
- 掌握函数的知识，能够声明和调用函数。

通过前面章节的学习，相应大家已经能够运用 HTML 和 CSS 技术来搭建各式各样的网页了。但是，无论使用 HTML 和 CSS 制作的网页多么漂亮，最多实现的也只是一些小的动画效果，如果想要网页实现真正的动态交互效果（例如焦点图切换、下拉菜单等），还需要使用 JavaScript 技术。本章将对 JavaScript 的基础知识做详细讲解。

▍ 11.1 初识JavaScript

11.1.1 JavaScript简介

说起 JavaScript 其实大家并不陌生，在日常浏览的网页中或多或少都有 JavaScript 的影子。例如，浏览网页时的焦点图，每隔一段时间，焦点图就会自动切换（如图11-1）；再如，当点击网站导航时会弹出一个列表菜单（见图 11-2）。

图11-1　焦点图切换效果

图11-2 导航列表菜单

图 11-1 和图 11-2 所示的这些动态交互效果，都可以通过 JavaScript 来实现。

作为一门独立的脚本语言，JavaScript 可以做很多事情，但它的主要作用还是在 Web 上创建网页特效。使用 JavaScript 脚本语言实现的动态应用，在网页上随处可见。下面，将介绍 JavaScript 的几种常见应用。

1. 验证用户输入的内容

使用 JavaScript 脚本语言可以在客户端对用户输入的内容进行验证。例如，在用户注册页面，用户需要输入相应的注册信息，例如手机号、昵称及密码等，如图 11-3 所示。如果用户在注册信息文本框中输入的信息不符合注册要求，或在"确认密码"与"密码"文本框中输入的信息不同，将弹出相应的提示信息（一些简单的提示信息可以使用 HTML5 表单验证），如图 11-4 所示。

图11-3 用户注册页面

图11-4 弹出提示信息

2. 网页动态效果

使用 JavaScript 脚本语言可以实现网页中一些动态效果，例如在页面中可以实现焦点图切换效果，如图 11-5 所示。

3. 窗口的应用

在和网页进行某些交互操作时，页面经常会弹出一些提示框，告诉用户该如何操作，如

图 11-6 所示，这些提示框可以通过 JavaScript 来实现。

图11-5　焦点图切换效果　　　　　　　　　　　图11-6　弹窗效果

4. 文字特效

使用 JavaScript 脚本语言可以制作多种特效文字，例如文字掉落效果，如图 11-7 所示。

图11-7　掉落的文字

图 11-7 所示只是动态效果的一张截图，当运用 JavaScript 实现效果后，文字会有一个从上到下掉落的变化。

11.1.2　JavaScript语法规则

每一种计算机语言都有自己的语法规则，只有遵循语法规则，才能编写出符合要求的代码。在使用 JavaScript 语言时，需要遵从一定的语法规则，如执行顺序、大小写以及注释规范等，下面将对 JavaScript 的语法规则做具体介绍。

1. 按从上到下的顺序执行

JavaScript 程序按照在 HTML 文档中排列顺序逐行执行。如果代码（例如函数、全局变量等）需要在整个 HTML 文件中使用，最好将这些代码放在 HTML 文件的<head>…</head>标签中。

2. 区分大小写字母

JavaScript 严格区分字母大小写。也就是说，在输入关键字、函数名、变量以及其他标识符时，都必须采用正确的大小写形式。例如，变量 username 与变量 userName 是两个不同的变量。

3. 每行结尾的分号可有可无

JavaScript 语言并不要求必须以分号 ";" 作为语句的结束标签。如果语句的结束处没有分号，JavaScript 会自动将该行代码的结尾作为整个语句的结束。

例如，下面两行示例代码，虽然第 1 行代码结尾没有写分号，但也是正确的。

```
alert("您好，欢迎学习JavaScript! ")
alert("您好，欢迎学习JavaScript! ");
```

注意：书写 JavaScript 代码时，为了保证代码的严谨性、准确性，最好在每行代码的结尾处加上分号。

4. 注释规范

使用 JavaScript 时，为了使代码易于阅读，需要为 JavaScript 代码加一些注释。JavaScript 代码注释和 CSS 代码注释方式相同，也分为单行注释和多行注释，示例代码如下：

```
//我是单行注释
/*
我是多行注释1
我是多行注释2
我是多行注释3
*/
```

11.1.3 JavaScript引入方式

JavaScript 脚本文件的引入方式和 CSS 样式文件类似。在 HTML 文档中引入 JavaScript 文件主要有 3 种，即行内式、嵌入式、外链式。接下来将对 JavaScript 的 3 种引入方式做详细讲解。

1. 行内式

行内式是将 JavaScript 代码作为 HTML 标签的属性值使用。例如，单击 test 时，弹出一个警告框提示 Happy，具体示例如下：

```
<a href="javascript:alert('Happy');"> test </a>
```

JavaScript 还可以写在 HTML 标签的事件属性中，事件是 JavaScript 中的一种机制。例如，单击网页中的一个按钮时，就会触发按钮的单击事件，具体示例如下：

```
<input type="button" onclick="alert('Happy'); " value="test" >
```

上述代码实现了单击 test 按钮时，弹出一个警告框提示 Happy。

值得一提的是，网页开发提倡结构、样式、行为的分离，即分离 HTML、CSS、JavaScript 三部分的代码。避免直接写在 HTML 标签的属性中，从而有利于维护。因此在实际开发中并不推荐使用行内式。

2. 嵌入式

在 HTML 中运用<script>标签及其相关属性可以嵌入 JavaScript 脚本代码。嵌入 JavaScript 代码的基本格式如下：

```
<script type="text/javascript">
    JavaScript语句;
</script>
```

上述语法格式中，type 是<script>标签的常用属性，用来指定 HTML 中使用的脚本语言类型。type="text/JavaScript"就是为了告诉浏览器，里面的文本为 JavaScript 脚本代码。随着 Web 技术的发展（HTML5 的普及、浏览器性能的提升），嵌入 JavaScript 脚本代码基本格式又有了新的写法，具体如下：

```
<script>
    JavaScript语句;
</script>
```

在上面的语法格式中，省略了 type="text/JavaScript"，这是因为新版本的浏览器一般将嵌入的脚本语言默认为 JavaScript，因此在编写 JavaScript 代码时可以省略 type 属性。

JavaScript 可以放在 HTML 中的任何位置，但放置的地方会对 JavaScript 脚本代码的执行顺序有一定影响。在实际工作中一般将 JavaScript 脚本代码放置于 HTML 文档的 <head></head> 标签之间。这是因为浏览器载入 HTML 文档的顺序是从上到下，将 JavaScript 脚本代码放置于 <head></head> 标签之间，可以确保在使用脚本之前，JavaScript 脚本代码已经被载入。下面展示的就是一段放置了 JavaScript 的示例代码。

```
<!doctype html>
<html>
<head>
<meta charset="utf-8">
<title>嵌入式</title>
<script type=" text/javascript">
  alert("我是JavaScript脚本代码! ")
</script>
</head>
<body>
</body>
</html>
```

在上面的示例代码中，<script>标签包裹的就是 JavaScript 脚本代码。

3. 外链式

外链式是将所有的 JavaScript 代码放在一个或多个以.js 为扩展名的外部 JavaScript 文件中，通过<src >标签将这些 JavaScript 文件链接到 HTML 文档中，其基本语法格式如下：

```
<script type="text/Javascript" src="脚本文件路径" >
</script>
```

上述格式中，src 是 script 标签的属性，用于指定外部脚本文件的路径。同样，在外链式的语法格式中，我们也可以省略 type 属性，将外链式的语法简写为：

```
<script src="脚本文件路径 " >
</script>
```

需要注意的是，调用外部 JavaScript 文件时，外部的 JavaScript 文件中可以直接书写 JavaScript 脚本代码，不需要写<script>引入标签。

在实际开发中，当需要编写大量、逻辑复杂的 JavaScript 代码时，推荐使用外链式。相比嵌入式，外链式的优势可以总结为以下两点：

1）利于后期修改和维护

嵌入式会导致 HTML 与 JavaScript 代码混合在一起，不利用代码的修改和维护，外链式会将 HTML、CSS、JavaScript 三部分代码分离开来，利于后期的修改和维护。

2）减轻文件体积、加快页面加载速度

嵌入式会将使用的 JavaScript 代码全部嵌入到 HTML 页面中，这就会增加 HTML 文件的体积，影响网页本身的加载速度；而外链式可以利用浏览器缓存，将需要多次用到的 JavaScript 脚本代码重复利用，既减轻了文件的体积，也加快了页面的加载速度。例如，在多个页面中引入了相同的 js 文件时，打开第 1 个页面后，浏览器就将 js 文件缓存下来，下次打开其他引用该 js 文件的页面时，浏览器就不用重新加载 js 文件了。

11.1.4 JavaScript常用输出语句

在 JavaScript 脚本代码中，输出语句用于直接输出一段代码的执行结果，直观展现 JavaScript 效果。JavaScript 常用的输出语句包括 alert()、console.log()、document.write()，关于这些输出语句的相关介绍具体如下。

1. alert()

alert()用于弹出一个警告框，确保用户可以看到某些提示信息。利用 alert()可以很方便地输出一个结果，因此 alert()经常用于测试程序。例如下面的示例代码：

```
alert("程序错误");
```

在网页中运行上述代码，效果如图 11-8 所示。

2. console.log()

console.log()用于在浏览器的控制台中输出内容。例如下面的示例代码：

```
console.log('你好JavaScript! ');
```

在网页中运行上述代码，效果如图 11-9 所示。

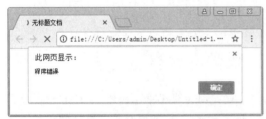

图11-8 警告框

图11-9 console.log()

从图 11-9 可以看出，此时页面中不显示任何内容。按【F12】键启动开发者工具，打开浏览器调试界面如图 11-10 所示。

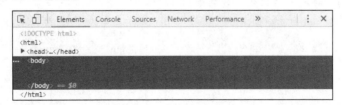

图11-10 开发者工具

在图 11-10 最上方的菜单中选择 Console（控制台），即可打开控制台。在控制台中可以看到 console.log 语句输出的内容，如图 11-11 所示。

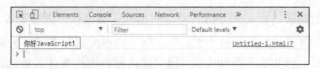

图11-11 在控制台输出的内容

3. document.write()

document.write()用于在页面中输出内容，示例代码如下。

```
document.write('<b>这是加粗文本</b>');
```

在网页中运行上述示例代码，效果如图11-12所示。

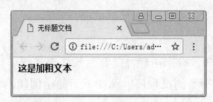

图11-12 在页面中输出内容

从运行结果可以看出，文字被加粗处理了。可见 document.write()的输出内容中如果含有HTML标签，该标签会被浏览器解析。

☕ **脚下留心：**

需要注意的是，运用 document.write()时，如果输出的内容中包含 JavaScript 结束标签，会导致代码提前结束，示例代码如下：

```
document.write('<script>alert(123);</script>');
```

在上面的示例代码中，代码的输出内容包含了</script>。

运行示例代码，效果如图11-13所示。

从图11-13可以看出，页面中并没有弹出警示框。这是因为代码中包含的</script>被浏览器当成结束标签。如果要解决这个问题，可在"</script>"前面加上"\"转义，即按照下面代码的写法：

```
document.write('<script>alert(123);<\/script>');
```

保存示例代码，再次运行代码，效果如图11-14所示。

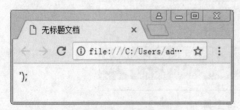

图11-13 输出内容1

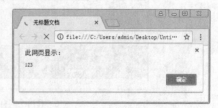

图11-14 输出内容2

11.1.5 简单的JavaScript页面

在了解 JavaScript 起源、语法规则以及引入方式后，相信大家已经迫不及待地想要使用 JavaScript 语言来编写网页程序了。接下来，将带领大家运用 Dreamweaver 工具动手体验第一个

JavaScript 程序。程序运行的最终效果如图 11-15 所示。

当单击图 11-15 中的"确定"按钮后，警告框消失，显示后面的网页文字，如图 11-16 所示。

图11-15 第一个JavaScript程序　　　　　　　图11-16 页面效果

图 11-15 所示为 JavaScript 程序警告框，图 11-16 所示是网页文本显示效果。要实现警告框的弹出可以分为两步，首先创建一个带有文本网页，然后在网页中嵌入 JavaScript 警告框输出语句，具体如下。

1. 搭建网页

首先创建一个简单的 HTML 网页，具体如例 11-1 所示。

例 11-1　example01.html

```
1 <!doctype html>
2 <html>
3 <head>
4 <meta charset="utf-8">
5 <title>JavaScript程序</title>
6 </head>
7 <body>
8 <p>第一个JavaScript程序</p>
9 </body>
10</html>
```

在例 11-1 中，第 4 行代码声明了网页的编码为 utf-8，网页编码用于帮助浏览器正确识别网页的编码格式。

运行例 11-1，效果如图 11-17 所示。

图11-17 HTML代码

2. 嵌入 JavaScript 代码

通常会将 JavaScript 脚本代码放到<head>或<body>标签中。本案例将 JavaScript 脚本代码放到<head>标签中，具体代码如下：

```
1 <!doctype html>
2 <html>
3 <head>
4 <meta charset="utf-8">
5 <title>JavaScript程序</title>
6    <script>
7        alert('第一个JavaScript程序!');    //用于弹出一个警告框
8    </script>
9 </head>
10<body>
11<p>第一个JavaScript程序</p>
```

```
12</body>
13</html>
```

在上述代码中，第 6~8 行代码就是嵌入到 HTML 中的 JavaScript 脚本代码，其中第 7 行代码是一条 JavaScript 语句，用于弹出一个警告框。

保存案例文件，刷新浏览器页面，效果如图 11-18 所示。

图11-18 警告框

从图 11-18 中可以看出，页面弹出了一个警告框，表示 JavaScript 代码已经执行。此时单击警告框上的"确定"按钮，就可以关闭警告框，显示网页内容。

▌ 11.2 JavaScript基础入门

JavaScript 语言有许多语法概念，如函数、对象、事件等，这些内容相对复杂，并且关联性强，这就需要对这种语言特性有一个准确的理解和掌握。为了让初学者更顺利地学习这些课程，下面讲解 JavaScript 基础知识，为大家后续学习 JavaScript 专业课程打下基础。

11.2.1 数据类型

任何一种程序语言设计，都离不开对数据的操作处理，对数据进行操作前必须要确定数据的类型。数据类型规定了可以对该数据进行的操作和数据的存储方式。JavaScript 的基本数据类型有数值型、字符串型、布尔型、未定义型、空型 5 种。接下来，将对这几种基本数据类型做具体介绍。

1. 数值型

JavaScript 中，用于表示数字的类型称为数值型。JavaScript 的数字可以写成十进制、十六进制和八进制，具体介绍如下。

（1）十进制是全世界通用的计数法，采用 0~9 十个数字，遵循逢十进一的原则。例如，下面的数字都是采用十进制的数字。

```
10              // 十进制数
15.1            // 十进制数
0.1             // 十进制数
-0.25           // 十进制数
```

（2）十六进制以"0X"或"0x"开头，后面跟 0~F 十六进制数字，具体示例如下：

```
0x1a3e          // 十六进制数
0X3d3e          // 十六进制数
0x1             // 十六进制数
```

（3）八进制以"0"开头，采用 0~7 八个数字，遵循逢八进一的原则，具体示例如下：

```
037             // 八进制数
012345          // 八进制数
-01245          // 八进制数
```

2. 字符串型

字符串（String）是 JavaScript 用来表示文本的数据类型，在 JavaScript 中的字符串型数据包含在单引号或双引号中，具体介绍如下。

（1）单引号括起来的一个或多个字符，示例如下：

```
'网页设计师'
'MBA'
```

（2）双引号括起来的一个或多个字符，示例如下：

```
"运动会"
"JavaScript"
```

3. 布尔型

布尔型（Boolean）是 JavaScript 中较常用的数据类型之一，通常用于逻辑判断，它只有 true 和 false 两个值，表示事物的"真"和"假"。

4. 空型

空型（Null）用于表示一个不存在的或无效的对象与地址，它的取值只有一个 null。并且由于 JavaScript 对大小写字母书写要求严格，因此变量的值只有是小写的 null 时才表示空型。

5. 未定义型

未定义型（undefined）用于声明的变量还未被初始化时，变量的默认值为 undefined。与 null 不同的是，undefined 表示没有为变量设置值，而 null 则表示变量（对象或地址）不存在或无效。需要注意的是，null 和 undefined 与空字符串（' '）和 0 并不是等价关系，它们代表不同的含义。

11.2.2　数据基本操作

了解数据类型之后，就可以对数据进行基本的操作了。数据的操作包括算术运算、比较大小、赋值等，具体介绍如下。

1. 算术运算

JavaScript 支持加（+）减（-）乘（*）除（/）四则运算，具体示例如下：

```
alert(220 + 230);              // 输出结果: 450
alert(2 * 3 + 25 / 5 - 1);     // 输出结果: 10
alert(2 * (3 + 25) / 5 - 1);   // 输出结果: 10.2
```

通过示例可以看出，程序会按照先乘除后加减的规则进行运算，利用小括号可以改变优先顺序。

2. 比较大小

JavaScript 支持<、>、<、>、= =（等于）等比较符号（比较运算符），通过比较运算符号可以比较两个数字的大小，具体示例如下。

```
alert(22 > 33);         // 输出结果: false
alert(22 < 33);         // 输出结果: true
alert(22 == 33);        // 输出结果: false
alert(22 == 22);        // 输出结果: true
```

从上述示例可以看出，比较的结果是 true 或 false，这是一种布尔类型的值，表示真和假。

如果比较结果为 true，表示成立；如果比较结果为 false，表示不成立。

3. 赋值

赋值需要使用赋值运算符，最基本的赋值运算符是等于号"="。其他运算符可以和赋值运算符"="联合使用，构成组合赋值运算符。表 11-1 列举了部分赋值运算符。

表 11-1　部分赋值运算符

赋值运算符	描　　述
=	将右边表达式的值赋给左边的变量。例如，username="name"
+ =	将运算符左边的变量加上右边表达式的值赋给左边的变量。例如，a+=b，相当于 a=a+b
- =	将运算符左边的变量减去右边表达式的值赋给左边的变量。例如，a−=b，相当于 a=a−b

4. 使用字符串保存数据

当需要在警告框中输出"Hello"时，为了在代码中保存"Hello"这个数据，就需要用到字符串这种数据类型。在 JavaScript 中，使用单引号或双引号包裹的数据是字符串，具体示例如下。

```
alert('Hello');      // 单引号字符串
alert("Hello");      // 双引号字符串
```

5. 比较两个字符串是否相同

使用"=="运算符可以比较两个字符串是否相同，具体示例如下。

```
alert('22' == '22');  // 输出结果: true
alert('22' == '33');  // 输出结果: false
```

6. 字符串与数字的拼接

使用"+"运算符操作两个字符串时，表示字符串拼接，具体示例如下：

```
alert('220' + '230');                // 输出结果: 220230
```

若其中一个是数字，则表示将数字与字符串拼接，示例代码如下：

```
alert('220 + 230 = ' + 220 + 230);        // 输出结果: 220 + 230 = 220230
```

通过输出结果可以看出，字符串会与相邻的数字拼接。如果需要先对"220 + 230"进行计算，应使用小括号提高优先级，示例代码如下：

```
alert('220 + 230 = ' + (220 + 230)); // 输出结果: 220 + 230 = 450
```

7. 使用变量保存数据

当一个数据需要多次使用时，可以利用变量将数据保存起来。变量是指在程序运行过程中，值可以发生改变的量，可以看作存储数据的容器。每一个变量都有唯一的名称，通过名称可以访问其保存的数据。

下面演示如何使用 var 关键字来声明变量，然后利用变量进行运算，具体示例如下：

```
var num1 = 22;         // 使用名称为num1的变量保存数字22
var num2 = 33;         // 使用名称为num2的变量保存数字33
alert(num1 + num2);    // 输出结果: 55
alert(num1 - num2);    // 输出结果: -11
```

在上述示例中，var 关键字后面的 num1、num2 是变量名，"="用于将右边的数据赋值给左边的变量。通过变量保存数据后，就可以进行运算了。

变量的值可以被修改。接下来在上述示例的基础上继续编写代码，实现交换两个变量的值。

```
var temp = num1;        // 将变量num1的值赋给变量temp
num1 = num2;            // 将变量num2的值赋给变量num1
num2 = temp;            // 将变量temp的值赋给变量num2
alert('num1 = ' + num1 + ', num2 = ' + num2);
                       // 输出结果: num1 = 33, num2 = 22
```

通过输出结果可以看出，变量 num1 和 num2 的值已经交换成功了。由于直接将 num1 和 num2 互相赋值，会导致其中一个变量的值丢失，因此需要使用第 3 个变量 temp 临时保存其中一个变量的值。

11.2.3 常见的流程控制语句

在生活中，人们需要通过大脑来支配自身行为。同样，在程序中也需要相应的控制语句来控制程序的执行流程。在 JavaScript 中主要的流程控制语句有条件语句、循环语句和跳转语句等，本节将针对几种常见的流程控制语句进行详细讲解。

1. if 条件语句

if 条件语句是最基本、最常用的条件语句。通过判断条件表达式的值为 true 或者 false 来确定是否执行某一条语句。if 条件语句主要包括单向判断语句、双向判断语句和多向判断语句，具体介绍如下。

1）单向判断语句

单向判断语句是结构最简单的条件语句，其语法格式如下：

```
if (判断条件) {
    执行语句
}
```

上述格式中，if 可以理解为"如果"，只有判断条件为真，才会执行{}中的执行语句。

单向判断语句的执行流程如图 11-19 所示。

了解了单向判断语句的基本语法和执行流程，下面，通过一个比较数字大小的案例对单向判断语句的用法做具体演示，如例 11-2 所示。

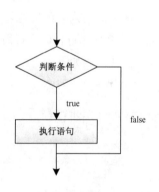

图11-19　单向判断语句执行流程

例 11-2　example02.html

```
1 <!doctype html>
2 <html>
3 <head>
4 <meta charset="utf-8">
5 <title>单向判断语句</title>
6 </head>
7 <body>
8 <script type="text/javascript">
9 var num1=100;              //定义一个赋值为100的变量
10var num2=200;              //定义一个赋值为200的变量
11if(num1<num2){
```

```
12    alert('成立');                        //如果条件成立则弹出"成立"
13}
14</script>
15</body>
16</html>
```

在例 11-2 所示的代码中，第 9、10 行代码定义了两个变量 num1 和 num2。第 11～13 行代码应用单向判断语句判断条件 "num1<num2" 是否成立。

运行例 11-2，运行结果如图 11-20 所示。

2）双向判断语句

双向判断语句是在 if 条件语句的基础形式，只是在单向判断语句基础上增加了一个从句，其基本语法格式如下：

图11-20　单向判断语句

```
if（判断条件）{
    执行语句1
}else{
    执行语句2
}
```

在上面的语法格式中，如果判断条件成立，则执行"执行语句 1"，否则执行"执行语句 2"。

双向判断语句的执行流程如图 11-21 所示。

了解了双向判断语句的基本语法和执行流程。下面，对例 11-2 中第 9～13 行代码进行简单修改，使其变成一个双向判断语句，具体代码如下：

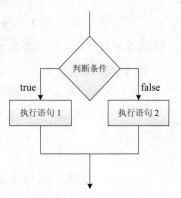

图11-21　双向判断语句执行流程

```
var num1=100;
var num2=200;
if(num1>num2){
    alert('成立');                         //如果条件成立则弹出"成立"
}else{
    alert('对不起，条件不成立');              //如果条件成立则弹出"不成立"
}
alert('演示完成');                          //无论成立与否最后弹出"演示完成"
```

如果条件成立则弹出"成立"提示信息，否则弹出不成立的提示信息，最后弹出"演示完成"提示信息 。

运行上述案例代码，结果如图 11-22 和图 11-23 所示。

图11-22　双向判断语句1

图11-23　双向判断语句2

3）多向判断语句

多向判断语句可以根据表达式的结果判断一个条件，然后根据返回值做进一步的判断，其基本语法格式如下：

```
if (执行条件1) {
  执行语句1
}else if (执行条件2) {
  执行语句2
}
else if (执行条件3) {
  执行语句3
}
...
```

在多向判断语句的语法中通过 else if 语句可以对多个条件进行判断，并且根据判断的结果执行相关事件。多向判断语句的执行流程如图 11-24 所示。

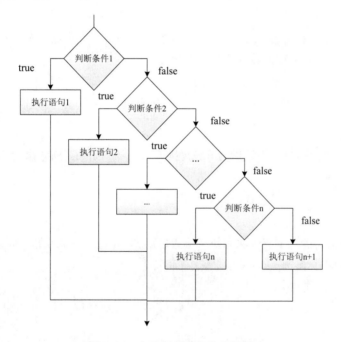

图11-24 多向判断语句执行流程

例如，对一个学生的考试成绩进行等级的划分就可以使用多向判断语句，分数在 90～100 分为优秀，分数在 80～90 分为良好，分数在 70～80 分为中等，分数在 60～70 分为及格，分数小于 60 则为不及格。具体示例代码如下：

```
var score = 93;
if (score >= 90) {
  alert('优秀');
} else if (score >= 80){
  alert('良好');
} else if (score >= 70){
  alert('中等');
```

```
} else if (score >= 60){
  alert('及格');
} else {
  alert('不及格');
}
```

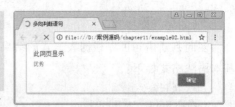

图11-25　多向判断语句

运行上面的示例代码，会得到如图 11-25 所示页面效果。

2. for 循环语句

for 循环语句也称计次循环语句，一般用于循环次数已知的情况，其基本语法格式如下：

```
for (初始化表达式; 循环条件; 操作表达式) {
    执行语句
    …
}
```

在上面的语法结构中，for 关键字后面()中包括了三部分内容：初始化表达式、循环条件和操作表达式，它们之间用 ";" 分隔，{}中的执行语句为循环体。

接下来分别用①表示初始化表达式、②表示循环条件、③表示操作表达式、④表示循环体，通过序号来具体分析 for 循环的执行流程。具体如下：

```
for (① ; ② ; ③) {
    ④
}
```

第一步，执行①。

第二步，执行②，如果判断结果为 true，执行第三步，如果判断结果为 false，退出循环。

第三步，执行④。

第四步，执行③，然后重复执行第二步。

第五步，退出循环。

了解 for 循环语句的基本年语法和执行流程之后，下面通过一个计算 100 以内所有奇数和的案例演示其具体用法，如例 11-3 所示。

例 11-3　example03.html

```
1  <!doctype html>
2  <html>
3  <head>
4  <meta charset="utf-8">
5  <title>for循环语句</title>
6  </head>
7  <body>
8  <script type="text/javascript">
9     var sum = 0                          //定义变量sum，用于记住累加数值
10    for(var i = 1; i < 100; i+=2){       //i的值以加2的方式自增
11       sum=sum+i;                        //实现sum与i的累加
12    }
13    alert("100以内所有奇数和: "+sum);     //输出计算结果
14 </script>
15 </body>
```

```
16</html>
```

在上述代码中，第9行代码定义变量 sum，用于记住累加数值，第10行代码设置 for 循环的初始化表达式为"var i=1"，循环条件为"i<100"，并让变量 i 以加 2 的方式自增，这样就可以得到 100 以内的所有奇数。最后通过第 11 行代码"sum=sum+i"累加求和，并输出计算结果。

运行例 11-3，运行结果如图 11-26 所示。

图11-26　for循环语句

3. 跳转语句

跳转语句用于实现程序执行过程中的流程跳转。在 Javascript 中的跳转语句有 break 语句和 continue 语句，对它们的具体讲解如下。

1）break 跳转语句

break 语句则是结束整个循环过程，不再判断执行循环的条件是否成立。具体示例代码如下：

```
for(var i = 0; i < 100; i++){
    sum=sum+i;
    if(sum>10)
        break;          //如果自然数之和大于10则跳出循环
}
alert("求0-99的自然数之和: "+sum);
```

在示例代码代码中，"sum=sum+i;"用于对求和值进行累加，当自然数之和大于 10 时，通过 if(sum>10)break;自动跳出循环。

2）continue 跳转语句

continue 语句的作用是终止本次循环，执行下一次循环。具体事例代码如下：

```
for(var i=1;i<10;i++){      //应用for循环判断，如果i<10就执行i++
    if(i==3||i==5)          //应用if语句判断，如果i值等于3、5就跳出该次循环
    continue;
    document.write(i+"<br />")
}
```

在示例代码代码中，应用 for 循环判断，如果 i<10 就执行 i++，如果 i 值等于 3、5 就通过 continue 语句跳出本次循环。

11.2.4　函数

在 JavaScript 程序中，经常会将一些功能多次重复操作，这就需要重复书写相同的代码，这样不仅加重了开发人员的工作量，而且增加了代码后期的维护难度。为此，JavaScript 提供了函数，它可以将程序中烦琐的代码模块化，提高程序的可读性。下面，将针对函数的相关知识进行讲解。

1. 认识函数

说起函数，其实在前面的学习中大家就已经接触过了。前面学习的 alert()输出语句，就是一个函数。其中 alert 是函数名称，小括号用于接收输入的参数，例如下面的示例代码：

```
alert(123);
```

上面的示例代码表示将数字"123"传入给 alert()函数。函数执行后就会弹出一个警告框，并将"123"显示出来。在 JavaScript 中像 alert()这样的函数是浏览器内核自带的，不用任何函数库引入就可以直接使用，这样的函数也称"内置函数"。常见的内置函数还有 prompt()、parseInt()、confirm()等。

除了直接调用 JavaScript 内置函数，用户还可以自己定义一些函数，用于封装代码。在 JavaScript 中，使用关键字 function 来定义函数，其语法格式如下所示：

```
function 函数名 (参数1,参数2,…){
    函数体
}
```

从上述语法格式可以看出，函数由关键字"function""函数名""参数""函数体"四部分组成，关于这四部分的解释如下：

- function：在声明函数时必须使用的关键字。
- 函数名：创建函数的名称，函数名称是唯一的。
- 参数：是在定义函数时使用的参数，目的是用来接收调用该函数时传进来的实际参数，这类参数称为"形参"。在定义函数时参数是可选项，当有多个参数时，各参数用逗号","分隔。
- 函数体：函数定义的主体，专门用于实现特定的功能。

对函数定义的语法格式有所了解后，下面演示定义一个简单的函数 show()，具体示例如下：

```
function show(){
    alert("轻松学习JavaScript");
}
```

上述代码定义的 show()函数比较简单，函数中没有定义参数，并且函数体中仅使用 alert()语句返回一个字符串。

2. 调用函数

当函数定义完成后，要想在程序中发挥函数的作用，必须调用这个函数。函数的调用非常简单，只需引用函数名，并传入相应的参数即可。函数调用的语法格式如下：

```
函数名称(参数1,参数2,…)
```

在上述语法格式中，参数可以是一个或多个，也可以省略。值得一提的是，调用函数使用的参数和定义函数的参数不同，调用函数的参数必须具有确定的值，以便把这些值传送给形参，这类参数称为"实参"。

为了使初学者更好地理解调用函数的方法，下面通过一个案例做具体演示，如例 11-4 所示。

例 11-4　example04.html

```
1 <!doctype html>
2 <html>
3 <head>
4 <meta charset="utf-8">
5 <title>调用函数</title>
6 </head>
7 <body>
```

```
8 <script type="text/javascript">
9 // 定义函数
10function sum(a, b) {
11  c = a + b;             // 函数内部的代码
12  return c;              // 函数的返回值
13}
14// 调用函数
15alert(sum(11, 22));      // 输出结果: 33
16</script>
17</body>
18</html>
```

在例 11-4 中，第 10 行代码中的 function 是定义函数使用的关键字，sum 是函数名，小括号中的参数 a 和 b 用于保存函数调用时传递的参数；第 12 行代码中的 return 关键字用于将函数的处理结果返回；第 15 行代码，用于调用函数并输出结果。

图11-27　调用函数

运行例 11-4，效果如图 11-27 所示。

3. 函数中变量的作用域

函数中的变量需要先定义后使用，但这并不意味着定义变量后就可以随意使用。变量需要在它的作用范围内才可以被使用，这个作用范围称为变量的作用域。在 JavaScript 中，根据作用域的不同，变量可分为全局变量和局部变量，对它们的具体解释如下。

- 全局变量：定义在所有函数之外，作用于整个程序的变量。
- 局部变量：定义在函数体之内，作用于函数体的变量。

11.2.5　对象

JavaScript 是一种基于对象的脚本语言，在 JavaScript 中，除了语言结构、关键字以及运算符之外，其他所有事物都是对象。对象在 JavaScript 中扮演着重要的角色，本节将针对对象的相关知识进行详细讲解。

1. 认识对象

说起对象，对于一些 JavaScript 初学者可能会感到陌生，但是如果把对象放在计算机领域外的生活中，对象意味着什么呢？其实在生活中，我们接触到的形形色色的事物都是对象。例如网页可以看作一个对象，它既包含背景色、布局等属性，也包含打开、跳转、关闭等使用方法。可见对象就是属性和方法的集合。作为一个实体，对象包含属性和方法两个要素，具体解释如下。

- 属性：用来描述对象特性的数据，即若干变量。
- 方法：用来操作对象的若干动作，即若干函数。

在 JavaScript 中，属性作为对象成员的变量，表明对象的状态；方法作为对象成员的函数，表明对象所具有的行为。通过访问或设置对象的属性，调用对象的方法，就可以对对象进行各种操作，从而获得需要的功能。

在程序中若要调用对象的属性或方法，则需要在对象后面加上一个点"."，然后再加上属性名或方法名即可。例如下面的示例代码：

```
screen.width      //调用对象属性
Math.sqrt(x)      //调用对象方法
```

上述代码中，第 1 行代码用于调用对象的属性，表示通过 screen 对象的 width 属性获取宽度；第 2 行代码用于调用对象的方法，表示通过 Math 对象的 sqrt()方法获取 x 的算术平方根。

2. window 对象

window 对象表示整个浏览器窗口，用于获取浏览器窗口的大小、位置，或设置定时器等。window 对象常用的属性和方法如表 11-2 所示。

表 11-2　window 对象常用的属性和方法

属性/方法	说　　明
document、history、location、navigator、screen	返回相应对象的引用。例如 document 属性返回 document 对象的引用
parent、self、top	分别返回父窗口、当前窗口和最顶层窗口的对象引用
screenLeft、screenTop、screenX、screenY	返回窗口的左上角、在屏幕上的 X、Y 坐标。Firefox 不支持 screenLeft、screenTop，IE8 及更早的 IE 版本不支持 screenX、screenY
innerWidth、innerHeight	分别返回窗口文档显示区域的宽度和高度
outerWidth、outerHeight	分别返回窗口的外部宽度和高度
closed	返回当前窗口是否已被关闭的布尔值
opener	返回对创建此窗口的窗口引用
open()、close()	打开或关闭浏览器窗口
alert()、confirm()、prompt()	分别表示弹出警告框、确认框、用户输入框
moveBy()、moveTo()	以窗口左上角为基准移动窗口，moveBy()是按偏移量移动，moveTo()是移动到指定的屏幕坐标
scrollBy()、scrollTo()	scrollBy()是按偏移量滚动内容，scrollTo()是滚动到指定的坐标
setTimeout()、clearTimeout()	设置或清除普通定时器
setInterval()、clearInterval()	设置或清除周期定时器

window 对象的属性和方法对初学者来说可能稍有难度，下面通过代码演示，对其中的属性进行详细讲解。

1）window 对象的基本使用

在前面的学习中，经常使用 alert()弹出一个警告提示框，实际上完整的写法应该是 window.alert()，即调用 window 对象的 alert()方法。因为 window 对象是最顶层的对象，所以调用它的属性或方法时可以省略 window。

下面演示了 window 对象的基本使用，示例代码如下：

```
//获取文档显示区域宽度
var width = window.innerWidth;
//获取文档显示区域高度（省略window）
var height = innerHeight;
//调用alert输出
window.alert(width+"*"+height);
//调用alert输出（省略window）
```

```
alert(width+"*"+height);
```

上述代码输出了文档显示区域的宽度和高度。当浏览器的窗口大小改变时，输出的数值就会发生改变。

2）打开和关闭窗口

window.open()方法用于打开新窗口，window.close()方法用于关闭窗口。示例代码如下：

```
//弹出新窗口
var newWin = window.open("new.html");
//关闭新窗口
newWin.close();
//关闭本窗口
window.close();
```

上述代码中，window.open("new.html")表示打开一个新窗口，并使新窗口访问 new.html。该方法返回了新窗口的对象引用，因此可以通过调用新窗口对象的 close()方法关闭新窗口。

3）setTimeout()定时器的使用

setTimeout()定时器可以实现延时操作，即延时一段时间后执行指定的代码。示例代码如下：

```
//定义show函数
function show(){
  alert("2s已经过去了");
}
//2s后调用show函数
setTimeout(show,2000);
```

上述代码实现了当网页打开后，停留 2s 就会弹出 alert()提示框。setTimeout(show,2000)的第一个参数表示要执行的代码，第二个参数表示要延时的毫秒值。

当需要清除定时器时，可以使用 clearTimeout()方法。示例代码如下：

```
function showA(){
  alert("定时器A");
}
function showB(){
  alert("定时器B");
}
//设置定时器t1, 2s后调用showA函数
var t1 = setTimeout(showA,2000);
//设置定时器t2, 2s后调用showB函数
var t2 = setTimeout(showB,2000);
//清除定时器t1
clearTimeout(t1);
```

上述代码设置了两个定时器：t1 和 t2，如果没有清除定时器，则两个定时器都会执行，如果清除了定时器 t1，则只有定时器 t2 可以执行。在代码中，setTimeout()的返回值是该定时器的 ID 值，当清除定时器时，将 ID 值传入 clearTimeout()的参数中即可。

4）setInterval()定时器的使用

setInterval()定时器用于周期性执行脚本，即每隔一段时间执行指定的代码，通常用于在网页上显示时钟、实现网页动画、制作漂浮广告等。需要注意的是，如果不使用 clearInterval()清除定时器，该方法会一直循环执行，直到页面关闭为止。

3. document 对象

document 对象用于处理网页文档，通过该对象可以访问文档中所有的标签。下面列举 document 对象常用的属性和方法，如表 11-3 所示。

表 11-3　document 对象的常用属性和方法

属性/方法	说　　明
body	访问<body>标签
lastModified	获得文档最后修改的日期和时间
referrer	获得该文档的 URL 地址，当文档通过超链接被访问时有效
title	获得当前文档的标题
write()	向文档写 HTML 或 JavaScript 代码

在使用时，通过"document"或"window.document"即可表示该对象。

4. 元素对象常用操作

元素对象表示 HTML 标签，例如一个<div>元素对象就表示网页文档中的一个<div>标签。关于元素对象的常用操作如表 11-4 所示。

表 11-4　元素对象的常用操作

类　　型	方　　法	说　　明
访问指定节点	getElementById()	获取拥有指定 ID 的第一个标签对象的引用
	getElementsByName()	获取带有指定名称的标签对象集合
	getElementsByTagName()	获取带有指定标签名的标签对象集合
	getElementsByClassName()	获取指定 class 的标签对象集合。（不支持 IE6～8 浏览器）
创建节点	createElement()	创建标签节点
	createTextNode()	创建文本节点
节点操作	appendChild()	为当前节点增加一个子节点（作为最后一个子节点）
	insertBefore()	为当前节点增加一个子节点（插入到指定子节点之前）
	removeChild()	删除当前节点的某个子节点

此外元素对象还有一些属性和内容的操作方法，常用的操作方法如表 11-5 所示。

表 11-5　元素属性和内容操作

类　　型	属性/方法	说　　明
元素内容	innerHTML	获取或设置元素的 HTML 内容
样式属性	className	获取或设置元素的 class 属性
	style	获取或设置元素的 style 样式属性
位置属性	offsetWidth、offsetHeight	获取或设置元素的宽和高（不含滚动条）
	scrollWidth、scrollHeight	获取或设置元素的完整的宽和高（含滚动条）
	offsetTop、offsetLeft	获取或设置包含滚动条，距离上或左边滚动过的距离
	scrollTop、scrollLeft	获取或设置元素在网页中的坐标
属性操作	getAttribute()	获得元素指定属性的值
	setAttribute()	为元素设置新的属性
	removeAttribute()	为元素删除指定的属性

除了前面讲解的元素属性外，对于元素对象的样式，还可以直接通过"style.属性名称"的方式操作。在操作样式名称时，需要去掉 CSS 样式名中的横线"-"，并将第二个英文首字母大写。例如，设置背景颜色的 background-color，在 style 属性操作中，需要修改为 backgroundColor。表 11-6 列举了 style 属性中 CSS 样式名称的书写及说明。

表 11-6　style 属性中 CSS 样式

名　　称	说　　明
background	设置或返回元素的背景属性
backgroundColor	设置或返回元素的背景色
display	设置或返回元素的显示类型
height	设置或返回元素的高度
left	设置或返回定位元素的左部位置
listStyleType	设置或返回列表项标签的类型
overflow	设置或返回如何处理呈现在元素框外面的内容
textAlign	设置或返回文本的水平对齐方式
textDecoration	设置或返回文本的修饰
width	设置或返回元素的宽度
textIndent	设置或返回文本第一行的缩进

例如下面的示例代码，就是对 ID 名为 test 的元素进行操作。

```
var test = document.getElementById("test");//获得待操作的元素对象
test.style.width = "200px";    //设置样式，相当于: #test{width:200px; }
test.style.height = "100px";   //设置样式，相当于: #test{height:100px;}
test.style.backgroundColor = "#ff0000";
//设置样式，相当于: #test{background-color:#ff0000;}
```

5. 自定义对象

除了直接使用 JavaScript 中的内置对象，用户也可以自己创建一个自定义对象，并为对象添加属性和方法。下面通过代码演示自定义对象的创建和使用，具体示例代码如下:

```
// 创建对象
var stu = {};            // 创建一个名称为stu的空对象
// 添加属性
stu.name = '小明';        // 为stu对象添加name属性
stu.gender = '男';        // 为stu对象添加gender属性
stu.age = 18;            // 为stu对象添加age属性
// 访问属性
alert(stu.name);         // 访问stu对象的name属性，输出结果: 小明
// 添加方法
stu.introduce = function () {
  return '我叫' + this.name + ', 今年' + this.age + '岁。';
};
// 调用方法
alert(stu.introduce());  // 输出结果: 我叫小明，今年18岁。
```

从上述代码可以看出，使用大括号"{}"即可创建一个自定义的空对象，创建后通过赋值的方式可以为对象添加成员。如果赋值的是一个可调用的函数，则表示添加的是方法，否则表

示添加的是属性。

在 stu 对象的 introduce() 方法中，this 表示当前对象（this 相当于 stu）。通过 this 来访问当前对象的属性或方法，可以使对象内部的代码不依赖于对象外部的变量名，当对象的变量名被修改时，不影响对象内部的代码。

11.2.6　事件和事件调用

事件是指可以被 JavaScript 侦测到的交互行为，例如在网页中滑动、点击鼠标，滚动屏幕，敲击键盘等。当发生事件以后，可以利用 JavaScript 编程来执行一些特定的代码，从而实现网页的交互效果。

当事件发生后，要想事件处理程序能够启动，就需要调用事件处理程序。在 JavaScript 中调用事件处理程序，首先需要获得处理对象的引用，然后将要执行的处理函数赋值给对应的事件。为了便于初学者的理解和掌握，接下来通过一个案例做具体演示，如例 11-5 所示。

例 11-5　example05.html

```
1 <!doctype html>
2 <html>
3 <head>
4 <meta charset="utf-8">
5 <title>在JavaScript中调用事件处理程序</title>
6 </head>
7 <body>
8 <button id="save">点击按钮</button>
9 </body>
10</html>
11<script type="text/javascript">
12   var btn = document.getElementById("save");
13   btn.onclick=function(){
14      alert("轻松学习JavaScript事件");
15   }
16</script>
```

在例 11-5 中，第 12～15 行代码为调用程序的示例代码。其中第 13 行代码的 onclick 是鼠标点击事件，关于鼠标点击事件，将会在后面的章节中详细讲解，这里了解即可。

运行例 11-5，运行结果如图 11-28 所示。

单击图 11-28 所示的"点击按钮"，将弹出如图 11-29 所示的警示框。

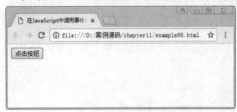

图11-28　调用事件处理程序1

图11-29　弹出警示框

11.2.7　常见的JavaScript事件

JavaScript 中的常用事件包括鼠标事件、键盘事件、表单事件和页面事件，具体介绍如下。

1. 鼠标事件

鼠标事件是指通过鼠标动作触发的事件，鼠标事件有很多，下面列举几个常用的鼠标事件，如表 11-7 所示。

表 11-7　JavaScript 中常用的鼠标事件

类　　别	事　　件	事 件 说 明
鼠标事件	onclick	鼠标单击时触发此事件
	ondblclick	鼠标双击时触发此事件
	onmousedown	鼠标按下时触发此事件
	onmouseup	鼠标弹起时触发的事件
	onmouseover	鼠标移动到某个设置了此事件的元素上时触发此事件
	onmousemove	鼠标移动时触发此事件
	onmouseout	鼠标从某个设置了此事件的元素上离开时触发此事件

2. 键盘事件

键盘事件是指用户在使用键盘时触发的事件。例如，用户按【Esc】键关闭打开的状态栏，按【Enter】键直接完成光标的上下切换等。下面列举几个常用的键盘事件，如表 11-8 所示。

表 11-8　JavaScript 中常用的键盘事件

类　　别	事　　件	事 件 说 明
键盘事件	onkeydown	当键盘上的某个按键被按下时触发此事件
	onkeyup	当键盘上的某个按键被按下后弹起时触发此事件
	onkeypress	当输入有效的字符按键时触发此事件

3. 表单事件

表单事件是指对 Web 表单操作时发生的事件。例如，表单提交前对表单的验证，表单重置时的确认操作等。下面列举几个常用的表单事件，如表 11-9 所示。

表 11-9　JavaScript 中常用的表单事件

类　　别	事　　件	事 件 说 明
表单事件	onblur	当前元素失去焦点时触发此事件
	onchange	当前元素失去焦点并且元素内容发生改变时触发此事件
	onfocus	当某个元素获得焦点时触发此事件
	onreset	当表单被重置时触发此事件
	onsubmit	当表单被提交时触发此事件

4. 页面事件

页面事件可以改变 JavaScript 代码的执行时间。表 11-10 中列举了常用的页面事件，具体如下。

表 11-10 页面事件

类 别	事 件	事 件 说 明
页面事件	onload	当页面加载完成时触发此事件
	onunload	当页面卸载时触发此事件

11.3 网页中常见的JavaScript特效

11.3.1 验证码

验证码就是一串随机产生的数字或符号，在用户登录或注册网站账号过程中经常出现。用户需要将验证码输入到表单并提交网站验证，验证成功后才能使用某项功能。图 11-30 所示为用户登录验证码。

如果用户看不清验证码，还可以选择更换，直到用户输入正确验证码，才能完成登录。本案例将通过 for 循环以及给变量赋值的方法，制作常用的登录界面验证效果。

图11-30 登录验证码

1. 案例效果

在制作案例之前先来看一下案例效果，如图 11-31 所示。

图11-31 图形随机验证码1

在图 11-31 所示的效果图中，"1234"是数字图片素材，当单击"看不清，换一张"的时候就可以随机更换数字。更换后的效果如图 11-32 所示。

图11-32 图形随机验证码2

2. 案例代码

分析完案例效果之后，接下来就可书写相应的案例代码。首先书写 HTML 结构具体代码如例 11-6 所示。

例 11-6 example06.html

```
1 <!doctype html>
2 <html>
3 <head>
4 <meta charset="utf-8">
5 <title>图形随机验证码</title>
6 </head>
7 <body>
```

```
8 <ul>
9    <li>验证码</li>
10   <li><input  name="textfield"  type="text"  id="textfield"  size="10"
style="height:35px; vertical-align:middle" />  
11     <span id="code">
12        <img src="images/1.png" alt="" /><img src="images/2.png" alt=""
/><img src="images/3.png" alt="" /><img src="images/4.png" alt="" />
13     </span>
14   </li>
15   <li id="wz"><input type="button" value="看不清，换一张" /></li>
16</ul>
17</body>
18</html>
```

运行例 11-6，效果如图 11-33 所示。

图11-33 案例结构

接下来在 HTML 中嵌入 CSS 样式。具体代码如下：

```
<style type="text/css">
*{margin: 0;padding: 0;list-style: none;}
body{background:#036; color:#fff; font-size:24px;}
ul{
  width:756px;
  margin:100px auto;
  clear:both;
}
ul li{
  float:left;
  width:250px;
  height:100px;
  line-height:100px;
  border:1px solid #ccc;
  text-align:center;
}
span{
  display:inline-block;
  vertical-align:middle;
}
#wz{cursor: pointer;}
</style>
```

保存文件，刷新页面，效果如图 11-34 所示。此时单击"看不清，换一张"按钮，数字不会发生任何变化。

图11-34　案例样式

接下来在 HTML 中嵌入 JavaScript 代码。具体代码如下：

```
<script type="text/javascript">
window.onload=function(){
  var wz=document.getElementById("wz");
  var num;        //随机数字
  var pic="";     //随机图片路径
  wz.onclick=function(){
  var img="";
     for(var i=0;i<4;i++){
        num=Math.floor(Math.random()*10);
        pic="<img src='images/"+num+".png' />";
        img=img+pic;
     }
     var oCode=document.getElementById('code');
     oCode.innerHTML=img;
  }
}
</script>
```

保存文件，刷新页面，单击"看不清，换一张"按钮，数字会随机发生变化，效果如图 11-35 所示。

图11-35　数字动态变化

11.3.2　焦点图轮播

焦点图可以将文字信息图片化，通过更直观的信息展示吸引用户。但是网页空间是有限的，为了更合理地利用网页空间，就需要把多张焦点图排列在一起，通过轮播的方式进行展示。在网页设计中，运用 JavaScript 可以轻松实现焦点图轮播效果。下面将通过一个焦点图切换案例做具体演示。

1. 案例效果

在制作案例之前，先来看一下案例效果，如图 11-36 所示。

图11-36 焦点图轮播1

在图 11-36 所示的焦点图中，共有 4 张图片，每隔一段时间，会自动切换一张图片。同时在焦点图上，有 4 个和图片相关联的圆点，用于表示焦点图的播放顺序。当鼠标悬停在某一个圆点上，会切换到该圆点对应的图片。图 11-37 所示为鼠标悬停到第 3 个圆点的效果截图。

图11-37 焦点图轮播2

2．案例代码

分析完案例效果之后，接下来就可书写相应的案例代码。首先书写 HTML 结构具体代码如例 11-7 所示。

例 11-7 example07.html

```
1  <!doctype html>
2  <html>
3  <head>
4  <meta charset="utf-8">
5  <title>焦点图切换</title>
6  <link rel="stylesheet" type="text/css" href="css/index.css">
7  <script type="text/javascript" src="javascript/index.js"></script>
8  </head>
9  <body>
10     <div class="banner">
11       <div class="banner_pic" id="banner_pic">
12         <div class="current"><img src="images/01.jpg" alt="" /></div>
13         <div class="pic"><img src="images/02.jpg" alt="" /></div>
14         <div class="pic"><img src="images/03.jpg" alt="" /></div>
15         <div class="pic"><img src="images/04.jpg" alt="" /></div>
16       </div>
17       <ol id="button">
18         <li class="current"></li>
19         <li class="but"></li>
20         <li class="but"></li>
21         <li class="but"></li>
22       </ol>
```

```
23        </div>
24</body>
25</html>
```

在例 11-7 所示的代码中，第 6 行代码用于引入外链的 CSS 样式，第 7 行代码用于引入外链的 JavaScript 动效。

运行例 11-7，效果如图 11-38 所示。

接下来书写 CSS 样式。具体代码如下：

```
@charset "utf-8";
/*重置浏览器的默认样式*/
body, ul, li, ol, dl, dd, dt, p, h1, h2,
h3, h4, h5, h6, form, fieldset, legend,
img{margin:0;      padding:0;     border:0;
list-style:none;}
   /*banner*/
   .banner{
      width:1000px;
      height:285px;
      margin:13px auto 15px auto;
      position:relative;
      overflow: hidden;
   }
   .banner .banner_pic .pic{display:none
;}
   .banner .banner_pic .current{display:
block;}
   .banner ol{
      position:absolute;
      left:50%;
      bottom:6%;
   }
   .banner ol .but{
      float:left;
      width:10px;
      height:10px;
      border:1px solid #2fafbc;
      border-radius:50%;
      margin-right:12px;
      text-align:center;
      line-height:22px;
      background:#fff;
      color:#2fafbc;
      font-size:16px;
      font-weight:bold;
      opacity:0.5;
   }
   .banner ol li{cursor:pointer;}
   .banner ol .current{
      color:#fff;
```

图11-38　案例效果

```
   background:#2fafbc;
   float:left;
   width:10px;
   height:10px;
   border:1px solid #2fafbc;
   border-radius:50%;
   margin-right:12px;
   text-align:center;
   line-height:22px;
   font-size:16px;
   font-weight:bold;
}
```

保存文件，刷新页面，效果如图 11-39 所示。此时页面不具备任何动态效果，焦点图不能自动切换。

图11-39　案例效果

接下来添加 JavaScript 代码，使焦点图可以自动轮播。具体代码如下：

```
window.onload=function(){
  //实现轮播效果
  //保存当前焦点元素的索引
  var current_index=0;
  //5000表示调用周期，以毫秒为单位，5000毫秒就是5秒
  var timer=window.setInterval(autoChange, 5000);
  //获取所有轮播按钮
  var button_li=document.getElementById("button").getElementsByTagName("li");
  //获取所有banner图
  var pic_div=document.getElementById("banner_pic").getElementsByTagName("div");
  //遍历元素
  for(var i=0;i<button_li.length;i++){
    //添加鼠标滑过事件
    button_li[i].onmouseover=function(){
        //定时器存在时清除定时器
        if(timer){
           clearInterval(timer);
        }
        //遍历元素
        for(var j=0;j<pic_div.length;j++){
          //将当前索引对应的元素设为显示
          if(button_li[j]==this){
             current_index=j;  //从当前索引位置开始
```

```
                button_li[j].className="current";
                pic_div[j].className="current";
            }else{
                //将所有元素改变样式
                pic_div[j].className="pic";
                button_li[j].className="but";
            }
        }
    }
    //鼠标移出事件
    button_li[i].onmouseout=function(){
        //启动定时器，恢复自动切换
        timer=setInterval(autoChange,5000);
    }
}
function autoChange(){
    //自增索引
    ++current_index;
    //当索引自增达到上限时，索引归0
    if (current_index==button_li.length) {
        current_index=0;
    }
    for(var i=0;i<button_li.length;i++){
        if(i==current_index){
            button_li[i].className="current";
            pic_div[i].className="current";
        }else{
            button_li[i].className="but";
            pic_div[i].className="pic";
        }
    }
}
```

保存文件，刷新页面，焦点图将按照 JavaScript 代码设置，每隔 5s 自动切换一次。

习题

一、判断题

1. JavaScript 的数字可以写成十进制、十六进制和三十二进制。 （   ）

2. 在 JavaScript 中，变量 username 与变量 userName 是两个不同的变量。 （   ）

3. 在 HTML 中运用 <style> 标签及其相关属性可以嵌入 JavaScript 脚本代码。 （   ）

4. 在 JavaScript 中 "=" 符号表示等于。 （   ）

5. 在 JavaScript 中，continue 语句用于结束整个循环过程。 （   ）

二、选择题

1. （多选）下列选项中，JavaScript 常用事件包括（   ）。

A. 鼠标事件　　　　　B. 键盘事件　　　　　C. 表单事件　　　　　D. 页面事件

2. （多选）关于函数的描述，下列说法正确的是（　　　　）。

A. 可以将程序中烦琐的代码模块化　　　　B. 提高程序的可读性

C. 使用关键字 function 来定义函数　　　　D. 定义完成后，即可发挥函数作用

3. （多选）下列选项中，属于 JavaScript 常用输出语句的是（　　　　）。

A. alert()　　　　　　　　　　　　　　B. console.log()

C. document.write()　　　　　　　　　　D. Object.prototype.toString.call()

4. （多选）下列选项中，属于 JavaScript 中主要流程控制语句的是（　　　　）。

A. 条件语句　　　　　B. 循环语句　　　　　C. 跳转语句　　　　　D. 判断语句

5. （多选）下列选项中，属于 JavaScript 基本数据类型的是（　　　　）。

A. 数值型　　　　　　B. 字符串型　　　　　C. 布尔型　　　　　D. 空型

三、简答题

1. 简要描述 JavaScript 的 3 种引入方式。

2. 简要描述事件处理的过程。

第 12 章
测试和发布网站

学习目标

- 了解域名和服务器空间，熟悉域名和服务器空间的申请流程。
- 掌握网站上传方法，能够将制作的页面上传到服务器空间。

在完成所有页面制作之后，必须要经过测试工作，以确保网站能够稳定工作。然后将站点上传到 Web 服务器上，这样网页才具备访问功能。然而该如何测试和发布网站呢？本章将对网站的测试和发布做详细讲解。

12.1 网站测试

网站测试是网站发布前的一个重要的环节，任何网站如果不经过测试就直接发布，可能导致网站上线后出现不可预估的问题（如页面链接、兼容性等）。网站的测试包括本地测试和上传到服务器之后的网络测试，具体介绍如下。

1. 本地测试

本地测试是指在网站搭建完成之后的一系列测试。例如，链接是否错乱，是否兼容不同的浏览器，页面功能逻辑是否正常等，以确保网站发布到服务器上不会出现一些基本错误。主要包括以下测试。

（1）链接有效性测试：通过在本地浏览器预览和操作，确定每一个链接都对应到具体的页面，防止出现失效或者错乱的链接。

（2）表单功能测试：测试表单的操作是否会出现异常，如表单验证问题、表单按钮功能等。

（3）数据库测试：对于一些数据处理量较大的网站，还需要进行数据库的测试，包括数据库的连接测试和数据库数据的准确性。

（4）兼容性测试：主要用于保证网站在不同浏览器中呈现相同的效果。由于不同的浏览器在内核上的差异，导致对 HTML、CSS、JavaScript 解析各不相同，这时就会造成效果的细微偏差，为了保持网站的一致，就需要对网页进行兼容测试。

2. 网络测试

网络测试是指网站上传到服务器之后针对网站的各项性能情况的一项检测工作。例如，网页性能测试，网站安全的测试（服务器、脚本）等。

（1）网页性能测试：用来检测网站性能，例如网站的响应速度是快还是慢，是否允许多个用户同时在线，能否处理多个用户同时对一个页面的请求。

（2）网站安全测试：主要用来检测网站的安全性，以防止可能存在的漏洞。网站安全性测试包含表单输入验证、用户身份验证、授权、配置管理等。

12.2 网站发布

制作网站的最终目的是供网络上的其他用户进行访问，网页制作完成后，只有上传到 Web 服务器上，网页才具备访问功能。因此在网页发布之前首先要申请域名和购买空间（也可以申请免费空间），然后使用相应的工具上传即可。本节将对网站发布的相关知识做详细讲解。

12.2.1 域名

想要建设一个网站，必然少不了域名。这就好比开设一家商店，域名就相当于商店的地址，顾客只有知道地址，才能准确地找到店铺位置。下面将对域名的相关知识进行详细讲解。

1. 认识域名

域名是互联网中出现频率比较高的一个词汇。域名（Domain Name）是人们为了便于记忆，按照一定的规则给 Internet 上的计算机起的名字，通常由一串用".."分隔的字符组成，如图 12-1 所示。

仔细观察图 12-1 会发现，域名通常由两个或两个以上的词构成，中间由小点进行分隔。通俗来讲域名的作用相当于一个家庭的门牌号码（见图 12-2），别人通过这个号码可以很容易地找到你的位置，这也意味着在全世界没有重复的域名，域名具有唯一性。

zcool.com.cn

图12-1　域名　　　　　　　　　　　　图12-2　门牌号和域名

☕ **多学一招：域名和 URL 的区别**

虽然域名和 URL 相似，但是二者仍有区别。域名只是一个网站的标识，不可以直接访问网站，只有当域名经过解析之后，这个域名才能成为一个 URL（网址）。URL（网址）包含域名，是 Internet 上的地址簿，通过 URL 可以到达任何一个网站页面。

2. 域名的级别

互联网采用了层次树状结构的命名方法，如图 12-3 所示。"域"是名字空间中一个可被管理的划分。域可以被分为子域，而子域还可继续划分为子域的子域，这样就形成了顶级域名、二级域名、三级域名等。级别最高的顶级域名写在最右边，级别最低的写在最左边。下面将对域名的级别做详细讲解。

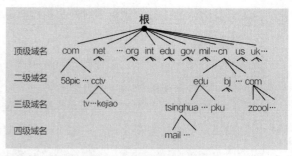

图12-3 互联网的域名空间

1）顶级域名

顶级域名通常分为两类，一类是国际顶级域名，另一类是国家或地区顶级域名。域名后缀为".com"属于国际顶级域名，但是国际顶级域名不仅仅只有".com"，还有".gov"".net"".edu"".org"等形式，分别代表着不同的行业机构。而域名后缀为".cn"".us"".uk"等则属于国家或地区顶级域名，分别代表着中国、美国和英国。表12-1所示为顶级域名的分类。

表 12-1　顶级域名分类

域 名	含 义	分 类	域 名	含 义	分 类
com	公司企业		gov	政府部门	国际顶级域名
net	网络服务机构	国际顶级域名	mil	军事部门	
org	非营利性组织		cn	中国	
int	国际组织		us	美国	国家或地区顶级域名
edu	教育机构		uk	英国	

2）二级域名

二级域名是指顶级域名之下的域名，通常分为两类。一类是指域名注册的网站名称，如zcool.com 中的 zcool；另一类是指国家或地区顶级域名之下，表示注册企业类别的符号，如zcool.com.cn 中的.com。我国将二级域名划分为"类别域名"和"行政区域名"两大类，如表 12-2所示。

表 12-2　二级域名分类

域 名	含 义	分 类
ac	科研机构	
com	工、商、金融等企业	
edu	中国的教育机构	
gov	中国的政府机构	类别域名
mil	中国的国防机构	
net	提供互联网网络服务的机构	
org	非营利性组织	
bj	北京	
sh	上海	行政区域名
js	江苏	

表3-2列举了相关的类别域名和行政区域名，其中行政区域名按照我国的各省、自治区、直辖市、特别行政区进行划分，共有 34 个。

3）三级域名

三级域名是位于顶级域名和二级域名左边的域名。如中央电视台拥有了专属的域名 cctv.com，它就可以决定是否进一步划分其下属的子域。图 12-4 所示为中央电视台划分的下一级域名 tv 和 kejiao。

图12-4　三级域名

注意：DNS 规定，域名中的标号通常是由英文和数字组成，每一个标号不超过 63 个字符，也不区分大小写。由多个标号组成的完整域名总共不超过 255 个字符。

3. 域名的意义

域名本身被设计出来的初衷就是为了方便用户记忆，方便更好地到达这个域名所指向的"网络地址"。然而在 21 世纪的当代，域名被赋予了更多意义，具体如下。

1）无形资产

域名具有唯一性，所谓物以稀为贵，越是简单易记忆的域名越具备价值。例如，京东最原始的域名是"360buy.com"，后来为了优化域名，花费 3000 万元高价收购了"jd.com"这个域名。并且随着京东的日益强大，"jd.com"这个域名的价值也愈发无法估量。图 12-5 所示即为京东现有域名。

2）品牌竞争力

随着信息飞速发展，域名已成为企业在网络上的品牌形象。一个好的域名，能够便于用户记忆、便于用户传播、便于用户输入，会在无形中增强企业在市场上的差异化竞争，获取更多的用户。

图12-5　京东域名

4. 选取域名

域名对于企业来说具有重要的意义，因此企业选取域名时往往会遵循一些原则，同时在域名的选取上也会有一些技巧，具体如下。

1）域名选取原则

- 域名应该简短易记忆。这是选取域名的一个重要原则，一个好的域名应该短而顺口，便于用户的记忆。
- 域名要有一定的内涵和意义。网站建设用有一定意义和内涵的词或词组作域名，不但能反映站点的性质，体现可记忆性，而且有助于实现企业的营销目标。

2）域名选取技巧

- 用单位名称的汉语拼音或谐音作为域名。这是为企业选取域名的一种较好方式，一般大部分国内企业都是这样选取域名。例如，华为技术有限公司的域名为"huawei.com"。
- 用企业名称相应的英文名作为域名。这也是国内许多企业选取域名的一种方式，网站建设这样的域名特别适合与计算机、网络和通信相关的一些行业。例如，新浪的域名为"sina.com"。

- 用企业名称的拼音或英文缩写作为域名。有些企业的名称比较长，如果用汉语拼音或者用相应的英文名作为域名就显得过于烦琐，不便于记忆。因此，用企业名称的缩写作为域名不失为一种好方法。例如，京东的域名为"jd.com"。通常情况下，缩写包括两种形式：一种是汉语拼音缩写，另一种是英文缩写。

5. 注册域名

选取的域名只有经过注册之后，选取注册人对该域名具有真正的所有权。注册域名时，主要包含以下几个步骤。

1）准备申请资料

对于注册域名的个人或企业，需要提供电子版的身份证或企业的营业执照。

2）寻找域名注册商

目前国内有很多代理域名注册公司，可以直接通过这些公司注册域名。需要注意的是，注册域名时，尽量找一些服务较为稳定的代理商。例如，新网、万网，但这些代理商会收取相应的域名费用。此外，为了满足个人展示网站的需求，也可以找一些赠送免费域名的网站。例如，三维主机、主机屋等，但这些域名通常层级较低，而且稳定性较差。

3）查询域名

登录域名注册的代理网站可以在相应的界面查询域名是否被注册，如果未被注册，就可以进行后续的域名注册缴费流程。图 12-6 所示为万网的域名查询模块。

图12-6　万网域名查询模块

在图 12-6 所示的文本框中输入想要注册的域名，例如 618jd.com，然后单击后面的"查询"按钮，即可查询已被注册和未备注册的域名，如图 12-7 所示。

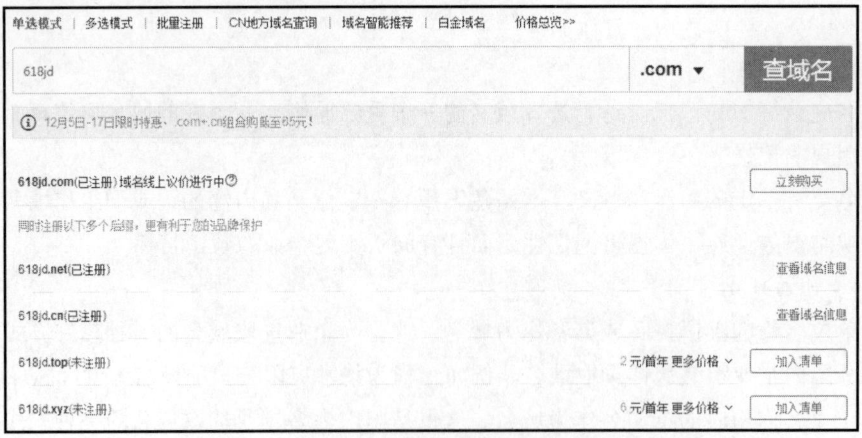

图12-7　域名查询结果

4）申请域名

查到想要注册的域名，并且确认域名为可申请的状态后，就可以注册域名并缴纳年费。正式申请成功后，即可开始进行 DNS 解析管理、设置解析记录以及后续的域名备案等操作。

注意：域名注册是租用的概念，因此会存在一定的使用期限（一般至少为一年），在有效期过后，需要再次续费，否则域名将会被收回。

12.2.2 服务器空间

在计算机中通过硬盘可以存储需要保存的文件和资料，同样在互联网中也需要一个类似于硬盘的存储器，这个存储器就是服务器空间。服务器空间也称"网站空间"，是存放网站文件和资料的地方。下面将详细讲解服务器空间的知识。

1. 服务器空间分类

服务器空间的分类有多种形式，按照空间形式进行划分则是虚拟空间、合租空间、独立主机、VPS 主机和云主机这五类，具体介绍如下。

1）虚拟空间

虚拟主机是把一台真实的物理服务器主机分割成多个逻辑存储单元，每个单元都没有物理实体，但是每一个逻辑存储单元都能像真实的物理主机一样在网络上工作。目前 90% 以上的企业网站都采取这种形式，由空间提供商提供专业的技术支持和空间维护。

虚拟空间的优点在于租用成本低廉，一般的企业网站空间成本可以控制在 100 ~ 1000 元/年。虚拟主机缺点是安全性较差，由于与多个企业和个人共用一台服务器，安全性较差，同台服务器上若有网站遭到屏蔽可能会影响此服务器上所有的网站。

2）独立主机

独立主机是指客户独享一台物理主机来展示自己的网站或提供的服务。独立主机相比虚拟主机空间更大，速度更快。对于安全性能要求和网站访问速度要求高的企业，可以考虑单独建设或租用整台服务器，但成本高昂。

3）合租空间

合租空间是指几个或者几十个客户合租一台物理服务器，一般中型网站会采用这种形式。从费用上来说，由于合租客户可以均摊费用，会比独立主机低一些。从安全性上来说，合租客户应该彼此之间互相了解，与虚拟空间相比相对安全。

4）VPS 主机

VPS 是虚拟专用服务器，其原理是将一部物理服务器分割为多个虚拟专享服务器的优质服务。每个 VPS 都可分配独立的公网 IP、操作系统、空间、内存、CPU 资源。VPS 主机的优点是能够确保所有资源为用户独享，让用户以接近虚拟主机的价格享受到类似独立主机的服务品质。但是 VPS 主机并不适合新手站长。如果没有建站方面的经验，还是建议选择虚拟主机。

5）云主机

云主机运用了类似却不同于 VPS 主机的虚拟化技术，在一组集群主机上虚拟出多个类似独立主机的部分，集群中每个主机上都有云主机的一个镜像，从而大大提高了虚拟主机的安全稳定性，除非所有的集群内主机全部出现问题，云主机才会无法访问。云主机的价格接近虚拟主机，已经逐渐兴起，成为新一代的服务器空间。

2. 购买服务器空间的注意事项

由于服务器空间种类较多，运营的服务商数量十分庞大，造成服务器空间的质量也会良莠不齐。在购买服务器空间时，需要注意下列事项。

1）选择大小合适的空间

空间购买者要根据所做的网站大小及类型选择合适的空间，如果做的网站是关于下载、媒体类、商城类、论坛类等网站，那就需要选择较大的网站空间，以免日后出现空间不够用的问题。如果是个人简介、产品展示等网站，可以选择稍小的空间。

2）确定支持功能

购买服务器空间时，还要确定服务器空间支持哪些功能。通常服务器空间会有多种不同的配置，如操作系统、支持的脚本语言及数据库配置等，使用者要根据配置需求进行购买。例如，网站的程序是以 PHP 语言编写，然而购买的服务器空间不支持此语言，网站就没有办法使用这个服务器空间。图 12-8 中红框标识即为某服务器空间的功能说明截图。

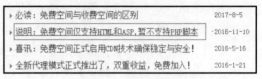

必读：免费空间与收费空间的区别　　　　　　2017-8-5
说明：免费空间仅支持HTML和ASP，暂不支持PHP脚本　·2016-11-10
喜讯：免费空间正式启用CDN技术确保稳定与安全！　2016-5-16
全新代理模式正式推出了，双重收益，免费加入！　2016-1-21

图12-8　功能说明截图

3）确保速度和稳定性

速度和稳定性是衡量服务器空间质量的重要标准。如果网站打开速度慢或者网站稳定性差，隔三差五地出现问题，网站的浏览量就会降低，从而影响网站的访问量、转化率以及网站的排名。在购买服务器空间时选择知名的服务器空间运营商，是保证速度和稳定性最简单的办法。

4）服务器空间的价格

好的空间不一定是最贵的，但一定是最适合自己网站的。由于现在的虚拟主机提供商越来越多，鱼龙混杂在所难免，有些服务器本身很差，即使价格低廉，也不建议购买，因为这样的服务器会影响网站的稳定性。通常用户选择空间的时候，不要追求过低价格，也不要追求过高价格，应该合情合理地选择适合自己网站的空间的价格。

5）空间安全性

网站有时难免会遇到各种攻击、入侵，又或者服务器故障，如网络故障、机房断电等，这些意外会导致网站的数据丢失。这就要求虚拟主机有备份能力，在意外发生后能够及时恢复网站的数据。

6）售后服务

购买服务器空间时，售后服务十分重要。一旦服务器出现问题，是需要有技术人员进行解决的，而这时就体现到网站空间的售后问题了。一般较好的服务器空间运营商都非常重视售后服务，能够及时解决空间出现的问题，保证网站的正常运转。

12.2.3　网站的上传

上传网站的工具有很多，可以运用 FTP 软件上传（例如 Flash FXP），也可运用 Dreamweaver

自带的站点管理上传文件，具体介绍如下。

1. 利用"Flash FXP"上传网站

利用"FlashFXP"软件上传网站包含以下几个步骤：

（1）安装并运行 FlashFXP 软件，运行界面如图 12-9 所示。

（2）单击"🖥"连接按钮，在下拉菜单中选择"快速连接"选项（或按【F8】键），如图 12-10 所示，即可弹出图 12-11 所示的对话框。

图12-9　FlashFXP软件界面

图12-10　快速连接选项

在图 12-11 中需要输入内容的区域有"地址或 URL""用户名称""密码"，其他部分保持默认即可。

- 地址或 URL：填写 FTP 服务地址。
- 用户名称：用于连接到 FTP 服务器的登录名。
- 密码：用于连接到 FTP 服务器的密码。

（3）单击"连接"按钮，在右下角的视图出现图 12-12 所示列表完成提示，即表示连接成功。

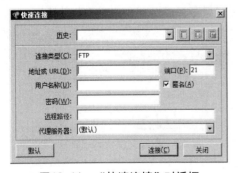

图12-11　"快速连接"对话框

图12-12　连接成功

（4）从左侧视图模块找到需要上传的本地文件（也就是制作的网站）。选中后单击""传输选定按钮（或按【Ctrl+T】组合键），如图 12-13 所示，即可完成文件的上传。上传后的文件可以在右侧视图模块预览，如图 12-14 所示。

图12-13　传输选定按钮

（5）打开网址，即可浏览网站的内容。

值得一提的是，除了利用专门的 FTP 上传软件外，利用 Dreamweaver 自带的管理站点功能也可以完成网站的上传（关于站点的知识将会后面 Dreamweaver 工具的使用部分详细讲解，这里了解即可）。图 12-15 所示为 Dreamweaver 连接服务对话框。

图12-14　上传后文件所在位置

图12-15　Dreamweaver连接服务器对话框

在图 12-15 所示的 Dreamweaver 连接服务器对话框中，需要填写"FTP 地址""用户名"和"密码"，其他保持默认即可。

了解网站上传的基本方法之后，下面通过一个从域名申请到网站上传的完整案例演示网站建设的基本过程，案例的最终效果如图 12-16 所示。

当访问者在红框标识的地址栏中输入相应的网址，即可打开图 12-16 所示的网页。

了解网站上传的基本方法之后，下面通过一个从域名申请到网站上传的完整案例演示网站建设的基本过程，如例 12-1 所示。

图12-16　网页效果

例 12-1　example01.html

【Step01】新建记事本，将记事本命名为 index 并保存在桌面上，如图 12-17 所示。

【Step02】打开记事本，输入一些自我介绍的文字，如图 12-18 所示，然后保存关闭记事本。

图12-17　记事本

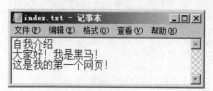

图12-18　自我介绍内容

【Step03】将记事本的后缀名更改为"index.html"。

【Step04】打开浏览器输入免费申请空间网址"http://free.3v.do/",如图 12-19 所示。

图12-19 首页面

【Step05】选择"免费空间",跳转到图 12-20 所示页面,单击"详细介绍"按钮,当页面跳转后单击"立即申请"按钮即会跳转到"会员注册"页面,如图 12-21 所示。

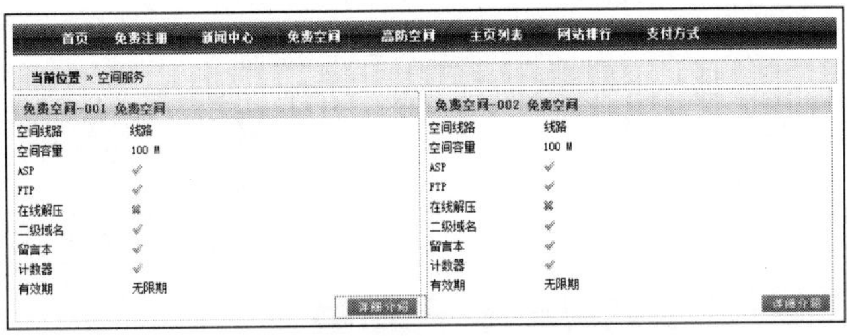

图12-20 免费空间

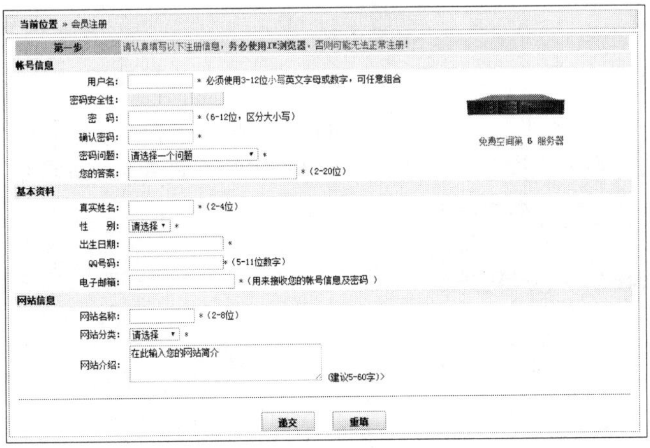

图12-21 "会员注册"页面

【Step06】填写相应的注册信息,然后单击"递交"按钮,即可跳转到图 12-22 所示的"账户信息"页面。在"账户信息"页面中可以看到免费赠送的域名"woaisifuwz.web3v.com"和空间容量等信息。

【Step07】单击"FTP 管理",即可切换到"FTP 信息"页面,如图 12-23 所示。上面显示了 URL 地址、FTP 账号、FTP 密码等信息。

【Step08】打开 FlashFXP 软件，按【F8】键，打开"快速连接"对话框，输入地址或 URL、用户名称、密码等信息，如图 12-24 所示。单击"连接"按钮，建立和服务器的连接。

图12-22　"账户信息"页面

图12-23　"FTP信息"页面

图12-24　"快速连接"对话框

【Step09】在左侧视图界面中选择 index.html 文件所在的位置，如图 12-25 所示。单击"传输选定"按钮（或按【Ctrl+T】组合键）传输选中的文件，如图 12-26 所示。

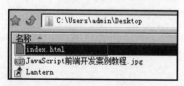

图12-25　选择"index.html"文件

图12-26　传输文件

【Step10】右侧的服务空间视图出现上传的文件，同时右下方上传记录表示上传成功，如图 12-27 所示。

【Step11】打开浏览器，将网址粘贴到地址栏，即可显示页面，如图 12-28 所示。

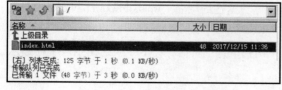

图12-27　传输成功

图12-28　打开网址

在上面的案例中，演示了运用免费申请的域名和空间创建网页的方法。值得一提的是，由于免费的域名级别较低，空间容量也较小，安全性和稳定性也较差，因此该方式主要用于创建一些用于展示的个人网站。

2. 利用 Dreamweaver 上传网站

利用 Dreamweaver 管理站点功能也可以上传网页，具体操作步骤如下。

【Step01】选择"站点→管理站点"命令，打开管理站点面板。

【Step02】单击"✎"编辑当前选定站点按钮，打开"站点设置对象"面板，选择"服务器"选项，如图 12-29 所示。

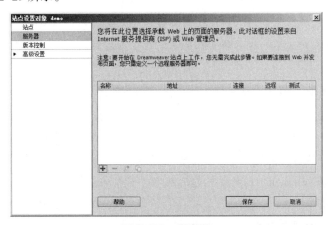

图12-29　服务器

【Step03】单击图 12-29 红框标识的"➕"按钮，弹出添加新服务器对话框。添加"FTP地址""用户名""密码""Web URL"，如图 12-30 所示。设置完成后单击"保存"按钮，完成设置。

【Step04】在"文件"面板中，单击"🔌"按钮，会自动连接到服务器。当连接成功后，该按钮会显示为"🔌"状态。

【Step05】在"本地文件"面板中选中需要上传的文件，单击上传按钮"⬆"，上传网页文件，如图 12-31 所示。

图12-30　添加新服务器对话框

图12-31　上传文件

【Step06】上传完成后，在浏览器输入网站地址，即可浏览网页。

▌习题

一、判断题

1. 本地测试是指网站上传到服务器之后针对网站的各项性能情况的一项检测工作。

（   ）

2. 网页制作完成后，就可以在 Dreamweaver 中被浏览者访问。（   ）

3. 域名就是浏览网页时的网址。（   ）

4. 当域名注册成功后，该域名的注册者即拥有了永久使用的权利。（   ）

5. 云主机是指客户独享一台物理主机来展示自己的网站或提供的服务。（   ）

二、选择题

1. （多选）关于网站测试的描述，下列说法正确的是（   ）。

   A. 防止页面出现失效或者错乱的链接　　　B. 能够更好地兼容浏览器

   C. 保证网站的性能　　　D. 防止可能存在的漏洞

2. （多选）关于域名的描述，下列说法正确的是（   ）。

   A. 域名是给 Internet 上的计算机起的名字　　　B. 通常由一串用 "." 分隔的字符组成

   C. 域名具有唯一性　　　D. 域名的后缀为 ".com"

3. （多选）下面的域名，属于国际顶级域名的是（   ）。

   A. .com　　　B. .cn　　　C. .net　　　D. .edu

4. （多选）在选取网站域名时，需要遵循以下（   ）原则。

   A. 域名应该简短易记忆　　　B. 域名要有一定的内涵和意义

   C. 域名的选择必须要用英文　　　D. 域名的选择必须用数字

5. （多选）购买服务器空间时，需要注意的事项是（   ）。

   A. 服务器空间越大越好　　　B. 确保服务器空间的稳定

   C. 确定服务器空间的支持功能　　　D. 确保服务器空间的安全性

三、简答题

1. 简要描述是二级域名，并举例说明。

2. 简要描述选取域名的技巧。

第13章

综合项目实战：摄影·开课吧

学习目标

- 熟悉网站规划的基本流程，能够整体规划网站页面。
- 了解 Dreamweaver 工具的使用，能够使用 Dreamweaver 工具建立站点和模板。
- 掌握网站静态页面的搭建技巧，完成项目首页和子页的制作。

▌ 13.1 网页设计规划

在网站建设之前，需要对网站进行一个整体的设计规划。本节将从确定网站主题、规划网站结构、收集素材、制作网页效果图 4 个方面对"摄影·开课吧"网站做详细的设计规划。

13.1.1 确定网站主题

一般企业网站都会根据自己的产品或者业务领域来确定网站的主题。"摄影·开课吧"是一家专门从事摄影技术培训的教育机构，是专为零基础的成年摄影爱好者、艺术爱好者、想通过技术培训提高自己工作技能的摄影工作者而成立的在线教育网站。因此该网站的主题可已从业务领域来确定——摄影在线教育类网站。确定了主题之后，就可以确定一些和网站相关的要素，具体如下。

1. 网站定位

"摄影·开课吧"是一个从事摄影教育培训的企业类网站，用于展示教育产品、技术信息、摄影图片，提升企业的知名度，将"摄影·开课吧"的优秀资源推广给更多的用户。

2. 网站色调

"摄影·开课吧"项目选取深蓝色作为网站主色调。由于蓝色体现了理智、准确、沉稳，在商业设计中，一些强调科技、效率的产品或企业，大多选用蓝色（湖蓝、普蓝、藏蓝等）作为标准色和企业色，如计算机、汽车、教育类网站。

3. 网站风格

网站整体将采用扁平的设计风格，营造一种简洁、清晰的感觉。在界面中通过模块来区别不同的功能区域。由于是摄影网站，因此需要多运用图片，将各部分内容以最简单和直接的方式呈现给用户，减少用户的认知障碍。

13.1.2 规划网站结构

在对网站进行结构规划时，可以在草稿或者 XMind 上做好企业网站的结构设计。设计的过程中要注意企业网站的基本结构以及网页之间的层级关系，在兼顾页面关系之余还要考虑网站后续的可扩充性，以确保网站在后期能够随时扩展。根据企业类网站的特点和"摄影·开课吧"网站的特殊需求，可以将网站框架进行初步划分。图 13-1 所示为"摄影·开课吧"网站框架。

图13-1　网站框架

在图 13-1 所示的"摄影·开课吧"网站框架中，首页在整个网站所占比重较大，因此应该首先规划首页的功能模块。设计首页时需要有重点、有特色的概述网站内容，使访问者快速了解网站信息资源。在设计子页面时，其风格要和首页保持一致，变化的仅仅是布局和内容模块。

在设计网站界面之前，可以先勾勒网站的原型图。原型图可以帮助快速完成网页结构和模块的分布。图 13-2 所示为"摄影·开课吧"的首页原型图。

图13-2　首页原型图

13.1.3 收集素材

整体规划后就进入收集素材阶段，可以根据设计需要，搜集一些素材。例如文本素材，图片素材等。

1. 文本素材

文本素材的收集渠道比较多，可以在同行业网站中收集整理，也可以在一些杂志报刊中收集，然后分析总结文本内容的优缺点，提取有用的文本内容。值得一提的是，提取到的文本内容需要再加工，避免侵权。

2. 图片素材

为了保证快速完成网站的设计任务。在搜集图片素材时要考虑图片的风格是否和网站风格一致，以及图片是否清晰。图 13-3 所示为网站首页搜集的部分素材图片。

图13-3 素材图片

13.1.4 设计网页效果图

根据前期的准备工作，明确项目设计需求后，就可以设计网页效果图。本章制作的效果图包括首页、注册页、个人中心和视频播放四个页面，效果分别如图13-4~图13-7所示。

图13-4 首页截图（部分）

图13-5　注册页截图

图13-6　个人中心截图（部分）

图13-7　视频播放截图（部分）

13.2 使用Dreamweaver工具建立站点

"站点"对于制作维护一个网站很重要，它能够帮助用户系统地管理网站文件。一个网站站点中，通常包含 HTML 网页文件、图片、CSS 样式表等。本节将使用 Dreamweaver 工具建立"摄影·开课吧"站点，具体步骤如下。

1）创建网站根目录

在 D 盘新建一个文件夹作为网站根目录，将文件夹命名为 chapter13。

2）在根目录下新建文件

打开网站根目录 chapter13，在根目录下新建 css 文件夹、images 文件夹、javascript 文件夹、audio 文件夹、fonts 文件夹、video 文件夹，分别用于存放网站建设中的 CSS 样式文件、图像素材、JavaScript 文件、音频文件、字体文件和视频文件。

3）新建站点

打开 Dreamweaver 工具，选择"站点→新建站点"命令，在弹出的对话框中输入站点名称（站点名称要和根目录名称一致）。然后，浏览并选择站点根目录的存储位置，如图 13-8 所示。

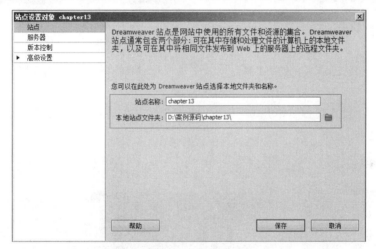

图13-8　新建站点

单击图 13-8 所示界面中的"保存"按钮，保存站点后即可在 Dreamweaver 工具面板组中查看到站点的信息，表示站点创建成功，如图 13-9 所示。

接下来进行站点初始化设置。首先，在网站根目录文件夹下创建 4 个 HTML5 文件，命名为 index.html、user.html、register.html、video，这 4 个文件分别表示首页、个人中心、注册页、视频播放页。然后，在 CSS 文件夹内创建对应的样式表文件，例如首页可命名为 index.css。最后，在 JavaScript

图13-9　站点建立完成

文件夹内创建脚本代码文件，例如首页可命名为 index.js。页面创建完成后，网站就形成了清晰的组织结构关系。

13.3　切图

为了提高浏览器的加载速度，以及满足一些版面设计的特殊要求，通常需要把效果图中不能用代码实现的部分剪切下来作为网页制作时的素材，这个过程称为"切图"。切图的目的是把设计效果图转化成网页代码。常用的切图工具主要有 Photoshop 和 Fireworks。接下来，本书以 Adobe Fireworks CS6 的切片工具为例分步骤讲解切图技术，具体如下：

1）选择切片工具

打开 Fireworks 工具，选择工具箱中的切片工具，如图 13-10 所示。

2）绘制切片区域

拖动鼠标左键，根据需要在图像上绘制切片区域，如图 13-11 所示。

图13-10　选择工具箱中的切片工具　　　　图13-11　绘制切片区域

3）导出切片

绘制完成后，首先在右侧导出选项面板设置导出的文件格式，然后选择"文件→导出"命令，如图 13-12 所示。

图13-12　导出切片

在弹出的对话框中，重命名文件，并在"导出"下拉列表中选择"仅图像"。然后单击"保存"按钮，选择需要存储图片的文件夹，如图 13-13 所示。

图13-13　选择"仅图像"

4）存储图片

导出后的图片存储在站点根目录的 images 文件夹内，切图后的素材如图 13-14 所示。

图13-14　切图后的素材

在图 13-14 中，线框标示的图片就是通过切片技术切出的页面图片素材。

13.4　搭建首页

在上面的小节中，完成了制作网页所需的相关准备工作，本节将带领大家分析效果图，并完成首页的制作。

13.4.1 效果图分析

只有熟悉页面的结构及版式，才能高效地完成网页的布局和排版。下面对页面效果图的 HTML 结构、CSS 样式和 JavaScript 特效进行分析，具体如下。

1. HTML 结构分析

观察首页效果图，可以看出整个页面大致可以分为头部、导航、banner、主体内容、版权信息 5 个模块，具体结构如图 13–15 所示。

图13-15　首页结构图

2．CSS 样式分析

仔细观察页面的各个模块，可以看出，首页的头部、banner 和版权信息模块通栏显示。这就需要将头部和版权信息最外层的盒子宽度设置为 100%，banner 图要用较大的图片（宽度一般为 1920 px）。

经过对效果图的测量，发现其他模块均宽 1200px 且居中显示。也就是说，页面的版心为 1200px。页面的其他样式细节，可以参照案例源码，根据前面学习的静态网页制作的知识，分别进行制作。

3．JavaScript 特效分析

在该页面中，banner 焦点图可实现自动轮播，当鼠标移动到轮播按钮时停止轮播，并显示当前轮播按钮所对应的焦点图，同时按钮的样式也发生改变。当鼠标移出时继续执行自动轮播效果。例如，鼠标移上第 3 个按钮时的效果如图 13-16 所示。

图13-16　焦点图轮播效果展示

13.4.2　首页制作

页面制作是将页面效果图转换为计算机能够识别的标签语言的过程。接下来，将分步骤完成静态页面的搭建。

1．页面布局

页面布局是为了使网站页面结构更加清晰、有条理，而对页面进行的"排版"。接下来，将根据 13.4.1 小节的分析对"摄影·开课吧"首页进行布局，具体代码如例 13-1 所示。

例 13-1　index.html

```
1  <!doctype html>
2  <html>
3  <head>
4  <meta charset="utf-8">
5  <title>摄影·开课吧</title>
6  <link rel="stylesheet" type="text/css" href="css/index.css">
7  <script type="text/javascript" src="js/index.js"></script>
8  </head>
9  <body>
10 <!--head begin-->
```

```
11<header id="head">
12</header>
13<!--head end-->
14<!--nav begin-->
15<nav>
16</nav>
17<!--nav end-->
18<!--banner begin-->
19<div class="banner">
20</div>
21<!--banner end-->
22<!--content begin-->
23<div class="content" id="con">
24</div>
25<!--content end-->
26<!--footer begin-->
27<footer>
28</footer>
29<!--footer end-->
30</body>
31</html>
```

2. 定义公共样式

为了清除各浏览器的默认样式，使得网页在各浏览器中显示的效果一致，在完成页面布局后，首先要做的就是对 CSS 样式进行初始化并声明一些通用的样式。打开样式文件 index.css，编写通用样式，具体如下：

```
1 /*清除浏览器默认样式*/
2 body, ul, li, ol, dl, dd, dt, p, h1, h2, h3, h4, h5, h6, form, img
{margin:0;padding:0;border:0;list-style: none;}
3 /*全局控制样式*/
4 body{font-family:"微软雅黑",Arial, Helvetica, sans-serif; font-size:14px;}
5 a{color:#333;text-decoration: none;}
6 input,textarea{outline: none;}
7 @font-face {
8   font-family: 'freshskin';
9   src:url('../fonts/iconfont.ttf');
10}
```

在上面的样式代码中，第 9 行代码中的"iconfont.ttf"是存放在 fonts 文件夹中的图标字体。

3. 制作首页的头部和导航

网页的头部和导航效果均由左右两个大盒子构成，效果如图 13-17 所示。

图13-17　头部和导航效果图

接下来开始搭建网页头部的结构。打开 index.html 文件，在 index.html 文件内书写头部的 HTML 结构代码。具体如下：

```
1  <!--head begin-->
2  <header id="head">
3      <audio src="audio/audio.mp3" autoplay="autoplay" loop></audio>
4      <div class="con">
5          <ul class="left">
6              <li>开课吧首页</li>
7              <li>创业微学院</li>
8              <li>摄影微学院</li>
9              <li>微聚</li>
10             <li>论坛</li>
11         </ul>
12         <ul class="right">
13             <li>APP下载</li>
14             <li>播放记录</li>
15             <li><a href="register.html">登录 | 注册</a></li>
16         </ul>
17     </div>
18 </header>
19 <!--head end-->
20 <!--nav begin-->
21 <nav>
22     <div class="nav_in">
23         <ul>
24             <li><a href="index.html"></a></li>
25             <li><a href="user.html">个人中心</a></li>
26             <li><a href="video.html">视频播放</a></li>
27         </ul>
28         <ol>
29             <li>&#xe65e;</li>
30             <li>&#xe608;</li>
31             <li>&#xf012a;</li>
32             <li>&#xe68e;</li>
33         </ol>
34     </div>
35 </nav>
36 <!--nav end-->
```

接下来在样式表 index.css 中书写对应的 CSS 样式代码。具体如下：

```
/*head begin*/
header{
  width:100%;
  height: 46px;
  background: #0a2536;
}
header .con{
  width:1200px;
  margin:0 auto;
}
header .con .left{float: left;}
header .con .right{float: right;}
```

```css
header .con .left li{
  float: left;
  height:46px;
  line-height: 46px;
  margin-right:50px;
  color: #fff;
  cursor: pointer;
}
header .con .right li{
  float: right;
  height:46px;
  line-height: 46px;
  margin-left:50px;
  color: #fff;
  cursor: pointer;
}
header .con .right li a{color:#fff;}
/*head end*/
/*nav begin*/
nav{
  width:100%;
  height:55px;
  position:absolute;
  background:rgba(255,255,255,0.8);
  z-index:10;
}
nav .nav_in{
  width:1200px;
  margin:0 auto;
}
nav ul{float: left;}
nav ul li{
  float: left;
  margin-right: 50px;
  font-size: 18px;
  height:55px;
  line-height: 55px;
}
nav ul li:first-child a{
  display:inline-block;
  height:55px;
  width:118px;
  background:url(../images/LOGO.png) no-repeat center left;
  }
nav .nav_in ol{
  float: right;
  width:300px;
  height: 55px;
  font-family: "freshskin";
}
```

```
nav .nav_in ol li{
   float: left;
   width:32px;
   height:32px;
   line-height: 32px;
   text-align: center;
   color:#333;
   box-shadow: 0 0 0 1px #333 inset;
   transition:box-shadow 0.5s ease 0s;
   border-radius: 16px;
   margin:10px 0 0 30px;
   cursor: pointer;
}
nav .nav_in ol li:hover{
   box-shadow: 0 0 0 16px #fff inset;
   color:#333;
}
/*nav end*/
```

保存 index.html 和 index.css 文件，刷新页面，即可得到图 13-17 所示效果。

4. 制作 banner

banner 模块分为焦点图和按钮两部分，具体效果如图 13-18 的所示。

图13-18　banner

接下来开始搭建网页 banner 的结构，具体代码如下：

```
1  <!--banner begin-->
2  <div class="banner">
3     <div class="banner_pic" id="banner_pic">
4        <div class="current"><img class="ban" src="images/banner01.jpg" ></div>
5        <div class="pic"><img class="ban" src="images/banner02.jpg" ></div>
6        <div class="pic"><img class="ban" src="images/banner03.jpg" ></div>
7     </div>
8     <p>迅速发现找到想要的内容|尽享国内外优秀视频资源|分享摄影心得结识新朋友</p>
9     <p>向下开启 开课吧·摄影之路</p>
10    <ol id="button">
11       <li class="current"></li>
12       <li class="but"></li>
```

```
13        <li class="but"></li>
14    </ol>
15<a href="#con" class="sanjiao"><img src="images/jiantou.png" alt=""></a>
16</div>
17<!--banner end-->
```

接下来在样式表 index.css 中书写对应的 CSS 样式代码。具体如下：

```
1 /*banner begin*/
2 .banner{
3     width:100%;
4     height:720px;
5     position: relative;
6     color:#fff;
7     overflow: hidden;
8     text-align: center;
9 }
10.banner .ban{
11    position: absolute;
12    top:0;
13    left:50%;
14    transform:translate(-50%,0);
15}
16.banner .current{display: block;}
17.banner .pic{display: none;}
18 #button{
19    position:absolute;
20    left:50%;
21    top:90%;
22    margin-left:-62px;
23    z-index:9999;
24}
25 #button .but{
26    float:left;
27    width:28px;
28    height:1px;
29    border:1px solid #d6d6d6;
30    margin-right:20px;
31}
32 #button li{cursor:pointer;}
33 #button .current{
34    background:#2fade7;
35    float:left;
36    width:28px;
37    height:1px;
38    border:1px solid #90d1d5;
39    margin-right:20px;
40}
```

```
41body:hover .banner h3{
42    padding-top:200px;
43    opacity: 1;
44}
45.banner p{
46    width:715px;
47    position: absolute;
48    top:50%;
49    left:50%;
50    font-size: 20px;
51    opacity: 0;
52    transform:translate(-50%,-50%);
53    -webkit-transform:translate(-50%,-50%);
54    transition:all 0.8s ease-in 0s;
55}
56body:hover .banner p{opacity: 1;}
57.banner p:nth-of-type(2){
58    position: absolute;
59    top:1000px;
60    left:50%;
61    font-size: 20px;
62    opacity: 0;
63    transform:translate(-50%,0);
64    -webkit-transform:translate(-50%,0);
65    transition:all 0.8s ease-in 0s;
66}
67body:hover .banner p:nth-of-type(2){
68    position: absolute;
69    top:400px;
70    opacity: 1;
71}
72.sanjiao{
73    width:40px;
74    height: 30px;
75    padding-top: 10px;
76    border-radius: 20px;
77    box-shadow: 0 0 0 1px #fff inset;
78    text-align: center;
79    position: absolute;
80    top:1000px;
81    left:50%;
82    z-index: 99999;
83    opacity: 0;
84    transform:translate(-50%,0);
85    -webkit-transform:translate(-50%,0);
86    transition:all 0.8s ease-in 0s;
```

```
87 }
88 body:hover .sanjiao{
89    position: absolute;
90    top:500px;
91    opacity: 1;
92 }
93 .sanjiao:hover{box-shadow: 0 0 0 20px #2fade7 inset;}
94 /*banner end*/
```

在正常的网页页面中，焦点图是可以进行轮播的，每隔一段时间焦点图将自动切换一次。如果将光标放置在焦点图的按钮上，则切换到和该按钮相关联的焦点图。这些功能需要通过 JavaScript 代码来实现。在 "index.js" 中书写 JavaScript 代码，具体代码如下：

```
1  window.onload=function(){
2     //顶部的焦点图切换
3     function hotChange(){
4        var current_index=0;
5        var timer=window.setInterval(autoChange, 3000);
6        var button_li=document.getElementById("button").getElementsByTagName("li");
7        var
   pic_div=document.getElementById("banner_pic").getElementsByTagName("div");
8        for(var i=0;i<button_li.length;i++){
9           button_li[i].onmouseover=function(){
10             if(timer){
11                clearInterval(timer);
12             }
13             for(var j=0;j<pic_div.length;j++){
14                if(button_li[j]==this){
15                   current_index=j;
16                   button_li[j].className="current";
17                   pic_div[j].className="current";
18                }else{
19                   pic_div[j].className="pic";
20                   button_li[j].className="but";
21                }
22             }
23          }
24          button_li[i].onmouseout=function(){
25             timer=setInterval(autoChange,3000);
26          }
27       }
28       function autoChange(){
29          ++current_index;
30          if (current_index==button_li.length) {
31             current_index=0;
32          }
33          for(var i=0;i<button_li.length;i++){
34             if(i==current_index){
35                button_li[i].className="current";
```

```
36                pic_div[i].className="current";
37            }else{
38                button_li[i].className="but";
39                pic_div[i].className="pic";
40            }
41        }
42    }
43 }
44 hotChange();
45}
```

保存 index.html、index.css 和 index.js 文件，完成 banner
的制作。

5. 制作主体内容

首页的内容区域由带有超链接的图片组成，可以用若干
盒子盛放图片。具体效果如图 13-19 所示。

接下来开始搭建网页的结构，具体代码如下：

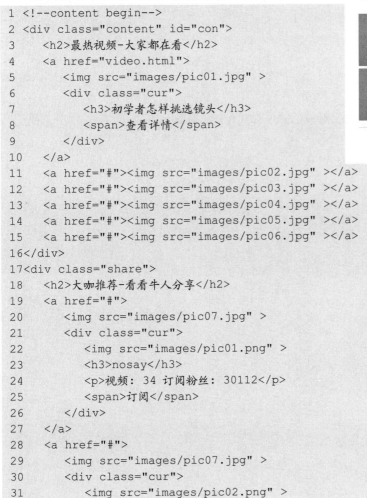

图13-19　内容区域效果图

```
1 <!--content begin-->
2 <div class="content" id="con">
3    <h2>最热视频-大家都在看</h2>
4    <a href="video.html">
5       <img src="images/pic01.jpg" >
6       <div class="cur">
7          <h3>初学者怎样挑选镜头</h3>
8          <span>查看详情</span>
9       </div>
10   </a>
11   <a href="#"><img src="images/pic02.jpg" ></a>
12   <a href="#"><img src="images/pic03.jpg" ></a>
13   <a href="#"><img src="images/pic04.jpg" ></a>
14   <a href="#"><img src="images/pic05.jpg" ></a>
15   <a href="#"><img src="images/pic06.jpg" ></a>
16</div>
17<div class="share">
18   <h2>大咖推荐-看看牛人分享</h2>
19   <a href="#">
20      <img src="images/pic07.jpg" >
21      <div class="cur">
22         <img src="images/pic01.png" >
23         <h3>nosay</h3>
24         <p>视频：34 订阅粉丝：30112</p>
25         <span>订阅</span>
26      </div>
27   </a>
28   <a href="#">
29      <img src="images/pic07.jpg" >
30      <div class="cur">
31         <img src="images/pic02.png" >
```

```
32          <h3>nosay</h3>
33          <p>视频：34 订阅粉丝：30112</p>
34          <span>订阅</span>
35        </div>
36     </a>
37     <a href="#">
38        <img src="images/pic07.jpg" >
39        <div class="cur">
40           <img src="images/pic03.png" >
41           <h3>nosay</h3>
42           <p>视频：34 订阅粉丝：30112</p>
43           <span>订阅</span>
44        </div>
45     </a>
46     <a href="#">
47        <img src="images/pic07.jpg" >
48        <div class="cur">
49           <img src="images/pic04.png" >
50           <h3>nosay</h3>
51           <p>视频：34 订阅粉丝：30112</p>
52           <span>订阅</span>
53        </div>
54     </a>
55</div>
56<!--content end-->
```

接下来在样式表 index.css 中书写对应的 CSS 样式代码。具体如下：

```
1 /*content begin*/
2 .content{
3    width:1200px;
4    height:825px;
5    margin:0px auto;
6    border-bottom: 3px solid #ccc;
7 }
8 .content h2,.share h2{
9    text-align: center;
10   color:#333;
11   font-size: 36px;
12   font-weight: normal;
13   line-height: 100px;
14}
15.content a{
16   float: left;
17   width:388px;
18   height:218px;
19   overflow: hidden;
20   margin:0 0 12px 17px;
21}
22.content   a:nth-of-type(1),.content   a:nth-of-type(4),.share   a:nth-of-
type(1),.share a:nth-of-type(3){margin-left:0;}
```

```
23.content a img,.share a img{display: block;}
24.content a:nth-of-type(1){
25    position: relative;
26    width:795px;
27    height:448px;
28    overflow: hidden;
29}
30.content a:nth-of-type(1) .cur{
31    width:795px;
32    height:448px;
33    background: #000;
34    opacity: 0;
35    position: absolute;
36    left: 0;
37    top:0;
38    text-align: center;
39    transition:all 0.5s ease-in 0s;
40}
41.content a:nth-of-type(1):hover .cur{opacity: 0.5;}
42.content a .cur h3{
43    color:#fff;
44    font-size: 25px;
45    font-weight: normal;
46    padding-top: 150px;
47}
48.content a .cur span{
49    display: block;
50    width:150px;
51    height:40px;
52    font-size: 20px;
53    line-height: 40px;
54    color:#2fade7;
55    margin:100px 0 0 317px;
56    border-radius: 5px;
57    border:2px solid #2fade7;
58}
59.content a img{transition:all 0.5s ease-in 0s;}
60.content a:hover img{transform: scale(1.1,1.1);   }
61.content a:nth-of-type(1):hover img{
62    width:795px;
63    height:448px;
64    transform: scale(1);
65}
66.share{
67    width:1200px;
68    height:850px;
69    margin:0 auto;
70    border-bottom: 3px solid #ccc;
71}
72.share a{
```

```
73    float: left;
74    position: relative;
75    width:592px;
76    height:343px;
77    margin:0 0 16px 16px;
78    overflow: hidden;
79 }
80 .share a .cur{
81    width:296px;
82    height:345px;
83    background: rgba(255,255,255,0);
84    position: absolute;
85    left:-296px;
86    top:0;
87    text-align: center;
88    transition:all 0.5s ease-in 0s;
89 }
90 .share a:hover .cur{
91    position: absolute;
92    left:0;
93    top:0;
94    background: rgba(255,255,255,0.5);
95 }
96 .share a:nth-of-type(2) .cur,.share a:nth-of-type(3) .cur{
97    position: absolute;
98    left:592px;
99    top:0;
100 }
101 .share a:nth-of-type(2):hover .cur,.share a:nth-of-type(3):hover .cur{
102   position: absolute;
103   left:296px;
104   top:0;
105 }
106 .share a .cur img{
107   padding:70px 0 15px 125px;
108 }
109 .share a .cur p{padding:10px 0 15px 0;}
110 .share a .cur span{
111   display: block;
112   width:75px;
113   height:30px;
114   background: #2fade7;
115   border-radius: 5px;
116   margin:30px 0 0 110px;
117   color:#fff;
118   line-height: 30px;
119 }
120 /*content end*/
```

保存 index.html 和 index.css 文件，刷新页面，即可得到图 13-19 所示效果。

6．制作底部版权信息部分

由于版权信息背景通栏显示，所以需要在内容外加上一个宽度为 100% 的大盒子。网页底部版权信息的效果如图 13-20 所示。当单击 top 会返回页面的顶部。

图13-20　底部版权

接下来开始搭建网页的底部版权信息部分，具体代码如下：

```
1 <!--footer begin-->
2 <footer>
3   <div class="foot">
4     <a href="#head"><span>Top</span></a>
5     <p>Copyright©2015 开课吧 kaikeba.com 版权所有</p>
6   </div>
7 </footer>
8 <!--footer end-->
```

接下来在样式表 index.css 中书写对应的 CSS 样式代码。具体如下：

```
1 /*foot begin*/
2 footer{
3   width:100%;
4   height:127px;
5   margin-top:100px;
6   background: #0a2536;
7   color:#fff;
8   text-align: center;
9 }
10footer .foot{
11   width:1200px;
12   height:127px;
13   margin:0 auto;
14   position: relative;
15}
16footer span{
17   width:58px;
18   height:32px;
19   line-height: 43px;
20   text-align: center;
21   color:#fff;
22   position: absolute;
23   top:-31px;
24   left:600px;
25   margin-left:-29px;
26   background: url(../images/sanjiao.png);
27}
28footer p{
```

```
29    line-height: 127px;
30}
31/*foot end*/
```

保存 index.html 和 index.css 文件，刷新页面，即可得到图 13-20 所示效果。。

┃ 13.5　制作模板

一个大型网站通常包含多个页面，浏览各个页面时，会发现这些页面有很多相同的版块，如网站的标志、公司徽标、网站导航条等。如果每个页面都重新布局会非常麻烦，为此 Dreamweaver 工具提供了专门的模板功能，将具有相同版面结构的页面制作成模板，以供其他页面引用。

例如，在"摄影·开课吧"项目中，所有页面的头部、导航和版权信息 3 个模块的结构均相同。这样就可以将这 3 个模块制作成一个模板页面，其他相同布局的网页都可以引用此模板快速创建页面结构。如果需要调整这 3 部分的内容，只需修改模板页面的内容即可。

13.5.1　建立模板的步骤

模板由可编辑区域和不可编辑区域两部分组成。其中，不可编辑区域包含了所有页面中相同的版块，而可编辑区域是为各个页面添加不同的内容设置的。下面将在站点根目录下建立模板文件，具体步骤如下。

1．选择资源面板

打开 Dreamweaver 工具，选择"资源面板"，单击"模板"图标，如图 13-21 所示。

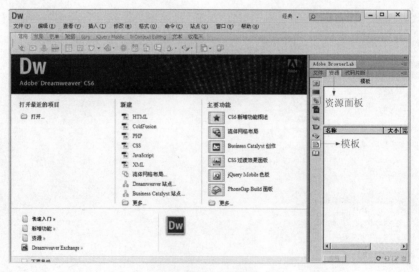

图13-21　资源面板

2．新建模板

在空白处右击，在弹出的快捷菜单中选择"新建模板"命令，界面中出现一个未命名的空模板文件，如图 13-22 所示。

图13-22 空模板文件

将文件命名为 template，双击打开。模板文件的扩展名为.dwt，如图 13-23 所示。

图13-23 模板文件

通过图 13-23 可以看出，模板文件和 HTML 文件性质是一样的，在模板文件内可以书写任何 HTML 代码。模板文件创建完成后，站点根目录就会自动生成一个保存模板文件的名为 Templates 的文件夹，如图 13-24 所示。

图13-24 模板文件夹

3. 创建模板不可编辑区域

在"摄影·开课吧"项目中，所有页面头部、导航、版权信息 3 个模块结构均相同。所以，在模板页面中可以创建头部、导航、版权信息 3 部分作为不可编辑区域。由于在制作首页时已经把这 3 部分的结构及样式制作完成，这里只需要将所需的 HTML 代码复制到模板页面即可，具体代码如下：

```
1 <!doctype html>
2 <html>
3 <head>
```

```
4 <meta charset="utf-8">
5 <title></title>
6 <link rel="stylesheet" type="text/css" href="#">
7 <script type="text/javascript" src="#"></script>
8 </head>
9 <body>
10<!--head begin-->
11<header id="head">
12    <div class="con">
13      <ul class="left">
14          <li>开课吧首页</li>
15          <li>创业微学院</li>
16          <li>摄影微学院</li>
17          <li>微聚</li>
18          <li>论坛</li>
19      </ul>
20      <ul class="right">
21          <li>APP下载</li>
22          <li>播放记录</li>
23          <li><a href="register.html">登录 | 注册</a></li>
24      </ul>
25    </div>
26</header>
27<!--head end-->
28<!--nav begin-->
29<nav>
30    <div class="nav_in">
31      <ul>
32          <li><a href="index.html"></a></li>
33          <li><a href="user.html">个人中心</a></li>
34          <li><a href="video.html">视频播放</a></li>
35      </ul>
36      <ol>
37          <li>&#xe65e;</li>
38          <li>&#xe608;</li>
39          <li>&#xf012a;</li>
40          <li>&#xe68e;</li>
41      </ol>
42    </div>
43</nav>
44<!--nav end-->
45<!--content begin-->
46<div class="content"></div>
47<!--content end-->
48<!--footer begin-->
49<footer>
50    <div class="foot">
51      <a href="#head"><span>Top</span></a>
52      <p>Copyright©2015 开课吧 kaikeba.com 版权所有</p>
53    </div>
```

```
54</footer>
55<!--footer end-->
56</body>
57</html>
```

值得注意的是，创建的模板文件都会存储在默认的文件夹 Templates 中。这样，图片路径会发生变化，所以这里需要更改一些图片的链接路径。

4．定义模板可编辑区域

不可编辑区域创建完成后，接下来要在模板页面中建立可编辑区域。只有在可编辑区域中才可以编辑网页内容，为其他页面在模板页的基础上添加不同的内容。

选中想要定义为可编辑区域的代码或内容，选择"插入"→"模板对象"→"可编辑区域"命令，如图 13-25 所示。

设置可编辑区域的名称，一般将其设为默认值，然后单击"确定"按钮即可，如图 13-26 所示。

图13-25　定义模板可编辑区域

图13-26　可编辑区域名称设置

可编辑区域创建完成，会有一些特殊的注释标签，如图 13-27 所示。

```
<!-- TemplateBeginEditable name="doctitle" -->
<title></title>
<!-- TemplateEndEditable -->
<!-- TemplateBeginEditable name="EditRegion4" -->
<link rel="stylesheet" type="text/css" href="#">
<!-- TemplateEndEditable -->
<!-- TemplateBeginEditable name="EditRegion5" -->
<script type="text/javascript" src="#"></script>
<!-- TemplateEndEditable -->
```

图13-27　完成定义可编辑区域

在"摄影▪开课吧"项目中，需要将标题、CSS 样式引入、JavaScript 样式引入以及内容部分设置为可编辑区域。值得注意的是，建立模板文件前需要先建立站点。另外，当对模板文件进行修改后，所有使用了模板文件的页面内容都将随之改变。

13.5.2　引用模板

模板的作用在于能够快速、一致地创建多个网页，并可以一次、同时修改多个页面。模板的应用也非常广泛，在大中型网站项目开发中，经常需要运用模板文件来创建及更新网站的内容。本小节将详细讲解模板文件的引用，具体步骤如下。

（1）在站点根目录下，打开新建的空白 HTML 文件。

（2）切换到"资源面板"，将 template 模板文件拖动至 HTML 文件内部，即可实现模板文件的引用。

引用模板后的网页由灰色和彩色代码组成。其中，灰色代码是不可编辑区域，只能在模板文件中进行修改。彩色的代码则为可编辑区域，可以写入不同的 HTML 代码，以供引用模板文件的各个页面填充各自不同的内容。例如，将模板引入到首页后，代码如图 13-28 所示。

```
<!-- InstanceBeginEditable name="doctitle" -->
<title>摄影·开课吧</title>
<!-- InstanceEndEditable -->
<!-- InstanceBeginEditable name="EditRegion4" -->
<link rel="stylesheet" type="text/css" href="css/index.css">
<!-- InstanceEndEditable -->
<!-- InstanceBeginEditable name="EditRegion5" -->
<script type="text/javascript" src="js/index.js"></script>
<!-- InstanceEndEditable -->
```

图13-28　引入模板后的首页代码

13.6　使用模板搭建网页

在上面的小节中介绍模板的使用，本节将带领大家分析效果图，并完成注册页、个人中心和视频播放 3 个页面的制作

13.6.1　搭建注册页

注册页的主要功能是收集用户信息，并将这些信息传递给后台服务器，实现网页与用户的沟通。下面将分步骤讲解注册页的制作方法。

1．引入模板

打开 register.html 文件，切换到"资源面板"，拖拽 template.dwt 模板页面预览图至 register.html 页面中，并链接对应的样式表文件 register.css（模板只包含 HTML 结构代码，register.css 需要单独书写），如图 13-29 所示。

图13-29　注册页代码

2. 分析效果图

仔细观察效果图会发现注册页的导航和首页的导航在样式上有细微差别，注册页导航是不透明灰色背景，首页导航是半透明白色背景，如图 13-30 所示。因此需要单独书写样式。

图13-30 导航栏对比

在内容结构上，注册页的内容部分由左边的图片和右边的表单两部分构成，如图 13-31 所示。可以运用前面所学的网页布局的相关知识，制作内容模块。

图13-31 注册页内容结构

3. 搭建注册页

根据效果图的分析，在已经应用模板的 register.html 页面可编辑区域内书写内容区域的 HTML 代码，具体如下：

```
1 <div class="content">
2    <p><img src="images/LOGO.png" alt="摄影·开课吧" ></p>
3    <aside>
4       <img src="images/sheying.jpg" >
5    </aside>
6    <div class="right">
7       <h3>使用手机号码注册</h3>
8       <form action="#" method="post">
9           <input type="text" placeholder="昵称"/>
10          <input type="text" placeholder="请输入您的手机号码"/>
11          <input type="text" placeholder="短信验证码" class="short" />
12          <span>请输入验证码</span>
13          <p>请输入正确的验证码</p>
14          <input type="text" placeholder="密码" maxlength="8" />
15          <input type="text" placeholder="确认密码" maxlength="8" />
16          <input type="submit" value="登录" class="button"/>
17          <p>已有账号？<a href="#">马上登录</a></p>
18       </form>
19    </div>
20</div>
```

　　接下来新建样式表 register.css，并在其中书写对应的 CSS 样式代码，其中头部、导航以及版权信息直接复制首页样式并调整导航背景即可。内容部分对应的 CSS 代码如下：

```
1  .content{
2    width:1200px;
3    height:700px;
4    margin:50px auto 0;
5    border:1px solid #ccc;
6    background: #fff;
7  }
8  .content p{
9    height:160px;
10   line-height: 160px;
11   padding-left: 100px;
12 }
13 .content aside{
14   float: left;
15   margin-left: 100px;
16 }
17 .content .right{
18   width:385px;
19   float: left;
20   margin-left: 80px;
21
22 }
23 .content .right input{
24   width:340px;
25   height:30px;
26   padding-left:20px;
27   line-height:30px;
28   color:#ccc;
29   font-size:16px;
30   margin-top:30px;
31   border-radius: 5px;
32   border:1px solid #ccc;
33 }
34 input::placeholder{color:#CCC;}        /*修改placeholder默认的颜色*/
35 .content .right .short{width:230px;}
36 .content .right span{
37   display: inline-block;
38   width:91px;
39   font-size: 14px;
40   color:#2fade7;
41   margin:30px 0 0 25px;
42 }
43 .content .right p{
44   font-size:14px;
45   padding:0;
46   height:40px;
47   line-height: 40px;
```

```
48    color:red;
49 }
50 .content .right input:nth-of-type(4){margin:0;}
51 .content .right .button{
52    width:360px;
53    height:36px;
54    color:#fff;
55    background:#2fade7;
56    border:none;
57    border-radius: 5px;
58    margin-bottom: 20px;
59 }
60 .content .right .button:hover{background: #0272da;}
61 .content .right p:nth-of-type(2){color:#ccc;}
62 .content .right p:nth-of-type(2) a{color:#2fade7;}
```

保存文件，运行代码，效果如图 13-32 所示。

图13-32 注册页

13.6.2 搭建个人中心页面

个人中心作为用户信息的汇总，集结了所有与个人信息相关的管理模块，各管理模块以单元的形式分块显示在一个页面上。在个人中心页面上，用户可以清楚知晓自身所有信息的概况，并且进行相关管理与操作。下面分步骤讲解个人中心页的制作方法。

1. 引入模板

打开 user.html 文件，切换到"资源面板"，拖拽 template.dwt 模板页面预览图至 user.html 页面中，并链接对应的样式表文件 user.css（模板只包含 HTML 结构代码，user.css 需要单独书写），如图 13-33 所示。

```
<!doctype html>
<html><!-- InstanceBegin template="/Templates/template.dwt"
codeOutsideHTMLIsLocked="false" -->
<head>
<meta charset="utf-8">
<!-- InstanceBeginEditable name="doctitle" -->
<title>摄影·开课吧</title>
<!-- InstanceEndEditable -->
<!-- InstanceBeginEditable name="EditRegion4" -->
<link rel="stylesheet" type="text/css" href="css/user.css">
<!-- InstanceEndEditable -->
<!-- InstanceBeginEditable name="EditRegion5" -->
<!-- InstanceEndEditable -->
</head>
<body>
```

图13-33　个人中心页代码

2. 分析效果图

仔细观察效果图会发现，个人中心页导航的样式和注册页一致，因此可以直接复制注册页页的导航样式。在页面的结构上个人中心页的头部、导航以及版权信息和其他页面相同，可以直接复制 CSS 样式。内容部分主要分为"用户信息""用户管理模块导航""内容详情" 3 部分，具体制作细节可以参照案例源码，根据前面学习的静态网页制作的知识分别进行制作。个人中心页结构如图 13-34 所示。

图13-34　个人中心页结构

3. 搭建个人中心页

根据效果图的分析，在已经应用模板的 user.html 页面可编辑区域内书写内容区域的 HTML 代码，具体如下：

```
1 <div class="content">
2     <div class="center">
3         <img src="images/pic01.png" >
4         <h3>nosay</h3>
5         <p>视频：34 订阅粉丝：30112</p>
```

```
6          </div>
7          <ul>
8              <li>个人中心</li>
9              <li>播放记录</li>
10             <li>我的收藏</li>
11             <li>我的订阅</li>
12             <li>我的视频</li>
13         </ul>
14         <div class="left">
15             <div class="top">
16                 <span>最近播放视频</span>
17                 <a href="#"><img src="images/pic01.jpg" ></a>
18                 <a href="#"><img src="images/pic02.jpg" ></a>
19                 <a href="#"><img src="images/pic03.jpg" ></a>
20                 <a href="#"><img src="images/pic04.jpg" ></a>
21                 <a href="#"><img src="images/pic05.jpg" ></a>
22                 <a href="#"><img src="images/pic06.jpg" ></a>
23             </div>
24             <div class="top">
25                 <span>最近播放视频</span>
26                 <a href="#"><img src="images/pic01.jpg" ></a>
27                 <a href="#"><img src="images/pic02.jpg" ></a>
28                 <a href="#"><img src="images/pic03.jpg" ></a>
29                 <a href="#"><img src="images/pic04.jpg" ></a>
30                 <a href="#"><img src="images/pic05.jpg" ></a>
31                 <a href="#"><img src="images/pic06.jpg" ></a>
32             </div>
33         </div>
34         <figure>
35             <figcaption>共订阅了8个人</figcaption>
36             <ol>
37                 <li><h3>nosay</h3><span>视频：34 订阅粉丝：11298 </span></li>
38                 <li><h3>nosay</h3><span>视频：34 订阅粉丝：11298 </span></li>
39                 <li><h3>nosay</h3><span>视频：34 订阅粉丝：11298 </span></li>
40                 <li><h3>nosay</h3><span>视频：34 订阅粉丝：11298 </span></li>
41             </ol>
42             <p>查看更多</p>
43         </figure>
44</div>
```

接下来新建样式表 user.css，并在其中书写对应的 CSS 样式代码，其中头部、导航以及版权信息直接复制首页样式并调整导航背景即可。内容部分对应的 CSS 代码如下：

```
1  .content{
2      color:#ccc;
3      width:1200px;
4      height:1140px;
5      margin:0 auto;
6  }
7  .content .center{
8      padding-top: 50px;
9      text-align: center;
10 }
11 .content .center img{
12     width:70px;
```

```css
13   height:70px;
14}
15.content .center h3{
16   line-height: 30px;
17}
18.content ul{
19   width:900px;
20   height:42px;
21   line-height: 40px;
22   background: #fff;
23   margin: 30px 0 50px 0;
24   padding-left: 300px;
25}
26.content ul li{
27   font-size: 16px;
28   float: left;
29   margin-right: 80px;
30   cursor: pointer;
31}
32.content ul li:nth-child(1){border-bottom: 2px solid #2fade7;}
33.content ul li:hover{border-bottom: 2px solid #2fade7;}
34.content .left{
35   width:896px;
36   float: left;
37}
38.content .left .top{
39   height:422px;
40   border-top:2px solid #ccc;
41   }
42.content .left span{
43   display: block;
44   width:200px;
45   height:40px;
46   background: #fafafa;
47   margin:-20px auto 20px ;
48   text-align: center;
49   line-height: 40px;
50   font-size: 20px;
51}
52.content .left a{
53   display: block;
54   float: left;
55   width:289px;
56   height:163px;
57   overflow: hidden;
58   margin:0 14px 15px 0;
59}
60.content .left a img{
61   width:289px;
62   height:163px;
63   transition:all 0.5s ease-in 0s;
64}
65.content .left .top a:nth-child(4),.content .left .top a:nth-child(7){margin-right:0;}
```

```
66.content .left .top a:hover img{
67   transform: scale(1.1,1.1);
68}
69.content figure{
70   float: left;
71   margin: -13px 0 0 40px;
72}
73.content figure figcaption{
74   font-size: 20px;
75   height:50px;
76}
77.content figure ol li{
78   height:50px;
79   width:190px;
80   margin:10px 0 0 0 ;
81   padding-left: 60px;
82   background: url(../images/pic01.png) no-repeat;
83}
84
85.content figure ol h3{font-size: 16px;}
86.content figure p{
87   width:72px;
88   height:25px;
89   line-height: 25px;
90   border:1px solid #ccc;
91   text-align: center;
92   margin:30px 0 0 85px;
93}
```

保存文件，运行代码，效果如图 13-35 所示。

图13-35　个人中心页

13.6.3　搭建视频播放页

视频播放页面主要用于播放网站中的视频，以及展示视频播放的列表。下面分步骤讲解视频播放页的制作方法。

1. 引入模板

打开 video.html 文件，切换到"资源面板"，拖拽 template.dwt 模板页面预览图至 video.html 页面中，并链接对应的样式表文件 video.css（模板只包含 HTML 结构代码，video.css 需要单独书写），如图 13-36 所示。

2. 分析效果图

视频播放页的头部、导航以及版权信息和其他页面也相同，可以直接复制现有 CSS 样式。在视频播放页中，内容部分主要分为"视频播放区域""视频列表""评论""信息活动"4 部分。具体制作细节可以参照案例源码，根据前面学习的静态网页制作的知识分别进行制作。视频播放页的结构如图 13-37 所示。

图13-36　视频播放页代码

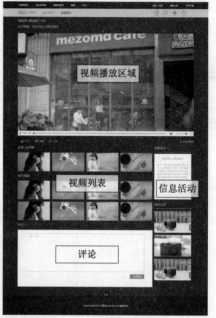

图13-37　视频播放页的结构

3. 搭建视频播放页

根据效果图的分析，在已经应用模板的 video.html 页面可编辑区域内书写内容区域的 HTML 代码，具体如下：

```
1  <div class="content">
2      <p>摄影首页>摄影器材>手机</p>
3      <p>正在播放 ：初学者怎么挑选镜头</p>
4      <video src="video/video.webm" controls></video>
5      <a href="#">1212</a>
6      <a href="#">收藏</a>
7      <a href="#">分享</a>
8      <h3>12.5万次播放</h3>
9  </div>
10 <div class="list">
```

```
11    <div class="left">
12        <p>选集-共24集</p>
13        <a href="#"><img class="findIn" src="images/pic08_8.jpg" ></a>
14        <a href="#"><img src="images/pic09_9.jpg" ></a>
15        <a href="#"><img src="images/pic10_10.jpg" ></a>
16        <a href="#"><img src="images/pic11_11.jpg" ></a>
17        <p>相关视频</p>
18        <a href="#"><img src="images/pic08_8.jpg" ></a>
19        <a href="#"><img src="images/pic09_9.jpg" ></a>
20        <a href="#"><img src="images/pic10_10.jpg" ></a>
21        <a href="#"><img src="images/pic11_11.jpg" ></a>
22        <a href="#"><img src="images/pic08_8.jpg" ></a>
23        <a href="#"><img src="images/pic09_9.jpg" ></a>
24        <a href="#"><img src="images/pic10_10.jpg" ></a>
25        <a href="#"><img src="images/pic11_11.jpg" ></a>
26        <p>评论: </p>
27        <div class="last">
28            <form action="#" method="post">
29                <textarea cols="30" rows="10" >我来说两句....</textarea>
30            </form>
31            <span>发表评论</span>
32        </div>
33    </div>
34    <div class="right">
35        <p>视频信息</p>
36        <section>
37            <h3>初学者怎么挑选镜头</h3>
38            <p>简介: 初学者怎么挑选镜头初学者怎么挑选镜头初学者怎么挑选镜头初学者怎么挑选
镜头初学者怎么挑选镜头初学者怎么挑选镜头初学者怎么挑选镜头初学者怎么挑选镜头初学者怎么挑选
镜头初学者怎么挑选镜头初学者怎么挑选镜头初学者怎么挑选镜头</p>
39            <span>详情</span>
40        </section>
41        <p>精选活动</p>
42        <img src="images/pic12.jpg" >
43        <img src="images/pic13.jpg" >
44        <img src="images/pic12.jpg" >
45    </div>
46</div>
```

接下来新建样式表 video.css，并在其中书写对应的 CSS 样式代码，其中头部、导航以及版权信息直接复制首页样式并调整导航背景即可。内容部分对应的 CSS 代码如下：

```
1  .content{
2      color:#ccc;
3      width:1200px;
4      margin:0 auto 20px;
5  }
6  .content p:first-child{
7      font-size: 16px;
8      line-height: 50px;
9  }
10.content p{
11    font-size: 20px;
12}
13.content video{
```

```
14    width:1200px;
15    margin:30px 0 20px 0;
16 }
17 .content a{
18    float: left;
19    width:45px;
20    height:24px;
21    line-height: 24px;
22    color:#ccc;
23    padding-left: 30px;
24    margin-left: 20px;
25    background: url(../images/pic05.png) no-repeat left center;
26 }
27 .content a:nth-of-type(2){background: url(../images/pic06.png) no-repeat
left center;}
28 .content a:nth-of-type(3){background: url(../images/pic07.png) no-repeat
left center;}
29 .content h3{
30    float: right;
31    font-weight: normal;
32 }
33 .list{
34    width:1200px;
35    margin:0 auto;
36    padding-top: 20px;
37 }
38 .list .left{
39    float: left;
40    width:932px;
41    height:990px;
42 }
43 .list .left p{
44    font-size: 20px;
45    color:#ccc;
46    margin-bottom: 20px;
47 }
48 .list .left a{
49    width:218px;
50    height:123px;
51    float: left;
52    margin:0 15px 15px 0;
53    overflow: hidden;
54    background: url(../images/pic08.jpg);
55 }
56 .list .left a:nth-of-type(2),.list .left a:nth-of-type(6),.list .left
a:nth-of-type(10){background: url(../images/pic09.jpg);}
57 .list .left a:nth-of-type(3),.list .left a:nth-of-type(7),.list .left
a:nth-of-type(11){background: url(../images/pic10.jpg);}
58 .list .left a:nth-of-type(4),.list .left a:nth-of-type(8),.list .left
a:nth-of-type(12){background: url(../images/pic11.jpg);}
59 @-webkit-keyframes 'findIn'{
60    0%{-webkit-transform:rotate(-360deg);}
61    100%{-webkit-transform:none;}
62 }
```

```
63.list .left a img:hover{
64    display: block;
65    -webkit-animation:findIn 1s 1;
66    opacity: 0;
67    transition:all 0.5s ease-in 0s;
68}
69.list .left .last{
70    width:860px;
71    background: #fff;
72    height:350px;
73    padding:25px 0 0 60px;
74}
75.list .left .last textarea{
76    width:790px;
77    height:240px;
78    padding:10px 0 0 10px;
79    border:1px solid #ccc;
80    color:#ccc;
81}
82.list .left .last span{
83    float: right;
84    margin:10px 56px 0 0;
85    width:100px;
86    height:30px;
87    line-height: 30px;
88    text-align: center;
89    color:#fff;
90    background: #2fade7;
91    border-radius: 5px;
92    resize:none;
93}
94.list .right{
95    float: left;
96    width:252px;
97    height:990px;
98}
99.list .right p{
100    font-size: 20px;
101    color:#ccc;
102    height: 40px;
103    border-bottom: 2px solid #ccc;
104}
105   .list .right section{
106    margin :10px 0 20px 0;
107    width:252px;
108    height:280px;
109    padding-top: 20px;
110    background: #fff;
111    text-align: center;
112    color:#ccc;
113}
114   .list .right section p{
115    font-size: 14px;
116    border:none;
```

```
117        text-align: left;
118        height: 180px;
119        padding:20px 20px 0 20px;
120}
121.list .right section span{
122   color:#2fade7;
123   float: right;
124   margin-right: 20px;
125}
126.list .right img{
127   display: block;
128   margin-top: 15px;
129}
```

保存文件，运行代码，效果如图 13-38 所示。

图13-38　视频播放页

▌ 13.7　测试和上传

当网站建设完成之后，还需要进行本地测试。以确保页面不会出现链接错乱，能够兼容不同的浏览器（以 Chrome 和 Firefox 为主），如果没有问题就可以上传到 Web 服务器，此时网页就具备访问功能。网站上传可参考第 12 章 12.2.3 小节，使用 FlashFXP 工具上传。上传完成后，输入域名，就可以正常访问网站了。